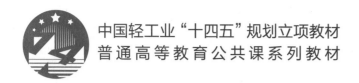

中国轻工业"十四五"规划立项教材

普通高等教育公共课系列教材

计算机基础与应用教程

（Windows 10+Office 2016）

主　编　姚锦江　王素丽

U0396888

中国轻工业出版社

图书在版编目（CIP）数据

计算机基础与应用教程：Windows 10 + Office 2016 / 姚锦江，王素丽主编. — 北京：中国轻工业出版社，2023.8
ISBN 978-7-5184-3948-5

Ⅰ. ①计… Ⅱ. ①姚… ②王… Ⅲ. ①Windows操作系统—教材 ②办公自动化—应用软件—教材 Ⅳ. ①TP316.7 ②TP317.1

中国版本图书馆CIP数据核字（2022）第056317号

责任编辑：张文佳　　责任终审：李建华　　封面设计：锋尚设计
版式设计：砚祥志远　　责任校对：朱燕春　　责任监印：张　可

出版发行：中国轻工业出版社（北京东长安街6号，邮编：100740）
印　　刷：三河市国英印务有限公司
经　　销：各地新华书店
版　　次：2023年8月第1版第3次印刷
开　　本：787×1092　1/16　印张：17.25
字　　数：400千字
书　　号：ISBN 978-7-5184-3948-5　定价：48.00元
邮购电话：010-65241695
发行电话：010-85119835　传真：85113293
网　　址：http://www.chlip.com.cn
Email：club@chlip.com.cn
如发现图书残缺请与我社邮购联系调换
231239J1C103ZBW

前 言 | PREFACE

本书在吸收计算机基础知识新成果与教学实践经验上，全面系统地介绍计算机系统基础知识与操作技能应用，同时又融入课程思政元素，做到思政教育与技能教育相统一。

本书主要面向高等院校、高职高专院校非计算机专业的计算机应用基础教学，是专门为在校大学生及希望通过自学掌握计算机基本操作技能的学员而编写的。本书由长期从事计算机应用基础一线教学、全国计算机等级考试二级Office科目培训、有丰富教学经验和实践经验的教师编写，书中的案例都进行了精心的设计，具有较强的代表性和实用性，案例操作步骤详细，配合操作图片及微课，方便教学及自学。

本书共7章，第1章介绍计算机基础知识，主要内容包括计算机概述、计算机系统、计算机网络；第2章介绍Windows 10操作系统，主要内容包括Windows 10操作系统概述，Windows 10操作系统下的桌面管理、文件资源管理、系统设置以及其他应用；第3章介绍数据和信息，主要内容包括数据、信息、信息技术、数制、数字信息的概念与特征等；第4章介绍文字编辑软件Word 2016，主要内容包括Word 2016概述、编辑、排版、表格制作等；第5章介绍表格编辑软件Excel 2016，主要内容包括Excel 2016基础、数据输入、格式化、公式函数应用、图表应用、数据应用与分析等；第6章介绍演示文稿编辑软件PowerPoint 2016，主要内容包括PowerPoint 2016概述、文稿编辑与制作、动画设置等；第7章介绍多媒体技术，主要内容包括多媒体概述、音频、视频与图像的处理技术与应用。

本书由广州城市理工学院姚锦江、王素丽主编并对全书进行统稿。全书分工如下：第1章由黄海燕编写，第2章由许琦编写，第3章由姚锦江、王素丽编写，第4章由韦婷编写，第5章由王方丽编写，第6章由李成炼编写，第7章由华南理工大学翁智生编写。

本书在编写过程中得到了广州城市理工学院邓春晖教授、蔡沂副教授和计算机实验中心各位老师的大力支持和帮助，在此向他们表示深深的感谢。

由于计算机技术是一门发展迅速的技术，新的技术、思想、方法不断涌现，加之编者水平有限，书中难免有疏忽，恳请广大读者和专家批评、指正。

编者

目录 | CONTENTS

第 7 章　多媒体技术基础 249

第1章

计算机基础知识

本章学习目标

通过本章内容的学习，应该能够做到：

了解： 硬件系统和软件系统的组成，对计算机系统有初步了解和基本认识；计算机网络的基本概念、Internet基本知识、Internet的常用接入方式。

理解： 运算器、控制器、存储器、输入设备、输出设备在计算机系统中的作用；Internet的发展历史，IP地址、网关、子网掩码、域名的基本概念；Internet提供的常规服务。

应用： 通过对计算机系统的基本结构的学习，具备对计算机系统的了解和分析能力。

掌握： 常用外部设备的使用和常用技术指标，网络检测的常用命令。

本章思维导图

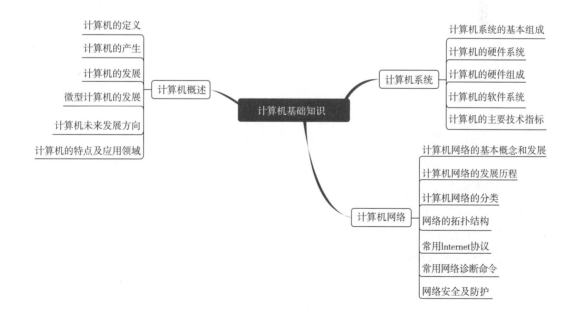

1.1 计算机概述

1.1.1 计算机的定义

17世纪，Computer一词是指从事计算工作的人。到20世纪40年代美国开始研制自动计算机装置，自此时起，Computer一词被赋予了机器的含义——计算机。计算机的全称是数字电子计算机，俗称电脑，是一种具有算术运算和逻辑判断能力，并能通过预先编制的程序自动完成海量数据加工处理的现代化智能电子设备。

本书所述的"计算机"，指的是个人通用计算机，也叫PC机，是指一种大小、价格和性能适用于个人使用的多用途计算机，其中包括台式机、各种笔记本电脑和平板电脑等，如图1-1所示。

图1-1 各类型计算机

1.1.2 计算机的产生

在计算机的发展历程中，有两位重要的代表人物（图1-2）。英国的艾兰·图灵建立的图灵机（TM）理论模型，对数字计算机的一般结构、可实现性和局限性产生了深远的影响，他提出的定义机器智能的图灵测试，奠定了"人工智能"的理论基础，被称为人工智能之父。美籍匈牙利人冯·诺依曼提出的冯·诺依曼结构——计算机制造采用二进制逻辑和程序存储执行，以及计算机分别由运算器、控制器、存储器、输入设备和输出设备五大部分组成，使具有"存储程序"的计算机成为现代计算机的重要标志。

图1-2 艾兰·图灵和冯·诺依曼

世界上第一台电子计算机（ENIAC）于1946年2月14日在美国宣告诞生，为了满足计算弹道需要，由美国宾夕法尼亚大学莫尔电气工程学院制造。

ENIAC有30个操作台，长30.48m，宽1m，占地面积约为170m²，重达30t，耗电量170kW，造价48万美元。它包含17468个真空管，7200个水晶二极管，1500个中转设施，70000个电阻器，10000个电容器，1500个继电器，6000多个开关，每秒执行5000次加法运算或400次乘法运算，其计算速度是继电器计算机的1000倍，手工计算的20万倍，如图1-3所示。

图1-3 第一台电子计算机ENIAC

1.1.3 计算机的发展

根据电子元器件的发展，计算机的主要发展阶段如表1-1所示。

表1-1 　　　　　　　　　　计算机发展的4个阶段

阶段	第一代	第二代	第三代	第四代
年代	1946—1957	1958—1964	1965—1971	1971年至今
主要器件	电子管	晶体管	中小规模集成电路	大规模和超大规模集成电路
数据处理方法	机器语言、汇编语言	算法语言、FORTRAN、COBOL	操作系统、BASIC、Pascal等	VC++、C语言等高级程序设计语言
运算速度	几千次至几万次	几万次至几十万次	几十万次至几百万次	几百万次至上亿次
代表产品	ENIAC、EDSAC、UNIVAC–I	IBM 700系列	IBM 360和PDP–11等	个人计算机、工作站、服务器、巨型机、微型计算机等

1.1.4 微型计算机的发展

1971年，美国Intel公司成功研制出4004微处理器，其中包含2300个晶体管，每秒钟可执行6万条指令。这是首次将CPU集成在一块硅芯片上，从而产生体积更小且性能更稳定的微型计算机。微型计算机的发展依据其字长划分为5个阶段，如表1-2所示。

表1-2 　　　　　　　　　　微型计算机发展阶段

阶段	年份	字长	代表性处理器芯片
1	1971—1973	4~8位	Intel 4004，Intel 4008
2	1974—1977	8位	Intel 8008
3	1978—1985	16位	Intel 80386，Intel 80486
4	1986—2000	32位	Pentium及Pentium Pro
5	2000年至今	64位	Intel Itanium，AMD Athlon 64（速龙）

1.1.5　计算机未来发展方向

从制作工艺与材料方面来说包含以下几个发展方向：

①分子计算机。分子计算机是利用分子计算的能力进行信息处理的计算机，其运行依靠分子晶体可吸收以电荷形式存在的信息，并以有效的方式进行重新组织排列的机能。因此它将在医疗诊治，遗传追踪中发挥重要作用。

②量子计算机。量子计算机是一类遵循量子力学规律进行高速数学和逻辑运算，存储及处理量子信息的物理装置。量子计算机是一种以原子所具有的量子特性进行信息处理，以处于量子状态的原子作为中央处理器和内存的计算机。

③光子计算机。光子计算机是一种利用电光信息进行数字运算、逻辑运算、信息存储和信息处理的新型计算机。它由激光器、光学反射镜、透镜等光学元件和设备构成，靠激光束进入反射镜和透镜组成的阵列进行信息处理，以光子代替电子，光运算代替电运算。

④纳米计算机。纳米计算机是用纳米技术研发的高性能计算机。纳米技术是从20世纪80年代初迅速发展起来的新前沿科研领域，现在纳米技术正从微电子机械系统起步，把传感器、电动机、各种处理器都放在一个硅芯片上面构成一个系统。应用纳米技术研制的计算机内存芯片，其体积只有数百个原子大小，相当于人的头发丝直径的千分之一。纳米管元件尺寸在几到几十纳米范围内，质地坚固，有极强的导电性，能代替硅芯片制造计算机。

⑤神经元计算机。神经元计算机又称为第6代计算机，是能模仿人的大脑判断适应能力，并具有可并行处理多种数据功能的神经网络计算机，特点是有知识、会学习、能推理，可实现分布式联想记忆，并在一定程度上模拟人和动物的学习功能。

1.1.6　计算机的特点及应用领域

随着信息技术的飞速发展，其功能越来越强大，计算机的应用已从简单的数据计算扩展到数据处理、智能控制、图形处理与人工智能等各个领域，渗透到各行各业人们的工作生活中。

1.1.6.1　计算机的特点

（1）运算速度快

运算速度是衡量计算机性能重要的指标之一，一般用每秒钟可执行加法的次数或执行指令的条数来衡量。现在普通的微型计算机每秒可执行几十万条指令，而巨型机则每秒可达到几十亿次甚至几百亿次。

（2）计算精度高

计算机具有独特的内部电路与数值表示方法，能计算的数字位数可达百位甚至更长，计算精度可达千分之几到百万分之几，有效地促进了国防科技、科学研究等尖端科学技术的发展。

（3）具有记忆和逻辑判断能力

计算机采用二进制运算，除了可以进行数值算术运算外，还可以进行逻辑运算，这使得计算机拥有判断、选择、比较等能力，可以使用其进行诸如资料分类、情报检索等具有逻辑加工性质的工作。

（4）存储容量大

计算机内部各种存储器，既能长久地存储程序代码与数据信息，也能临时存放各种运算过程中产生的数据，从而使计算机拥有"记忆"功能。随着存储芯片的生产成本下降以及存储技术的高速发展，计算机的存储容量越来越大，现已达到千兆数量级的容量。

（5）工作自动化

计算机能在程序控制下自动连续地高速运算。计算机内部操作是按照人们事先编好的程序自动进行的。只要将事先编写好的程序输入计算机，计算机就会按照程序规定的步骤完成预定的全部工作，这是计算机最突出的特点。

（6）通用性强

现在的计算机可满足人们多方面数字信息处理的要求。普通计算机需要进行功能扩展时，只需在原有的计算机的基础上安装相应的硬件或软件即能达到所需功能。

1.1.6.2　计算机的分类

计算机的种类有很多，可以从不同的角度对其进行分类。

按信息的表示方式分类，可将计算机分为数模混合计算机，模拟计算机和数字计算机。

按应用范围分类，可将计算机分为专用计算机和通用计算机。

根据计算机处理问题的规模、功能、速度、存储容量等综合性指标，1989年11月，美国电气工程师协会的一个委员会根据当时计算机的发展趋势，提出将计算机划分为巨型机、大型机、小型机、微型机4类，现将它们分别介绍如下。

（1）巨型机

巨型机也称超级计算机，使用通用处理器及UNIX或类UNIX操作系统，主要用于开展科学计算，在气象、军事、能源、航天、探矿等领域承担大规模、高速度的计算任务。超级计算机的处理器（机）一般有成百上千甚至数千个，特点是运算速度快、存储容量大、功能强、价格昂贵，并且拥有较强的并行计算能力。

巨型机的研制水平、生产能力及其应用程序，已成为衡量一个国家经济实力与科技水平的重要标志。我国于1983年研制出"银河"系列超级计算机，目前已有"银河""神威""曙光""天河"等几大系列超级计算机，其中2016年面世的"神威·太湖之光"（图1-4）是当时全球最快的超级计算机。截至2021年11月，全球最快的超级计算机是日本的FugaKu（富岳），而我国的"神威·太湖之光"在全球超算系统排名第四位。

图1-4　神威·太湖之光超级计算机

（2）大型机

大型机是指大型的计算机系统，一般装在较大的机柜里，使用专用指令系统和操作系统，擅长非数值计算，有很高的稳定性与安全性，主要用于银行、电信、大数据等商业领域。国外生产大型机的企业主要有IBM和UNISYS，如IBM 4300，我国的大型计算机系统主要有曙光（图1-5）、神威、深腾等系列。

图1-5　曙光大型机

（3）小型机

小型机规模小、结构简单，但通用性强、功能较多、维修方便、性价比高，一般用于工业、教育、企事业单位中，也可用于科学计算、数据处理与自动控制等，如网络服务器、游戏服务器等都属于小型机。

（4）微型机

微型机又称"个人计算机"，简称PC，是第四代计算机时期出现的一种机型，它虽然问世较晚，却发展迅猛。现在初学者接触和认识计算机基本上都是从PC开始的。微型机较小型机体积更小，价格更低，灵活性更好，可靠性更高，使用更加方便。它能够提供各种各样的计算机功能，典型的功能有字处理，上网等。个人计算机包括台式计算机、笔记本电脑、平板电脑等。

1.1.6.3　计算机的主要应用

20世纪70年代之前，计算机的应用普遍采用单主机计算机模式，其特征是单台计算机构成一个系统，应用方式是编程计算，应用领域是大型科学计算和大量的数据处理以及工业中的过程控制。70年代末期出现的微型计算机开辟了计算机应用的新领域，各种用途的工具软件不断推出，终端用户使用这些软件几乎不需要什么计算机专业知识。PC的普及标志着人人使用计算机的全社会信息化的到来。

（1）科学计算

科学计算是计算机最早的应用领域，也是当初发明计算机的原因。计算机最开始是解决科学研究和工程技术方面问题的数值计算工具。随着现代科学技术的进一步发展，数值计算在现代科学研究中的地位不断上升，在尖端科学领域中尤其突出，如天气预报，人造卫星轨迹的计算等。

（2）数据处理

据统计，全世界计算机用于数据处理的工作量占全部计算机应用的80%以上。数据处理已成为当代计算机的主要任务之一，是现代化管理的基础。

（3）过程控制

过程控制是指用计算机及时对生产或其他过程所采集和检索到的被控对象运行情况的数据，按照一定的算法进行分析和处理，然后从中选择最佳的控制方案，发出控制信号，控制相应过程。它是生产自动化的重要手段。

（4）计算机辅助系统

计算机辅助系统包括计算机辅助设计（Computer Aided Design，CAD），计算机辅助制造（Computer Aided Manufacturing , CAM），计算机辅助教学（Computer Aided Instruction，CAI）等。

1.2　计算机系统

1.2.1　计算机系统的基本组成

微型计算机是计算机中应用最为广泛的一类，它的一个重要特点是将中央处理器（CPU）制作在一块集成电路芯片上，这种芯片被称为微处理器。一个完整的计算机系统由硬件系统和软件系统两大部分组成。硬件系统通常是指计算机的物理系统，是看得见、摸得着的物理器件，包括计算机主机及其外部设备。硬件系统主要由中央处理器、内存储器、输入设备、输出设备等组成。

软件系统则是指管理计算机软件和硬件资源，控制计算机运行程序、指令、数据及文档的集合。广义地说，软件系统还包括电子和非电子的有关说明资料、说明书、用户指南、操作手册等。

硬件和软件的关系说明如下：

①硬件与软件是相辅相成的，硬件是计算机的物质基础。

②软件是计算机的灵魂，没有软件，计算机的存在就毫无价值。

③硬件系统的发展为软件系统提供了良好的开发环境，而软件系统的发展又给硬件系统提出了新的要求。计算机系统的组成如图1-6所示。

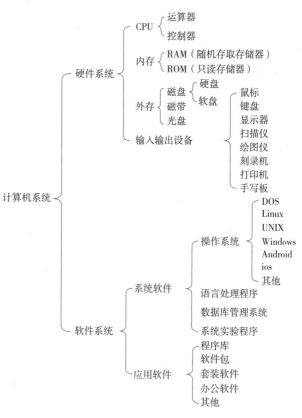

图1-6　计算机系统的组成

1.2.2　计算机的硬件系统

计算机的硬件系统从表面上看是由一些看得见、摸得着的东西（如显示器、键盘、鼠标、机箱等）组成的。从理论上来说，计算机是由运算器、存储器、控制器、输入设备和输出设备5个基本部分组成的，通常把没有软件的计算机称为"裸机"。

冯·诺依曼结构计算机硬件系统包括以下3个要点：

①采用二进制数的形式表示数据和指令。

②将指令和数据存放在存储器中。

③计算机硬件由运算器、存储器、控制器、输入设备和输出设备5大部分组成，其工作原理的核心是"程序存储"和"程序控制"，就是通常所说的"存储程序"概念，其硬件系统的五大功能部件如图1-7所示。

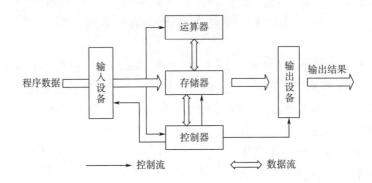

图1-7 硬件系统中的五大功能部件

（1）运算器

运算器主要由算术逻辑单元、寄存器、累加器等组成，它的功能是在控制器的控制下对存储器（或内部寄存器）中的数据进行算术或逻辑运算，再将运算结果送到存储器（或暂存在内部寄存器）。

（2）控制器

控制器用于控制整个计算机自动、连续、协调地执行完一条指令，是整个计算机硬件系统的指挥中心。它主要由指令译码器、指令寄存器、逻辑控制电路等部件组成。控制器的工作过程是依次从存储器取出各种指令，存放在指令寄存器中，再由指令译码器对指令进行分析（即译码），判断出应该进行什么操作，然后由逻辑控制电路发出相应的控制信号，指挥计算机相应的部件完成指令所规定的任务。执行完一条指令，再依次读取下一条，并译码执行，直至程序结束。

（3）存储器

存储器是存放数据和程序的载体，是计算机中各种信息存储和交流的中心。它分为内部存储器（简称内存或主存储器）和外部存储器（简称外存或辅助存储器）两种。

存储器由若干存储体组成。一个存储体包含许多存储单元，每个存储单元由8个相邻的二进制位（bit）组成。为了能有效地存取某个存储单元的内容，需要给所有存储单元按一定的顺序编号，此编号称为地址。整个存储器地址空间（又称编址空间）的大小，即存储器能够存储信息的总量称为存储器的存储容量，单位是字节（B）。

若一个存储器的容量为512B，表示此存储器可存放512B的二进制代码。字节是基本存储单位，常用的单位还有千字节（KB）、兆字节（MB）、吉字节（GB）、太字节（TB）等。

（4）输入设备

输入设备负责接收操作者输入的程序和数据，并将它们转换成计算机可识别的形式存放到内存中。常见的输入设备有键盘、鼠标、扫描仪、光笔、语音输入器、数码照相机、摄像头等。另外，磁性设备阅读机、光学阅读机也是输入设备，其中键盘和鼠标使用最为广泛，被视为微型计算机系统不可缺少的输入设备。

（5）输出设备

输出设备是将计算机的运算（或处理）结果，以人们容易识别或其他机器所能接受的形态输出的设备。输出的形式可以是数字、字符、图形、声音、视频图像等。常见的输出设备有显示器、打印机、绘图仪、扬声器（音箱）等。

输入和输出设备都是实现计算机与外界交流信息的设备。一般将各种输入/输出设备统称为计算机的外部设备。外部存储器既作为一种存储设备用于存储数据，又作为一种输入/输出设备，所以也属于外部设备。

1.2.3　计算机的硬件组成

计算机由主机和外部设备组成。主机包括系统主板、中央处理器（CPU）、内部存储器、软/硬盘和CD-ROM驱动器、显卡等各种适配器等，外部设备包括键盘、鼠标等。

（1）中央处理器（CPU）

中央处理器（CPU），计算机中最关键的部件，它是由超大规模集成电路工艺制成的芯片，主要由运算器、控制器、寄存器三部分组成。

中央处理器按字长可以分为8位，16位，32位，64位微处理器。

中央处理器大部分使用的是美国Intel公司生产的芯片，此外还有美国Amd、Cyrix、Idt等公司的产品在市场上与Intel公司的产品竞争，如图1-8所示为常见的CPU类型。

图1-8　常见的CPU类型

（2）总线

微型计算机的硬件结构也遵循冯·诺依曼体系结构，普遍采用总线结构（图1-9）。总线是一组公共信息传输线路，包括数据总线（Data Bus，DB）、地址总线（Address Bus，AB）和控制总线（Control Bus，CB），三者在物理上是一个整体，统称为系统总线。系统总线将微处理器、存储器、输入/输出设备智能地连接在一起。早期的计算机采用单总线结构，即CPU与存储器和I/O设备之间共用一条总线。随着CPU和存储器速度的提高，慢速的I/O设备成了整个系统的瓶颈，妨碍了系统整体性能的提高，为解决此问题出现了双总线结构，即CPU与存储器、CPU与I/O设备之间的数据通道分开，各有一条总线，这样大大提高了系统性能。总线在传输数据时，可以单向传输，也可以双向传输，并能在多个设备之间选择唯一的源地址和目的地址。

①地址总线。CPU通过地址总线把地址信息送出给其他部件，因而地址总线是单向的。地址总线的位数决定了CPU的寻址能力，也决定了微型机的最大内存容量。例如16位

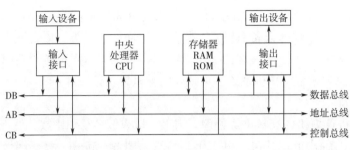

图1-9　总线结构图

地址总线的寻址能力是2^{16}=64K（B），而32位的地址总线的寻址能力是4GB。

②数据总线。数据总线用于传输数据。数据总线的传输方向是双向的，是CPU与存储器，CPU与I/O接口之间的双向传输。数据总线的位数和微处理器的位数是一致的，是衡量微机运算能力的重要指标。

③控制总线。控制总线是CPU对外部芯片和I/O接口的控制以及对这些接口芯片对CPU的应答、请求等信号组成的总线。控制总线是最复杂、最灵活、功能最强的一类总线，其方向也因控制信号不同而有所差别。例如，读写信号和中断响应信号由CPU传给存储器和I/O接口；中断请求和准备就绪信号由其他部件传输给CPU。

（3）内存

内存（Memory）是计算机中的关键部件，负责与CPU进行数据的沟通。内存把运算数据调到CPU中运算，运算完成后传输到其他部件。因此，内存的运行也影响着计算机的运行。内存主要由内存芯片、电路板、金手指等部分组成。

①内存的类型。目前内存主要有SDRAM、DDR SDRAM、RDRAM等类型，主流是DDR内存条，其价格低廉，性能出色，主要有DDR、DDR2、DDR3，而第4代DDR4也成为当今新一代的主流规格（图1-10）。

②内存的性能指标。内存的性能指标有容量、主频、时序、内存带宽、内存电压和传输标准等，其中最重要的是容量和主频。内存容量是指该内存条的存储容量，是内存条的关键性参数，目前常用的容量是4GB、8GB和16GB，最高可达128GB。内存主频和CPU主频一样，习惯上被用来表示内存的速度，它代表着该内存所能达到的最高工作频率。内存主频是以MHz（兆赫）为单位来计量的。内存主频越高在一定程度上代表着内存所能达到的速度越快。现主流的DDR4内存的主频主要有2133MHz、2400MHz、2666MHz、2800MHz、

图1-10　DDR SDRAM 内存

3000MHz和3200MHz。

③内存的接口。内存的接口类型主要有SIMM、DIMM、RIMM三种。

SIMM（单列直插存储模块）是一种两侧金手指都提供相同信号的72线的内存结构，体积小、重量轻，插槽上有防呆设计，插槽两端有金属卡子将它卡住，这是现今内存的雏形。优点在于使用了标准引脚设计，几乎可以兼容所有的PC机。

DIMM（双列直插存储模块），体积稍大，每个引脚都是分开的，可以容纳更多的针脚，从而容易得到更大容量的RAM。

RIMM（Rambus直插式存储模块），性能更好，但价格昂贵，发热量较大，模块上都有一个很长的散热片。

④高速缓冲存储器（Cache）。由于CPU处理信息速度的不断提高，而主存由于容量大，寻址系统繁多，读写电路复杂等原因，造成了主存的工作速度远远低于CPU的工作速度，直接影响了计算机的性能。为了解决主存与CPU工作速度上的矛盾，在CPU和主存之间增设了一级容量大、速度快的高速缓冲存储器。Cache中存有常用的程序和数据，当CPU访问这些程序和数据时，首先从高速缓存中查找，如果所需程序和数据不在Cache中，则到主存中读取数据，同时将数据写入Cache中，提高系统的运行速度。

（4）硬盘

硬盘是电脑主要的存储媒介，负责将数据信息存储在存储材料上，或将存储材料上的信息输出到计算机其他部件进行识别处理，目前大多数硬盘都是固定硬盘，被永久性地密封固定在硬盘驱动器中。

①硬盘的类型。按存储介质分，硬盘可分为机械硬盘（HDD）、固态硬盘（SSD）和混合硬盘（HHD）。机械硬盘与固态硬盘如图1-11所示。

机械硬盘主要由盘片、磁头、盘片转轴及控制电机、磁头控制器、数据转换器、接口、缓存等几个部分组成。机械硬盘中所有平行的盘片都安装在一个旋转轴上，每个盘片的存储面上都有一个磁头，在磁头控制器的控制下，磁头可快速地读取盘片的数据。

图1-11　机械硬盘与固态硬盘

固态硬盘是用固态电子存储芯片阵列制成的硬盘，它将控制单元芯片、存储单元芯片（FLASH、DRAM）、缓存芯片等集成在PCB板上。

按容量分，目前常见的机械硬盘有500GB、1TB、2TB、3TB、4TB、10TB等，常见的固态硬盘有120GB、250GB、500GB等。

另外，硬盘按体积大小分有3.5in、2.5in、1.8in等；按转数分有5400r/min、7200r/min、10000r/min等；按接口分有ATA、IDE、SATA、SATA II、SATA III、SCSI、SAA等。

②硬盘的性能指标。硬盘的性能参数主要有容量、转速、平均访问时间、传输速率和缓存等。容量越大，计算机能存储的数据就越多。硬盘的转速越快，硬盘寻找文件的速度也就越快，硬盘的传输速度也就得到了提高。硬盘转速以每分钟多少转来表示，单

位表示为r/min，r/min值越大，内部传输速率就越快，访问时间就越短，硬盘的整体性能也就越好。缓存的大小与速度能够大幅度提高硬盘整体性能。当硬盘存取零碎数据时需要不断地在硬盘与内存之间交换数据，零碎数据可以暂存在缓存中，减小外系统的负荷，提高数据的传输速度。

机械硬盘与固态硬盘的性能对比如表1-3所示。

表1-3　　　　　　　　　机械硬盘与固态硬盘性能对比表

项目	固态硬盘	普通（机械）硬盘
结构	闪存颗粒，不存在任何机械部件	磁碟型，数据储存在磁碟扇区里
容量	较小	较大
读写速度	很快	较慢
功耗	低	较高
噪声	无	机械马达声音
重量	轻	较重
寿命	较短	较长
价格	较高	较低
数据恢复	难	一部分

（5）输入设备

输入设备是向计算机输入程序、数据和命令的部件，常见的输入设备有键盘、鼠标、扫描仪、光笔、数字化仪、麦克风、数码相机、摄像头等。

①键盘。键盘是最常见也是最主要的输入设备，通过键盘可以将英文字母、数字、标点符号等输入计算机中。

根据按键的数量，键盘可分为83键、101键、104键、105键、107和108键。图1-12所示为104键键盘。

图1-12　104键键盘

键盘的组成：对照键盘实物，查看键盘的布局，分清主键盘区、功能键区、编辑键区和辅助键区。

常用键及组合键的使用如表1-4所示。

表1-4　　　　　　　　　　　常用键及组合键的使用

键名	功能
Shift	上档键，用来输入上档字符
Caps Lock	大写字母锁定键，用来输入大写字母，此键在键盘右上角对应一个指示灯
空格键	位于键盘最下面的一个最长的键，用于输入空格字符
Backspace	退格键，可使光标回退一格，删除光标左边的一个字符
Enter	回车键，用于确认输入或表示前面的输入结束
Tab	制表定位键
Alt	转换键，此键通常和其他键组成特殊功能键或者复合控制键
Ctrl	控制键，此键单独使用没有意义，通常和其他键组合在一起使用
Ctrl+Alt+Del	系统的热启动组合按键

编辑键区：编辑键区的10个功能键，又分成8个光标移动键和2个编辑操作键（Delete 和Insert），其功能如表1-5所示。

表1-5　　　　　　　　　　　光标移动键和编辑键的功能

按键	功能
←	光标左移一个字符
→	光标右移一个字符
↑	光标上移一个字符
↓	光标下移一个字符
Home	光标移到行头或者当前页头
End	光标移到行尾或者当前页尾
Page Up	光标移到上一页
Page Down	光标移到下一页
Delete	删除键，删除光标位置的一个字符
Insert	输入键，是开关键，有两种状态：输入状态和改写状态

②鼠标。随着Windows 的运用和普及，鼠标已经成为与键盘同样重要的输入设备，其主要用于程序的操作、菜单的选择、制图等。

③扫描仪。扫描仪是一种光电一体化的高科技产品，它是将各种形式的图像信息输入计算机的重要工具，按处理的颜色可以分为黑白扫描仪和彩色扫描仪；按扫描方式可以分为手持式、台式、平板式和滚筒式。

④麦克风。利用话筒进行语音输入，也是语音输入转变为文字输入的前提。

⑤数码相机和摄像头。数码相机与普通相机不同，数码相机并不使用胶片，它使用固定的或者是可拆卸的半导体存储器来保存获取的图像，可直接连接计算机、电视机或者打印机。

摄像头是一种数字视频的输入设备，分为内置和外接两种。

⑥其他输入设备。例如触摸屏、条形码阅读器等。

（6）输出设备

输出设备是用来输出经过计算机运算或处理后所得的结果，并将结果以字符、数据、图形等人们能够识别的形式进行输出的设备。常见的输出设备有显示器、打印机、绘图仪、声音输出设备等。

①显示器。显示器是计算机最主要的输出设备，通过显示器能及时了解机器工作的状态，看到信息处理的过程和结果，及时纠正错误，指挥机器正常工作。显示器主要由监视器和显示控制适配器（显示卡）组成，如图1-13和图1-14所示。显示器的主要技术指标有屏幕尺寸、点距、显示分辨率、灰度和颜色深度及刷新频率等。

图1-13　监视器　　　　　　　　　　　　　　图1-14　显示卡

②打印机。打印机是计算机常见的输出设备，能够把计算机产生的文本或图形图像输出到纸上。目前打印机的类型主要有针式打印机、喷墨打印机和激光打印机等。

针式打印机是通过打印针头击打色带，把色带上的墨水打印在纸上形成字符或图形。针式打印机的特点是耗材便宜，可以打印票据，但打印速度慢、噪声较大、打印质量低。

喷墨打印机是通过喷墨头的喷嘴喷射墨水来描绘图像。喷墨打印机的特点是噪声小、打印质量高、可以打印彩色，但耗材成本高、墨水容易干涸。

激光打印机是通过激光扫描把字符或图形印在纸上。与前两者相比激光打印机的特点是噪声低、速度快、打印质量高，耗材成本适中，是目前使用最广泛的打印机。

图1-15展示了不同类型的打印机。

③绘图仪。使用绘图仪可以绘制各种平面、立体的图形，它已成为计算机辅助设计（CAD）中不可缺少的设备。绘图仪按工作原理不同可分为笔式绘图仪和喷墨绘图仪。绘图仪主要运用于建筑、服装、机械、地质等行业中。

图1-15　不同类型的打印机

④声音输出设备。声音输出设备包括声卡

和扬声器两部分。声卡（也称音频卡）插在主板的插槽上，通过外接的扬声器输出声音。

⑤投影仪。投影仪主要用于教学、培训、会议等场合，通过与计算机连接，可以把计算机的屏幕内容全部投影到幕布上。投影仪分为透射式和反射式两种，主要性能指标有显示分辨率、投影亮度、投影尺寸、投影感应时间、投影变焦、输入源和投影颜色等。

1.2.4　计算机的软件系统

除了硬件系统外，微型计算机还必须配备优秀的软件系统才能发挥其性能。软件系统又分为系统软件和应用软件两大类。

1.2.4.1　系统软件

系统软件是管理、监控、维护计算机资源（包括硬件与软件）的软件，用于调度、监控和维护计算机系统，提供用户和应用软件使用计算机的基础。它包括操作系统、各种语言处理程序（微机的监控管理程序、调试程序、故障检查和诊断程序、高级语言的编译和解释程序）以及各种工具软件等。

（1）操作系统

操作系统在系统软件中处于核心地位，其他系统软件在操作系统的支持下工作。常用的操作系统有DOS、Windows系列（如Windows XP、Windows 7、Windows 8、Windows 10等）、Linux、UNIX、OS/2等。

（2）各种程序设计语言的处理程序

除了机器语言之外，使用其他任何语言编写的程序都不能直接在计算机上执行，需要先对它们进行适当的转换，而这个任务就是由语言处理程序完成的。

程序设计语言处理系统随着被处理的语言及其处理方法和处理过程的不同而异，但任何一种语言处理程序通常都包含一个编译程序，它是把一种语言程序翻译成等价的另一种语言程序，被翻译的语言和程序称为源语言和源程序，翻译生成的语言和程序则称为目标语言和目标程序，按照不同的翻译处理方法，翻译程序分为以下3种：

①汇编程序。汇编程序是把汇编语言翻译为机器语言的程序。

②解释程序。解释程序对源程序的语句从头到尾逐句扫描，逐句翻译，逐句执行。解释程序实现简单，但是运行效率较低，对反复执行的语句，它也同样要反复翻译、解释和执行。

③编译程序。编译程序是从高级语言到机器语言的翻译程序。编译程序对源程序进行一次或几次扫描后，最终形成可以直接执行的目标代码。编译程序实现的过程比较复杂，但是编译产生的目标代码可以反复执行，不需要重新翻译，因此，执行效率更高、更快。

（3）数据库管理系统

数据库技术是进行高效数据管理的一种技术，广泛应用于管理信息系统等领域。数据库管理系统（Database Management System，DBMS）是数据库技术的核心，用于数据库的建立、使用和维护。常见的数据库管理系统有 Microsoft SQL Server、MySQL、ORACLE、Sybase、DB2、Access 等。

（4）工具软件

工具软件又称服务软件，如机器的监控管理程序、调试程序，故障检查程序和诊断程序等。这些工具软件为用户编制计算机程序及使用计算机提供了很大的方便。

1.2.4.2　应用软件

应用软件是用户为了解决实际问题而开发的各种程序，如工程计算、模拟过程、辅助设计、文字处理和图形处理软件等。应用软件用于满足不同用户、不同领域、不同问题的需求，其数量和种类非常多，大致可进行如下划分：

①办公软件。常见的有微软Office、金山WPS、永中Office等。

②图像处理相关软件。常见的有用于图像处理的Photoshop、CorelDRAW等；用于图像浏览的ACDSee、看图王等；用于截图的EPSnap、HyperSnap等；用于动画制作与编辑的Flash、Maya等。

③媒体播放软件。常见的有RealPlayer、暴风影音等。

④其他应用软件。常见的有用于通信的QQ等；用于翻译的金山词霸、有道词典等；用于病毒查杀的金山毒霸、360杀毒等；用于文本阅读的Adobe Reader、福昕阅读器等；用于中文输入的搜狗输入法、QQ拼音输入法等；用于系统优化与保护的金山卫士、360安全卫士等；用于下载的迅雷、网络蚂蚁等；用于文档压缩与解压缩的Winrar等。

1.2.5　计算机的主要技术指标

（1）字长

字长是指计算机能直接处理的二进制信息的位数。字长是由CPU内部的寄存器、加法器和数量总线的位数决定的。字长标志着计算机处理信息的精度。字长越长，精度越高，速度越快，但价格也越高。当前普通微机的字长是32位、64位，高档微机的字长是128位。

（2）运算速度

运算速度是指计算机每秒钟能执行的指令条数。单位是次每秒或百万次每秒。百万次每秒（1秒内可以执行100万条指令）又称MIPS。

（3）时钟频率（主频）

时钟频率是指CPU在单位时间（秒）内发出的脉冲数。它在很大程度上决定了计算机的运算速度。时钟频率越高，计算机的运算速度也越快。主频的单位是兆赫兹（MHz）。

（4）存取速度

存储器完成一次读/写操作所需的时间称为存储器的存取时间或访问时间。存储器连续进行读/写操作所允许的最短时间间隔称为存取周期。存取周期越短，则存取速度越快，它是反映存储器性能的一个重要参数。通常，存取速度的快慢决定了运算速度的快慢。

（5）存储容量

内存容量：内存容量是指内存储器能够存储信息的总字节数。内存容量的大小反映了计算机存储程序和处理数据能力的大小，容量越大，运行速度越快。

外存容量：外存容量是指外存储器所能容纳的总字节数。

（6）外部设备的配置

主机所配置的外部设备的多少与好坏也是衡量计算机综合性能的重要指标。

（7）软件的配置

合理安装与使用丰富的软件可以充分发挥计算机的作用，方便用户使用。

（8）可靠性、可用性和可维护性

可靠性是指在给定时间内，计算机系统能正常运转的概率。可用性是指计算机的使用效率。可维护性是指计算机的维修效率。可靠性、可用性和可维护性越高，则计算机系统的性能越好。

此外，还有一些评价计算机的综合指标。例如，系统的兼容性、完整性和安全性等。

1.3　计算机网络

1.3.1　计算机网络的基本概念和发展

1.3.1.1　计算机网络

计算机网络是指把分布在不同地理位置的具有独立功能的计算机、终端及其终端设备，通过通信设备和通信线路连接起来，在网络操作系统、网络管理软件、网络通信协议的管理和协调下，实现数据通信和资源共享的系统。

计算机网络把分布在不同地理区域的计算机与专门外部设备，用通信线路互联成一个规模大、功能强的系统，从而使众多的计算机能方便地互相传递信息，共享硬件、软件、数据信息等资源。

1.3.1.2　计算机网络的构成元素

计算机网络的构成元素包括主机和终端、网络操作系统、传输介质、传输协议和应用软件等。

主机（Host）是指功能完整、与网络相连、拥有唯一IP地址的计算机。主机是资源子网的主要组成单元，可以是大型机、中型机、小型机、微型机等，它通过高速通信线路与通信子网的通信控制处理机相连接。主机要为本地用户访问网络中其他主机设备资源提供服务，同时也为远程用户共享本地资源提供服务。

终端（Terminal）是指用户访问网络、功能相对单一的设备。终端可以是简单的输入、输出终端，也可以是带有微处理机的智能终端。终端可以通过主机连入网络，也可以通过终端控制器、报文分组组装与拆卸装置、通信控制处理机连入网络。

传输介质。包括专用通信处理机（即通信子网中的结点交换机）和连接这些结点的通信链路所组成的一个或数个通信子网。

传输协议。为主机与主机、主机与通信子网，或通信子网中各个结点之间通信而建立的一系列协议。

1.3.1.3　网络的功能

计算机网络的功能主要表现为资源共享（硬件资源、软件资源），数据通信和分布处理。

（1）资源共享

资源共享主要包括硬件资源共享、软件资源和数据共享。

硬件资源共享：可在全网范围内提供对处理资源、存储资源、输入输出资源等昂贵设备的共享：如高性能计算机、大容量存储器、打印机、图形设备、通信线路、通信设备等硬件资源的共享。硬件资源共享可使用户节省投资，提高硬件资源的使用效率，也便于集中管理和均衡分担负荷。

软件资源和数据共享：允许互联网上的用户远程访问各类大型数据库，得到网络文件传送服务、远程进程管理服务和远程文件访问服务，从而避免软件研制上的重复劳动以及数据资源的重复存储，也便于集中管理。可共享的软件种类包括大型专用软件、各种网络应用软件、各种信息服务软件等。

（2）数据通信

数据通信是计算机网络最基本的功能，它用来快速传送计算机与终端，计算机与计算机之间的各种信息，计算机网络可以传输数据以及声音、图像、视频等多媒体信息。利用网络的通信功能，可发送电子邮件、打电话、在网上举行视频会议等。数据通信可实现将分散在各个地区的单位或部门用计算机网络联系起来，进行统一的调配、控制和管理。

（3）分布处理

当网络上某台主机的负载过大时，通过网络和一些应用程序的控制和管理，可将任务交给网络上其他的计算机去处理，充分利用网络资源，扩大计算机的处理能力，高效地完成一些大型应用系统的程序计算以及大型数据库的访问等。

1.3.2　计算机网络的发展历程

计算机网络的发展经历了由单一网络向互联网发展的过程，主要经历了如下4个阶段。

（1）面向终端的第一代计算机网络

第一代计算机网络属于远程终端联机阶段，是以单个计算机为中心的远程联机系统，实现地理位置不同的大量终端与主机之间的连接和通信。面向终端的第一代计算机网络将彼此独立发展的计算机技术与通信技术结合起来，完成数据通信与计算机通信网络的研究，并为计算机网络的出现做好了技术准备，奠定了理论基础。

（2）以分组交换网为中心的第二代计算机网络

20世纪60年代中期，第二代计算机网络进入网络阶段。计算机网络实现多个主机互联，具备计算机和计算机之间的通信，终端可访问本地主机和通信子网上所有主机的软硬件资源。网络中包括通信子网和资源子网，采用电路交换和分组交换方式进行数据交换。

（3）体系结构标准化的第三代计算机网络

第三代计算机网络属于计算机网络互联阶段，1983年国际标准化组织（International Organization for Standardization，ISO）制定开放系统互联基本参考模型（Open System Interconnection Reference Model，OSI/RM），TCP/IP诞生，用于各种计算机在世界范围内的连接，从此，计算机网络走上了标准化的道路。

（4）以网络互联为核心的第四代网络

第四代计算机网络属于国际互联网与信息高速公路阶段。随着人们对网络需求的不断增长，计算机网络尤其是局域网的数量迅速增加，把若干个局域网互联起来，使用户更大范围内实现资源共享，形成可互相访问的网络。著名的因特网就是世界上一个最大的国际互联网。

信息高速公路的建成，将改变人们的生活、工作和相互沟通方式，加快科技交流，提高工作质量和效率，人们可以享受影视娱乐、遥控医疗，实施远程教育，举行视频会议，实现网上购物，享受交互式电视等。

1.3.3　计算机网络的分类

计算机网络可按不同的标准划分，具体的分类方法如下。

1.3.3.1　按功能分类

计算机网络按功能分类，可划分为资源子网与通信子网。

网络中实现资源共享功能的设备及其软件的集合称为资源子网。资源子网负责全网数据处理和向网络用户提供资源及网络服务，主要包括网络中所有的主计算机、I/O设备和终端，各种网络协议、网络软件和数据库等。

计算机网络中实现网络通信功能的设备及其软件的集合称为网络的通信子网，主要为用户提供数据的传输、转接、加工、变换等服务。通信子网的任务是在端结点之间传送报文，主要由转结点和通信链路组成。通信子网硬件组成主要包括中继器、集线器、网桥、路由器和网关等硬件设备。通信子网的设计一般有两种方式：点到点通道、广播通道。

1.3.3.2　按地理范围分类

按地理范围分类，可以把网络划分为局域网、城域网、广域网三种。

（1）局域网

局域网（Local Area Network，LAN）是指地理范围在几米到十几千米内的计算机网络。现在随着计算机网络技术的发展和提高，局域网得到充分的应用和普及。局域网在计算机数量配置上没有太多的限制，少的可以有两台，多的可达数百台、上千台。局域网一般位于一个建筑物或一个单位内，不存在寻径问题，不包括网络层的应用。常见的局域网有校园网与企业网。局域网的特点是传输距离短、用户数少、配置容易、传输速率高。目前局域网的速率可以达到10Mbps~10Gbps。

（2）城域网

城域网（Metropolitan Area Network，MAN）是在一个城市范围内建立的计算机通信网。它是一种介于局域网与广域网之间，覆盖一个城市的地理范围，将同一区域内的多个局域网互联起来的中等范围的计算机网络。城域网的传输媒介主要采用光缆，传输速率在100Mbps以上。

（3）广域网

广域网（Wide Area Network，WAN）也被称为远程网，用于实现不同地区的局域网或城域网的互联，是可提供不同城市、地区和国家之间的计算机通信的远程计算机网络。广域网所覆盖的范围比城域网更广，地理范围可从几百公里到几千公里。因为距离较远，信息衰减比较严重，所以这种网络一般使用专线，通过接口信息处理（IMP）协议和线路连接起来，构成网状结构，带宽通常为9.6Kbps~45Mbps。

1.3.3.3 按局域网的工作模式分类

局域网的工作模式是根据局域网中各计算机的位置来决定的，涉及用户存取和共享信息的方式。目前局域网主要存在着两种工作模式：客户/服务器（Client/Server，C/S）模式、点对点（Peer-to-Peer）通信模式。

客户/服务器模式（C/S）。这是一种基于服务器的网络，其中一台或多台较大的计算机集中进行共享数据库的管理和存取，称为服务器，而将其他的应用处理工作分散到网络中其他计算机，构成分布式的处理系统，服务器控制管理数据的能力已由文件管理方式上升为数据库管理方式，因此，C/S网络模式的服务器也称为数据库服务器。这类网络模式主要注重于数据定义、存取安全、备份及还原、并发控制及事务管理，执行诸如选择检索和索引排序等数据库管理功能。它有足够的能力做到把通过其处理后用户所需的那一部分数据而不是整个文件通过网络传送到客户机去，减轻了网络的传输负荷。C/S网络模式是数据库技术的发展和普遍应用与局域网技术发展相结合的结果。

点对点模式（Peer-to-Peer）。点对点模式的对等式网络结构中，没有专用服务器。在这种网络模式中，每一个工作站既可以起客户机作用也可以起服务器作用。有许多网络操作系统可应用于点对点网络，如微软的Windows for Work Groups、Windows NT WorkStation、Novell Lite等。

点对点对等式网络比C/S网络模式造价低，允许数据库和处理机能分布在一个很大的范围里，还允许动态地安排计算机需求，其缺点是提供较少的服务功能，并且难以确定文件的位置，使得整个网络难以管理。

1.3.4　网络的拓扑结构

网络中的计算机等设备要实现互联，需要以一定的结构方式进行连接，这种连接方式叫作"拓扑结构"。目前常见的网络拓扑结构主要有：星型结构、环型结构、总线型结构、树型结构、网状结构和混合型结构。

（1）星型拓扑结构

星型拓扑由中央节点与各个节点连接组成，各节点必须通过中央节点才能实现通信。它是因网络中的各工作站节点设备通过一个网络集中设备连接在一起，各节点呈星状分布而得名，如图1-16所示。

星型拓扑结构的优点是结构简单、建网容易，便于控制和管理，有以下几个特点：①节点扩展、移动方便。节点扩展时只需从集线器或交换机等集中设备中连接一条线，而移动一个节点只需把相应节点设备移到新节点。②维护容易。一个节点出现故障不会影响其他节点的连接，可任意拆除故障节点。③采用广播信息传送方式。任何一个节点发送信息在整个网中的节点都可收到，这在网络方面存在一定的隐患，但在局域网中使用影响不大。④网络传输数据快。数据传输速度可达1000Mbps~10Gbps。其缺点是中央节点负担较重，容易形成系统的"瓶颈"，线路利用率不高。

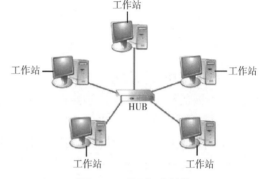

图1-16　星型拓扑结构

（2）环型拓扑结构

环型拓扑是由各节点首尾相连形成一个闭合环型线路。环型网络中的信息传送是单向的，即沿一个方向从一个节点传到另一个节点；每个节点需安装中继器，用于接收、放大、发送信号，如图1-17所示。

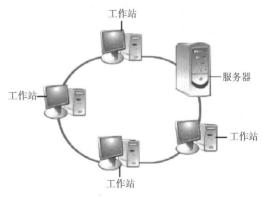

图1-17　环型拓扑结构

环型拓扑结构的网络形式主要应用于令牌网，在这种网络结构中各设备直接通过电缆串接，形成一个闭环。整个网络发送的信息在这个环中传递，通常把这类网络称之为"令牌环网"，将其中负载信息的标记称为"令牌"。

环型拓扑结构的优点：①结构简单，建网容易，便于管理。②每个节点收发信息的机会均等。③传输速度较快。令牌网允许有16Mbps的传输速度，比普通的10Mbps以太网快。

其缺点是：①当节点过多时，将影响传输效率。②维护困难。从其网络结构可以看到，整个网络各节点间是直接串联的，任何一个节点出现故障都会造成整个网络的中

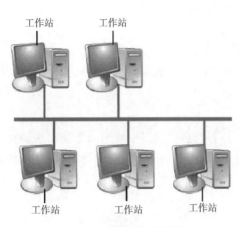

工作站　　　　工作站

工作站　　　工作站　　　工作站

图1-18　总线型拓扑结构

断、瘫痪，维护不便。③扩展性能差。新添加或移动节点，必须中断整个网络，在环的两端做好连接器才能连接，不利于扩充。

（3）总线型拓扑结构

总线型拓扑结构由一条总线连接若干个节点构成网络。网络中所有的节点通过总线进行信息传输，如图1-18所示。

总线型拓扑是使用最普遍的一种网络结构。总线型网络拓扑结构中所有设备都直接与总线相连，它所采用的介质一般是同轴电缆，不过现在也有采用光缆作为总线型传输介质的。

总线型拓扑结构的特点：①结构简单灵活，建网容易，使用方便，性能好。②网络用户扩展灵活，需要扩展用户时只需添加一个接线器，但所能连接的用户数量有限。③维护较容易，单个节点失效不影响整个网络的正常通信。

其缺点是主干总线对网络起决定性作用，总线故障将影响整个网络。一次仅能由一个用户发送数据，其他用户必须等待获得发送权。传输速度受用户接入量的影响，因各节点共享总线带宽，所以在传输速度上会随着接入用户的增多而下降。

（4）树型拓扑结构

树型拓扑是一种分级结构。在树型结构的网络中，任意两个节点之间不产生回路，每条通路都支持双向传输。这种结构的特点是扩充方便、灵活，成本低，易推广，适合于分主次或分等级的层次型管理系统。

（5）网状拓扑结构

网状拓扑结构由于节点之间有多条线路相连，即每个节点都有两个以上的节点与之相连，所以网络的可靠性较高。由于结构比较复杂，所以建设成本较高。

1.3.5　常用Internet协议

1.3.5.1　TCP/IP协议

TCP/IP协议是互联网网络信息交换规则、规范的集合体，包含100多个相互关联的协议。

①IP（Internet Protocol）协议是网际协议，它是Internet协议体系的核心，定义了Internet上计算机网络之间的协议。

②TCP（Transmission Control Protocol）协议在通信结束后终止它们的连接。TCP协议是传输控制协议，面向"连接"，规定了通信双方必须先建立连接，才能进行通信。

③其他常用协议。

Telnet：远程登录服务；

FTP：文件传输协议；

HTTP：超文本传输协议；

SMTP：简单邮件传输协议；

DNS：域名解析服务。

1.3.5.2　IP地址与域名系统

（1）IP地址概述

①IP地址。IP地址是Internet上一台主机或一个网络节点的逻辑地址，是用户在Internet上的网络身份证，由4个字节共32位二进制数字组成。在实际使用中，每个字节的数字常用十进制来表示，即每个字节数的范围是0~255，且各数之间用点隔开。例如32位的IP地址11001010011100000000000000100100，就可以简单方便地表示为202.112.0.36。

IP地址的结构如图1-19所示。

②IP地址的分类。为了充分利用IP地址空间，Internet委员会定义了5种IP地址类型以适合不同容量的网络，即A~E类，如表1-6所示，用于规划互联网上物理网络的规模，其中A、B、C三类最为常用。

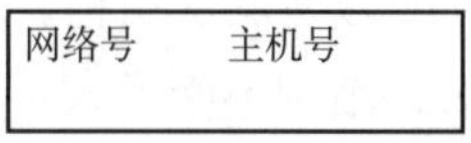

网络号	主机号

图1-19　IP地址的结构

表1-6　　　　　　　　　　IP地址的分类

网络类别	第一段值	网络位	主机位	适用于
A	0~127	前8	后24	大型网络
B	128~191	前16	后16	中型网络
C	192~223	前24	后8	小型网络
D	224~239	—	多点广播	—
E	240~255	—	保留备用	—

③IP地址的配置原则。

● 0.0.0.0和255.255.255.255为保留专用地址，不配置给其他主机，用于解释为本机网络和广播地址。

● 配置给某一主机的网络号不能为127，如IP地址127.0.0.1用作网络软件测试的回送地址。

● 一个网络中的主机号是唯一的。例如，在同一个网络中，不能有两个192.168.15.1的IP地址，被保留的地址仅作为特殊用途。

④IPv6。目前，IP协议的版本号是4，简称为IPv4，发展至今已经使用了30多年。IPv4的地址位数为32位，也就是说最多有2^{32}个地址分配给连接到Internet上的计算机等网络设备。

由于互联网的蓬勃发展和广泛应用，IP地址的需求量越来越大，其定义的有限地址空间将被耗尽，地址空间的不足必将妨碍互联网的进一步发展。为了扩大地址空间，IPv6重新定义了网络地址空间。

IPv6采用128位地址长度，几乎可以不受限制地提供地址，同时，IPv6还考虑了在IPv4中解决不好的其他问题，主要有端到端IP连接、服务质量（QoS）、安全性、多播、移动性、即插即用等。

（2）域名系统

①域名。由于IP地址是用一串数字来表示的，用户很难记忆，为了方便记忆和使用Internet上的服务器或网络系统就产生了域名（Domain Name，又称域名地址），也就是符号地址。相对于IP地址这种数字地址，利用域名更便于记忆互联网中的主机。

域名和IP地址是Internet地址的两种表示方式，它们之间是一一对应的关系。域名和IP地址的区别在于：域名是提供用户使用的地址，IP地址是由计算机进行识别和管理的地址。例如，广州城市理工学院的域名是www.gcu.edu.cn，它对应的IP地址为58.205.213.52。

②域名层次结构。域名采用层次结构，一般含有3~5个字段，中间用"."隔开。从左至右，级别不断增大（若自右至左，则是逐渐具体化）。

由于Internet起源于美国，所以一级域名在美国用于表示组织机构，美国之外的其他国家或地区用于表示地域。常用顶级域名如表1-7所示。

表1-7　　　　　　　　　　　常用顶级域名一览表

域名	含义	域名	含义
com	商业部门	cn	中国
net	大型网络	us	美国
gov	政府部门	uk	英国
edu	教育部门	au	澳大利亚
mil	军事部门	jp	日本
org	组织机构	ca	加拿大

在一级域名下，继续按机构性和地理性划分的域名，就称为二三级域名，如广州城市理工学院的域名www.gcu.edu.cn中的.edu。

注意：域名使用中，大写字母和小写字母是没有区别的；域名的每部分与IP地址的每部分没有任何对应关系。

③域名系统（Domain Name System，DNS）。虽然域名的使用为用户提供了极大方便，但主机域名不能直接用于TCP/IP协议进行路由选择。当用户使用主机域名进行通信时，必须首先将其转换成IP地址，这个过程称为域名解析。把域名转换成对应IP地址的软件称为域名系统。装有域名系统软件的主机就是域名服务器（Domin Name Server）。DNS提供域名解析服务，从而帮助寻找主机域名所对应的网络和可以识别的IP地址。

④URL与信息定位。WWW的信息分布在各个Web站点，为了能在茫茫的信息海洋中准确找到这些信息，就必须先对互联网上的所有信息进行统一定位。统一资源定位器（Uniform Resource Locator，URL）就是用来确定各种信息资源位置的，俗称"网址"，其功能是描述浏览器检索资源所用的协议、主机域名及资源所在的路径与文件名。例如，http://home.microsoft/utorial/default.htm就是一个典型的URL格式。

URL地址中表示的资源类型：

HTTP：超文本传输协议。

FTP：文件传输协议。

Telnet：与主机建立远程登录连接。

SMTP：简单邮件传输协议。

URL示例：

http://www.microsoft.com/pub/index.html表示是HTTP服务器上的资源。

ftp://ftp://10.5.1.5表示是FTP服务器上的资源。

file:/C:\Program Files (x86)\Microsoft Office表示是本地磁盘文件上的资源。

telnet://bbs.tsinghua.edu.cn表示是Telnet服务器上的资源。

1.3.6　常用网络诊断命令

用户在访问Internet时，有时会发现存在网络不通的现象。操作系统一般都会提供一些诊断网络故障的命令。在Widows操作系统的命令提示符下，微软为用户提供了一些常用的网络测试命令，这些命令不区分大小写，以命令行方式运行。

（1）Ipconfig命令

命令格式：ipconfig[/?] [/all] [/renew] [/release]

主要功能：显示网络适配器的物理地址、主机的IP地址、子网掩码、默认网关以及DNS等IP协议的具体配置信息。

用ipconfig命令查看本机TCP/IP协议配置，操作步骤如下：

①选择【开始】菜单【所有程序】中【附件】里面的【命令提示符】命令，打开【命令提示符】窗口。

②在【命令提示符】下输入ipconfig按【Enter】键即可查看本机TCP/IP协议配置情况，如图1-20所示。

在图1-20中可以看到，本机的IP地址为：10.3.16.3；子网掩码为：255.255.255.0；默认网关为：10.3.16.254。

（2）Ping命令

命令格式：ping目的地址[-t] [-a] [-ncount] [-l length]

其中：目的地址是指目的主机的IP地址或主机名或域名。

图1-20　查看本机TCP/IP协议配置

主要功能：用于向目标主机（地址）发送一个回送请求数据包，要求目标主机收到请求后给予答复，从而判断网络的响应时间和本机是否与目标主机（地址）连通。

ping是个使用频率极高的实用程序，用于确定本地主机是否能与另一台主机交换（发送与接收）数据包。根据返回的信息，可以推断TCP/IP参数是否设置得正确以及运行是否正常。由于可以自定义所发数据包的大小及无休止地高速发送，ping也被某些别有用心的人作为DDOS（拒绝服务攻击）的工具，例如许多大型网站就是被黑客利用数百台可以高速接入互联网的电脑连续发送大量ping数据包而瘫痪的。

用ping命令查看本机与百度网站的连通性操作步骤如下：

①打开【命令提示符】窗口。

②在【命令提示符】下输入"ping www.baidu.com"，按【Enter】键即可查看本机与百度网站的连接情况，如图1-21所示。

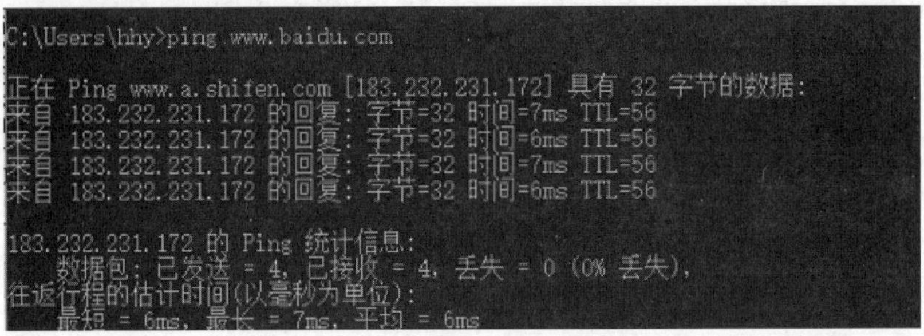

图1-21　查看本机与百度网站的连通性

在图1-21中可以查看到，百度网站的IP地址183.232.231.172，连通性好，丢包率为0。

（3）tracert命令

命令格式：tracert目的地址[-d] [-h maximum_hops] [-j host_list[-w timeout]

主要功能：一个路由跟踪实用程序，用于判断数据包到达目标主机所经过的路径、显示数据包经过的中继节点清单和到达时间。

用tracert命令查看本机与百度网站连接所经过的路径，操作步骤如下：

①打开【命令提示符】窗口。

②在【命令提示符】下输入"tracert www.baidu.com"，按【Enter】键即可查看本机与百度网站连接所经过的路径，如图1-22所示。

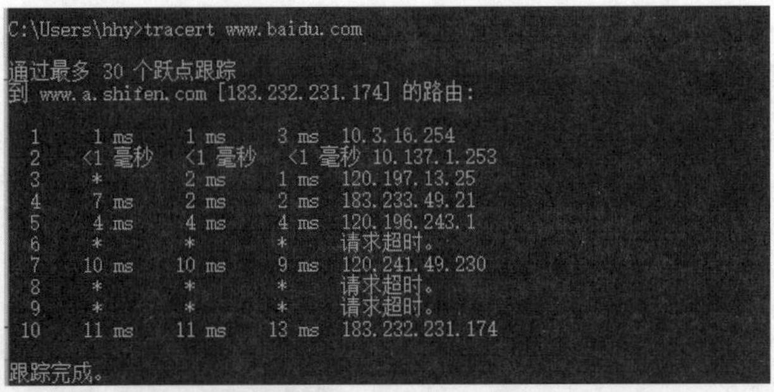

图1-22　查看本机与百度网站连接所经过的路径

在图1-22中可以看到，本机与百度网站连接经过了10个路由节点，其中有3个节点请求超时，最终到达百度网站的IP地址为：183.232.231.174。

1.3.7　网络安全及防护

1.3.7.1　网络安全的概念及特征

网络安全是指网络系统的硬件、软件及其系统中的数据受到保护，不因偶然的或者恶意的原因而遭受到破坏、更改、泄露，系统连续、可靠、正常地运行，网络服务不中断，网络安全在本质上是网络中信息的安全。网络安全的主要特征体现在以下几个方面：

保密性：信息只能被授权用户使用，不能泄露给非授权用户、实体或过程。

完整性：数据未经授权不能更改，即信息在存储、传输过程中不被修改、破坏和丢失。

可用性：获得授权的实体可以按照需求使用数据。

可控性：对信息的传播及内容具有控制能力。

可审查性：出现安全问题时能提供相关的依据与手段。

1.3.7.2　网络安全的威胁及其防范

威胁网络安全的因素非常多，包括自然灾害、人为安全因素、系统漏洞、计算机病毒、人为攻击等。

为了防范自然灾害及不可抗力因素引发的事故对信息系统造成的毁灭性破坏，要求信息系统在遭遇灾难时，能快速恢复系统和数据，现阶段主要有基于数据备份和基于系统容错的系统容灾技术。

人为安全因素包括安全意识不强，造成系统中的用户账户、密码泄露，系统安全配置不当导致系统安全措施不能起到应有的作用等。针对人为安全因素的主要措施是加强安全教育及培训，增强用户的安全意识。

计算机系统不可避免地都存在系统漏洞，如操作系统漏洞、信息系统自身的漏洞等，这就要求用户一方面使用正版软件，不要使用盗版软件；另一方面要及时下载安装系统安全补丁，弥补系统安全漏洞。

计算机病毒是计算机安全面临的主要威胁，为了防范病毒对计算机系统的攻击，可以在信息系统中安装防火墙。防火墙能提供访问控制。信息过滤等功能，帮助系统抵挡网络入侵和攻击，防止信息泄露。另外也可以采用数据加密技术，采用一定的算法，将人们易于识别的明文转换为难以识别的密文等。

课后练习

单项选择题

1. 通用计算机又称（   ）。

A. IPAD   B. 微机   C. 笔记本   D. PC机

2. 我们一般按照（   ）将计算机的发展划分为四代。

A.体积的大小   B.速度的快慢

C.价格的高低   D.使用元器件的不同

3. CPU不能直接访问的存储器是（   ）。

A. ROM   B. RAM   C. Cache   D. 光盘

4. 一般认为，世界上第一台真正意义上的数字电子计算机诞生于（   ）。

A. 1946年   B. 1952年   C. 1959年   D. 1962年

5. 计算机能按照人们的意志自动进行工作，最直接的原因是采用了_____。

A. 二进制数值   B. 存储程序思想

C. 程序设计语言   D. 高速电子元件

6. 根据传递不同的信息，系统总线分为数据总线、地址总线和（   ）。

A. I／O总线   B. 控制总线   C. 系统总线   D. 内部总线

7. 运算器的主要功能是进行（   ）。

A. 算术和逻辑运算   B. 算术运算

C. 逻辑运算   D. 科学运算

8. CPU_____直接访问存储在内存中的数据，_____直接访问存储在外存中的数据（   ）。

A. 能，也能   B. 不能，能   C. 只能，不能   D. 不能，也不能

9. 以下Interet域名中，层级最高的是（   ）。

A. BJ   B. EDU   C. ARGO   D. ZSU

10. 根据域名代码规定，域名为katong.com.cn表示网站类别是（   ）。

A. 教育机构   B. 军事部门   C. 商业组织   D. 国际组织

11. 下列域名中，属于教育机构的是（   ）。

A. ftp.bta.net.cn   B. ftp.cne.ac.cn   C. www.ioa.ac.cn   D. www.gdei.edu.cn

12. 浏览Web网站必须使用浏览器，目前常用的浏览器是（   ）。

A. Hotmail   B. Outlook Express   C. Inter Exchang   D. Internet Explorer

13. 常用的网络拓扑结构是（   ）。

A. 总线型、星型和环型   B. 总线型、星型

C. 星型和环型   D. 总线型和树型

14. 计算机网络最突出的优点是（   ）。

A. 存储容量大   B. 运算速度快   C. 运算精度高   D. 资源共享

15. 域名地址中后缀cn的含义是（   ）。

A. CHINA　　　　　B. ENGLISH　　　　　C. USA　　　　　D. TAIWAN

16. 为能在互联网上正确通信，每个网络和每台主机都分配了唯一的地址，该地址由纯数字并用小数点分隔开，它称为（　　　）。

A. WWW服务器地址　　　　　　　　B. TCP地址

C. WWW客户机地址　　　　　　　　D. IP地址

17. 以下4个IP地址中，错误的是（　　　）。

A. 9.123.36.256　　B. 121.44.203.1　　　C. 202.1.32.116　　　D. 223.25.1.18

第2章

Windows 10操作系统

本章学习目标

操作系统是计算机的硬件资源和应用软件系统的管理者和组织者。本章以Windows 10为平台，主要介绍Windows 10的各个元素、操作系统的资源管理、程序管理、系统管理等基本操作和一些常用的使用技巧。通过本章学习，可以达到以下目标：

◆ 掌握Windows 10的相关桌面元素和基本知识。

◆ 掌握文件资源管理器的相关概念，熟练进行文件和文件夹的相关操作、属性设置，了解Windows 10的库。

◆ 了解操作系统的系统设置、用户管理、程序管理等操作，以及内置工具的应用。

本章思维导图

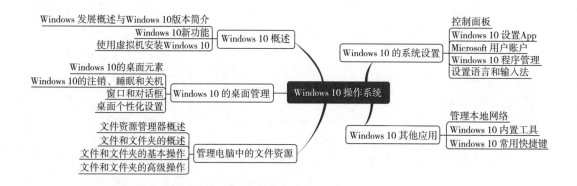

2.1 Windows 10概述

操作系统是人机交互的窗口，所有应用程序都是在操作系统（Operating System，简称OS）平台中运行的。Windows 10结合了Windows 7和Windows 8两代操作系统的优点，让用户的视觉感受和使用体验更加美好。

2.1.1　Windows发展概述与Windows 10 版本简介

微软公司从1983年开始研发Windows 操作系统，发展至今，经历了多个版本，起初在MS-DOS的基础上增加了一个多任务的图形用户界面，1985年Windows 1.0问世，到Windows 2.0、Windows 95、Windows 98、Windows XP，再到近年来的Windows 7、Windows 8，2015年1月微软公司正式发布了Windows 10，并向Windows 7、Windows 8.1的用户全面推送。

未来的Windows版本可能会以系统更新的形式出现，也就意味着微软正在从提供"光盘软件"向提供"软件服务"转型。往后，微软不再独立发布新的操作系统，而是在现有的系统中通过Windows Update来完成系统升级。

Windows 10包含多个版本，适用于不同的使用环境。桌面版Windows 10包括Windows 10 Home（家庭版）、Windows 10 Professional（专业版）、Windows 10 Enterprise（企业版）和Windows 10 Education（教育版）。Windows 10也有移动版，Windows 10 Mobile是微软发布的最后一个手机系统。本章对Windows 10的介绍和所有操作均基于专业版，如图2-1所示。

图2-1　Windows 10的标志图

2.1.2　Windows 10 新功能

2.1.2.1　全新的【开始】菜单

Windows 8的Metro界面虽然被用户所接受，但是由于取消了传统开始菜单引发了大量用户的不满。Windows 10再次启用开始菜单，并且和Metro界面整合。开始菜单的左侧是系统内置的所有应用程序和用户安装的应用程序；左下角是几个固定的命令，用于控制计算机睡眠、关机、重启的命令内置于【电源】菜单中；开始菜单的右侧是Metro界面中的磁贴，用户可以改变磁贴的大小和位置，也可以删除默认的磁贴或添加自定义磁贴，还可以添加常用的应用程序图标，如图2-2所示。

2.1.2.2　Cortana智能助理

Cortana中文译名为【小娜】，该功能是Windows 10最引人瞩目的新功能了。【小娜】能够了解用户的喜好和习惯，为

图2-2　Windows 10的【开始】菜单图

用户的衣食住行、工作娱乐等各方面提供有用的建议和帮助。【小娜】通过云计算、必应（Bing）搜索等分析程序不断地分析用户的行为，不断记录用户的习惯和爱好。使用【小娜】的次数越多，用户的体验就会越好。【小娜】就像是用户的私人助理，可以为用户安排日程、提醒事件、查询天气、播报新闻，甚至进行语音聊天、游戏等互动。

2.1.2.3 Microsoft Edge浏览器

Windows 10除了众所周知的Internet Explorer（IE浏览器），再为用户提供了一款全新的Edge浏览器，采用了全新的渲染引擎，使整体内存占用及浏览速度大幅提升。Edge浏览器包含IE浏览器所不具备的功能：直接在网页上为内容添加注释、设置突出显示（Web笔记）、去广告干扰的阅读视图，以及借助Cortana实现强大的搜索功能等。

2.1.2.4 虚拟桌面

用户打开一个窗口以后，系统在任务栏会为每个窗口显示一个对应的按钮，打开的窗口越多，按钮越多，用户可以使用【Alt+Tab】组合键在所有打开的窗口之间轮流切换。通过虚拟桌面功能，用户可以对打开的所有窗口进行逻辑分组，每组窗口分别放入不同的虚拟桌面中，各虚拟桌面互不干扰。这时，用户切换不同的虚拟桌面，就可以快速访问不同窗口，如图2-3所示。

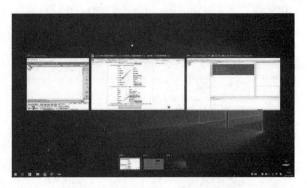

图2-3　Windows 10的虚拟桌面图

2.1.2.5 Windows Hello

Windows 10新增"Windows Hello"功能，通过生物识别技术为用户带来指纹、人脸、虹膜等多种身份验证识别，相比传统的手动输入密码的保护方式，新的身份验证模式更加安全、快速。该功能必须配套相应的硬件设备使用，如指纹收集器、摄像头、智能手表等。

2.1.2.6 搜索功能

在Windows 10中，搜索功能被放置在任务栏第二项，可见微软对其的重视程度，如图2-4所示。该搜索功能不仅可以进行本地搜索，通过Bing技术实现全网搜索，还支持使用语法、调校索引状态来缩小和精准结果范围。

图2-4　Windows 10的【搜索框】图

2.1.2.7　Microsoft Print to PDF

　　Windows 10在这一代操作系统中加入了原生"打印成PDF"的功能，这一功能的加入使用户不再需要费心下载第三方打印软件，就可以轻松地将其他文件格式转换为PDF格式，进行高质量的文件打印。

　　Windows 10还有很多优质的改进，如提升开机速度、支持DirectX 12、更易用的文件资源管理器、便捷的通知中心、节能模式等，本书不再一一细说。

2.1.3　使用虚拟机安装Windows 10

在VMware中安装Windows 10

　　本小节以在"VMware Workstation Pro"虚拟机中安装Windows 10操作系统为例，介绍安装操作系统的过程。

　　虚拟机（Virtual Machine）是指通过软件模拟一个具有完整的硬件系统功能的，且运行在一个完全隔离环境中的计算机系统。该操作占用本地计算机的部分内存容量和硬盘空间作为虚拟系统的内存和硬盘。在虚拟系统中，甚至有独立的CMOS，能够完成实体计算机所能完成的所有工作。目前流行的虚拟机软件有VMware、Virtual Box等。

　　在安装操作系统之前，用户应先做好两项准备工作：第一项准备工作是操作系统版本的镜像文件。镜像文件和压缩包类似，就是将特定的一系列文件按照一定格式制作成一份单一的文件，方便用户下载和使用。镜像文件最重要的特点就是无法直接使用，需要被特定的软件识别，比如虚拟光驱，并且可以直接刻录到光盘上。操作系统的镜像文件包含了一些系统文件、引导文件、分区表等信息，虚拟机可以直接用操作系统镜像文件进行安装操作。常见的镜像文件格式有.ios、.img、.vcd、.nrg等，不同刻录软件支持的镜像文件格式各有不同。

　　第二项准备工作是确认硬盘分区有足够的空间，安装完的Windows 10操作系统的系统文件大概有15GB，虚拟系统安装完成后可以对其进行正常使用，且该虚拟机的硬盘会随着用户后续添加应用程序、文件、数据等各种内容而逐渐变大，所以要选择一个至少有40GB可用空间的磁盘分区。

　　打开VMware Workstation软件，在【文件】选项卡选择【新建虚拟机】命令，如图2-5所示。

　　打开【新建虚拟机向导】对话框，VMware提供两种类型的配置新建虚拟机，【典型】类型为通用类型，【自定义】类型可以创建带有SCSI控制器类型、虚拟磁盘类型等高级选项的虚拟机。本次安装选择【典

图2-5　在VMware中新建虚拟机图

型】类型配置，单击【下一步】按钮，如图2-6所示。

接着在【新建虚拟机向导】对话框选择安装来源，本次安装已准好一个Windows 10 64位操作系统的iso镜像文件，单击【下一步】按钮，如图2-7所示。

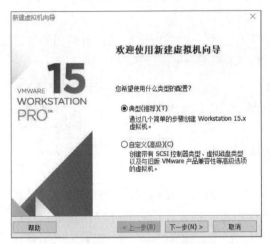 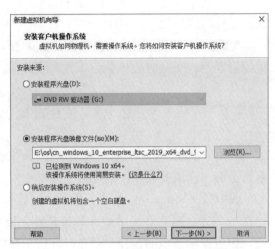

图2-6 在新建虚拟中选择配置类型图　　　　图2-7 选择新建虚拟机的安装来源图

接着在【新建虚拟机向导】对话框输入一个产品密钥用于激活该操作系统。输入一个名称作为该系统的管理员账户，也可设置密码，单击【下一步】按钮，如图2-8所示。

接着在【新建虚拟机向导】对话框为该虚拟机命名，选择该虚拟机存放的位置，单击【下一步】按钮，如图2-9所示。

图2-8 输入安装系统的产品密钥图　　　　图2-9 为虚拟机命名图

接着在【新建虚拟机向导】对话框指定磁盘容量，并且选择将虚拟磁盘存储为单个文件或者拆分多个文件。单个文件占用的是磁盘上的某一个连续区域，读取速度快，占用内存较大，它的优点是在磁盘相对稳定时，其访问速度相对快一点；但是单个文件容易造成系统负载较大，拆分多个文件后，多个文件分散在各个扇区，读取速度一般，但可以更轻松地在计算机之间移动虚拟机，占用内存也较小。设置后单击【下一步】按钮，如图2-10所示。

至此用户已完成创建虚拟机的准备工作。在【新建虚拟机向导】对话框列出创建虚拟机的详细配置，确认无误后单击【完成】按钮，如图2-11所示。

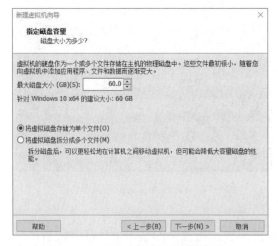

图2-10　指定虚拟机的磁盘容量图　　　　图2-11　确认创建虚拟机的配置图

虚拟机开始正式进入安装阶段，过程经过创建磁盘→重启虚拟机→启动安装程序→复制Windows文件→准备要安装的文件→安装功能→安装更新→设置应用→重新启动，如图2-12所示。最后完成安装，全程无需再手动配置。

在VMware的【库】中可以查看已正确安装的虚拟系统。选择要开启的系统，在右键菜单中选择【打开虚拟机目录】查看当前的虚拟系统文件。单击【开启此虚拟机】按钮，就像在本地计算机启动电源键一样开启一个操作系统，如图2-13所示。

图2-12　安装操作系统的过程图　　　　　　图2-13　查看已安装操作系统图

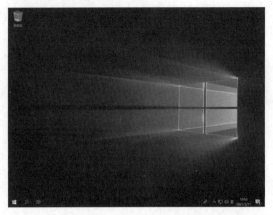

⬍ 2.2 Windows 10的桌面管理

当一台计算机只安装唯一一个Windows 10操作系统，启动计算机电源，通过自检程序，即可登录系统，整个占满屏幕的区域就是Windows桌面。如果是安装完Windows 10操作系统的首次登录，我们看到桌面上只有一个【回收站】图标，如图2-14所示。

2.2.1 Windows 10的桌面元素

图2-14 Windows 10的初登录桌面图

2.2.1.1 桌面图标

操作系统中用图标来表示所有的文件、文件夹和应用程序，是一个具有明确指代含义的计算机图形。操作系统将不同的程序、文件表示为一个个生动形象的小图片，使用户可以直观地辨别该程序或文件并对其进行操作，比如双击图标可以启动一个程序或者打开一个文件。桌面图标包括系统图标、文件和文件夹图标、快捷方式图标。

（1）系统图标

系统图标就是系统安装完后自动出现的图标，由系统自定义，如图2-14所示的【回收站】图标，还可以添加其他系统图标，操作如下：

在桌面的空白处鼠标右击，在弹出的快捷菜单中选择【个性化】命令，打开【设置】窗口中的【主题】设置界面，如图2-15所示；然后在右侧的【主题】窗格中单击【桌面图标设置】选项，弹出【桌面图标设置】对话框，如图2-16所示。在【桌面图标】栏中勾选要显示在桌面上的图标对应的复选框，单击【确定】按钮。若要更改图标则可以单击【更改图标】按钮进行设置。删除系统图标只需要按照前面的操作，在【桌面图标】栏中取消勾选对应的复选框，单击【确定】按钮即可。

图2-15 【设置】窗口的【主题】设置界面图

图2-16 【桌面图标设置】对话框图

（2）文件和文件夹图标

文件图标就是显示一个具体文件的图标，如图片、文本、音乐等。文件和文件夹图标都可以保存在桌面方便使用，一般双击即可打开，如果执行删除操作，文件和文件夹即丢失。

（3）快捷方式图标

有些图标的左下角带一个小箭头，该图标就是快捷方式图标。快捷方式不是原文件，是Windows提供的一种快速启动程序、打开文件或文件夹的方法，是应用程序的快速链接，删除后不会影响其指向的原文件和原程序。快捷方式一般存放在桌面上、开始菜单里和任务栏上的"快速启动"这三个地方，用户可以在开机后立刻看到，以达到方便操作的目的。存放在桌面上的即为快捷方式图标。

图2-17　创建程序快捷方式图

以创建系统自带的【计算机】程序的快捷方式为例，介绍如何为程序添加快捷方式：在【开始】菜单中选择想要建立快捷方式的程序，直接将程序图标拖到桌面即可，如图2-17所示。

若要删除桌面上的快捷方式图标：右击该快捷方式，在弹出的快捷菜单中选择【删除】命令，或者选取对象后按【Delete】键（或【Shift+Delete】组合键彻底删除）。

如果桌面上的图标较多，用户希望它们以某种方式进行排列，看起来整齐美观，可以在桌面空白处右击弹出一个快捷菜单，如图2-18所示：如果选择【查看】命令的子菜单，可以选择改变图标的大小、是否自动排列图标、是否将图标与网格对齐、是否显示桌面图标；如果选择【排序方式】命令子菜单，则图标的排序方式可以按照名称、大小、项目类型或者修改日期其中一种方式进行排列。

图2-18　在桌面空白处右击弹出的快捷菜单图

2.2.1.2　桌面背景

桌面背景俗称墙纸，就是占据整个屏幕的背景图案，最显眼，设置效果也最具视觉冲击。用户可以选择一张图片作为桌面背景，也可以选择一种纯色，效果类似于早期的Windows 2000操作系统默认的蓝色背景；也可以选择多张图片作为动态背景，效果类似于

图2-19 设置桌面背景图

幻灯片放映的定时换片。

将单张图片设置为桌面背景的操作如下：在桌面的空白处右击，在弹出的快捷菜单中选择"个性化"命令，打开【设置】窗口中的【个性化】设置界面，在左侧选择【背景】选项，然后在右侧【背景】下拉列表中选择【图片】选项，可以选择系统自带的背景图片，也可以单击【浏览】按钮选择本地计算机中的其他图片。在上方的【预览】中可以看到应用所选图片后的桌面背景效果，如图2-19所示。在【背景】下拉列表中，还可以选择使用一种纯色或者多张图片进行幻灯片放映作为系统背景，操作不再赘述。

2.2.1.3 任务栏

任务栏是一个位于桌面底端的水平矩形长条，由一系列功能组件组成，从左到右依次为【开始】按钮、【开始】菜单、【搜索】按钮、程序区、通知区域和【显示桌面】按钮。任务栏一般设置为始终可见，用户可以在任务栏的空白处右击，在弹出的快捷方式中选择【任务栏设置】选项，打开【设置】窗口中的【任务栏】选项，进行锁定、隐藏等个性化设置，如图2-20所示。

【开始】按钮■：位于任务栏的最左侧，单击该按钮可以打开【开始】菜单。【开始】菜单包含了系统大部分的程序和功能，几乎所有的工作都可以通过【开始】菜单进行。右击【开始】按钮，弹出一个快捷方式，功能几乎包含所有的计算机系统设置，如图2-21所示。

图2-20 【设置】窗口中的【任务栏】选项图

图2-21 【开始】按钮的快捷方式图

【开始】菜单：Windows 10的【开始】菜单整合了早期Windows操作系统的开始菜单和Windows 8中的Metro界面，左侧底部显示了【电源】【设置】【用户】等命令，中间部分是应用程序启动项集合，右侧排列着用户自定义的磁贴，使用【开始】菜单可以执行以下操作：

◆ 打开文件资源管理器对文件进行操作。

◆ 调整计算机系统设置。

◆ 运行用户安装的应用程序。

◆ 运行Windows内置程序。

◆ 管理当前用户账户或切换到其他用户账户。

◆ 使计算机进入睡眠或休眠状态。

◆ 重启和关闭计算机。

◆ 其他操作。

图2-22　【搜索】按钮图

【搜索】按钮：位于【开始】按钮的右边，如图2-22所示，可以搜索本地的文件、程序，也可以全网搜索。

程序区：任务栏的中间部分，以按钮的形式显示当前打开的程序、文件和文件夹，单击按钮即可显示相应的任务。如果当前打开多个程序、文件或文件夹，同类型的任务会集合到一个相同的按钮。将鼠标指针移到该按钮，会同时显示所有该类型的窗口缩略图，如图2-23所示。再将鼠标指针指向其中某个缩略图时，该缩略图就能以窗口最大化的方式看到窗口中的内容，但实际上只是一个预览且并未窗口最大化。如果确实需要切换到该窗口，单击该窗口缩略图即可。

图2-23　任务栏的程序区图

通知区域：位于任务栏的最右侧，包含了时钟、音量、网络、输入法等图标，以及一些计算机设置的状态图标和正在运行的特定程序图标，如图2-24所示。有些图标因长时间未使用被自动隐藏在通知区域中，用户可以自行设置图标的显示或隐藏状态。

图2-24　任务栏的通知区域图

【显示桌面】按钮：位于任务栏的最右侧，是一个狭窄的透明按钮，单击该按钮可以快速查看桌面状态。

2.2.2　Windows 10的注销、睡眠和关机

2.2.2.1　注销和切换用户

在使用计算机过程中，"注销"是指保存设置关闭当前登录用户，"切换用户"是指在不关闭计算机的情况下切换到另一个用户。如果需要注销用户：右击【开始】按钮弹出一个快捷方式，鼠标指针指向【关机或注销】选项，然后在子菜单中选择【注销】选项，如图2-25所示，或者在【开始】菜单中右击【用户】图标，然后选择【注销】选项，如图2-26所示。如果需要切换用户，则选择【更换账户设置】选项，进入账户设置中，单击【其他人员】即可切换，如图2-27所示。

图2-25　【注销】选项图

图2-26　注销用户图

图2-27　切换用户图

2.2.2.2　睡眠

在使用计算机过程中，用户如果要短暂地离开计算机，可以选择睡眠功能，而不是将其关闭。睡眠（Sleep）是计算机由工作状态转为等待状态的一种新的节能待机模式，开启睡眠后，系统会将数据存储在内存中，所有工作保存在硬盘下的一个系统文件，然后关闭除了内存外所有设备的供电，让内存中的数据依然维持着睡眠前的状态。

如果计算机在睡眠过程中断电，那么未保存的信息将会丢失，因此在将计算机置于睡眠状态前，最好还是先保存数据。当我们想要恢复数据的时候，如果在睡眠过程中供电没有发生过异常，可按一下电源按钮或晃动一下鼠标，不必等待Windows启动，就可以直接从内存中快速恢复数据。

2.2.2.3　锁定计算机

在使用计算机过程中，用户如果要暂时离开计算机而不想切换到睡眠状态，为了保护个人信息，可以将计算机"锁屏"：在【开始】菜单中右击【用户】图标，然后选择【锁定】选项，也可按下【Windows+L】组合键快速锁屏。

2.2.2.4　关机和重启

正确关闭和重启计算机都需要单击【开始】按钮，再单击【电源】按钮下拉菜单的【关机】或【重启】选项，关机后不会自动保存各种正在编辑的数据和程序，因此关机前请保存好个人数据。

图2-28　滑动关机图

Windows 10新增了一种全新的关机模式：滑动关机。在运行对话框（同时按下【Windows+R】组合键）内输入"slidetoshutdown"命令，然后单击【确定】按钮。此时出现滑动关机界面，鼠标拖动图片向下即可关机，如图2-28所示。

2.2.3　窗口和对话框

2.2.3.1　窗口

Windows 10桌面是用户使用操作系统的入口，窗口则是用户使用某个具体程序或应用的入口。每次启用一个程序、应用或者打开文件夹时，桌面会弹出一个框架结构的界面，这就是窗口。不同程序的窗口外观不一定相同，但是窗口的整体布局结构是共同的，如图2-29所示就是一个典型的Windows 10文件夹窗口。

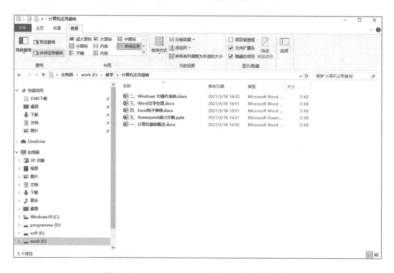

图2-29　Windows 10的文件夹窗口图

文件夹窗口会在标题栏中显示当前定位到的文件夹的名称。如果打开的是程序，比如记事本文件或者Word文档，标题栏中除了显示程序名称外，还会显示当前在该程序中打开的文件的名称，如图2-30所示。

图2-30　Windows 10的程序窗口图

窗口的位置可以移动，将鼠标指针指向窗口的标题栏，按住左键即可往任意方向拖动；窗口的大小可以改变，将指针移动到窗口的边框或边角上，当指针变成双向箭头时，按下左键即可对窗口进行绽放操作。

2.2.3.2 对话框

对话框的外观与功能和普通窗口类似，最明显的区别就是对话框通常没有菜单栏，无法最大化或最小化。对话框是用户更改程序设置或提交信息的特殊窗口，常用于需要人机对话等进行交互操作的场合，用户必须对对话框进行处理并关闭对话框后才能对对话框所属的程序继续进行操作。

对话框通常也包含标题栏、选项卡、关闭按钮，还包含了复选框、单选按钮、文本框、列表框等。对话框的选项呈黑色时表示为可用选项，呈灰色时则表示为不可用选项。如图2-31所示为一个Word文档中的字体设置对话框。有些特殊的对话框可能不包含任何选项，只返回一些简单的信息。如图2-32所示，这是一个关于IE11浏览器的信息说明对话框，该对话框不需要进行任何操作，但是在用户单击【关闭】按钮之前无法浏览网页。

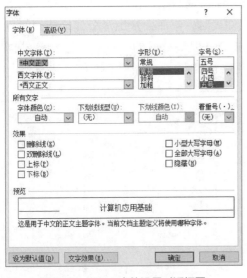

图2-31　Word中的设置对话框图

图2-32　信息说明对话框图

2.2.4　桌面个性化设置

2.2.4.1　设置桌面主题

在Windows操作系统中，"主题"一词特指Windows的视觉外观。桌面主题就是指包含了桌面背景、屏保、鼠标指针形状、图标样式、系统声音等有个性风格的一套桌面外观和音效的方案。用户可以选择操作系统提供的预设主题方案，也可以自行创建新的主题方案。

使用Windows预设主题的操作如下：在桌面的空白处右击，在弹出的快捷菜单中选择"个性化"命令，打开【设置】窗口中的【个性化】设置界面，在左侧选择【主题】选项，然后在右侧单击【主题设置】链接，如图2-33所示。

图2-33 Windows 的主题设置图

打开如图2-34所示的【个性化】窗口，可见在【Windows 默认主题】下显示3种Windows的预设主题，分别为"Windows""Windows 10" 和"鲜花"。一般Windows 10默认使用的是"Windows"主题。用户可以选择另外两种预设主题，也可以单击该【个性化】窗口中的【联机获取更多主题】链接，在打开的【Microsoft Store】中获取更多微软提供的主题。

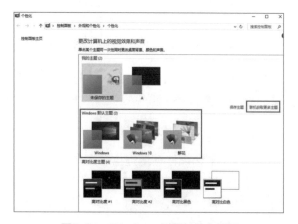

图2-34 Windows 设置其他主题图

还可以根据用户喜好创建新主题。只要用户对桌面背景、颜色、声音、鼠标光标中的任意一项做了调整，在【主题】窗格下就会出现一个名为"当前主题：自定义"的标题，单击下方的【保存主题】按钮可对这个新主题重命名，再单击【保存】按钮即可，如图2-35所示。

2.2.4.2 设置屏幕保护程序

如果用户暂时离开计算机，不使用鼠标和键盘达到一定时长后，系统会自动开启屏幕保护程序，将屏幕上正在进行的工作画面隐藏起来。屏幕保护程序除了能对数据和信息起到安全保护作用外，显示器的亮度因在屏幕保护的作用下变小，还能起到省电的作用。

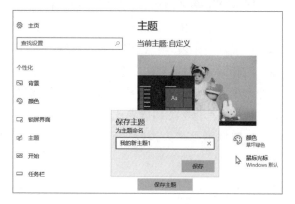

图2-35 Windows 自定义主题图

设置屏幕保护程序的操作如下：在桌面的空白处右击，在弹出的快捷菜单中选择【个性化】命令，打开【设置】窗口中的【锁屏界面】设置窗口，如图2-36所示。在右侧，下拉选项点开【屏幕保护程序设置】链接，打开【屏幕保护程序设置】对话框，在【屏幕保护程序】下拉列表中选择一种屏幕保护的类型，也可以选择"无"关闭屏保，如图2-37所示。【等待】文本框用于指定在无鼠标或键盘操作多少时长后启动屏幕保护程序，最短可以设置1分钟；勾选【在恢复时显示登录屏幕】复选框，则表示在退出屏保时

图2-36 【锁屏界面】设置窗口图   图2-37 设置屏幕保护程序图

系统会要求当前用户输入Windows的登录密码，设置完成单击【确定】按钮，关闭【屏幕保护程序设置】对话框。

2.2.4.3 其他优化设置

Windows 10操作系统提供了用于改善显示质量和声音效果的其他辅助工具，包括设置屏幕分辨率和刷新频率、校准显示颜色、调整文本显示效果、设置系统声音等，以下作简要介绍。

（1）屏幕分辨率

屏幕分辨率是指计算机屏幕上显示的文本和图像的像素点数，以水平和垂直像素来衡量，单位是px。在屏幕尺寸一样的条件下，分辨率越高，水平方向和垂直方向上的像素点越多，显示效果就越精细和细腻，同时屏幕上的项目越小，可容纳显示的项目就越多。例如，对相同大小的屏幕，当分辨率设为640×480时和1600×1200相比，前者在屏幕上显示的像素少，单个像素尺寸比较大。在近年来宽屏幕流行之前，绝大多数的显示器包括以前的电视机，都是4∶3的屏幕比例；近代宽屏显示器的屏幕比例常见于16∶10和16∶9。

分辨率不是越大越好，一方面取决于显示器本身的性能；另一方面取决于用户感受到桌面上的文字、图标、菜单等元素的视觉是否合适，目前的液晶显示器都有一个最佳分辨率。查看和设置本显示器的分辨率操作如下：

在桌面的空白处右击，在弹出的快捷菜单中选择【显示设置】命令，选择【设置】窗口中的【系统】→【显示】命令，在右侧即可修改分辨率，如图2-38所示，本显示器的推荐分辨率为1920×1080px。

在【设置】窗口中的【系统】→【显示】命令下，还可以通过【缩放与布

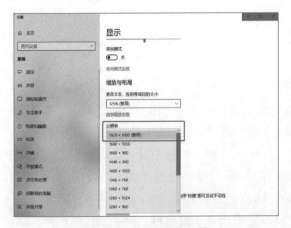

图2-38 显示设置窗口图

局】选项中的比例调整，来修改桌面的图标、文本、应用等项目的大小，如图2-39所示。

（2）刷新频率

计算机屏幕的显示质量和分辨率有关，和刷新频率也有关。刷新频率指的是电子束对屏幕上的图形重绘的次数，刷新频率越高，屏幕图形的闪烁感就越被淡化，稳定性就越好；长时间保持刷新频率过低，会导致眼睛对屏幕的不适

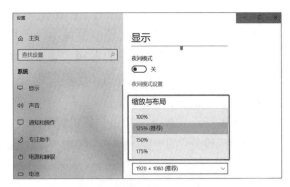

图2-39　调整显示比例图

应，甚至造成一定的伤害。但是，如果设置不合适的刷新频率，也可能对显示器和显卡造成不同程度的损害。刷新频率与分辨率两者相互制约，只有在高分辨率下才能达到高刷新频率，这样的显示器价格也会更昂贵。

普通液晶显示器的刷新频率固定在60Hz，除非改变分辨率，否则无法随便调整刷新频率。查看刷新频率的步骤如下。

进入系统设置界面，单击【多显示器设置】选项下的【高级显示设置】链接，如图2-40所示。打开【高级显示设置】窗口，单击【显示器的显示适配器属性】选项，如图2-41所示。在这个显示适配器【属性】的对话框里，选择【监视器】选项卡，则可以在【屏幕刷新频率】下拉列表中查看本显示器的刷新频率，一般无法随意调整，如图2-42所示。

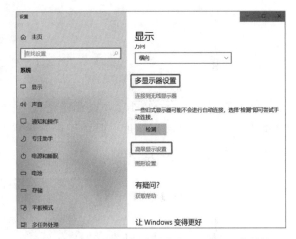

图2-40　【显示】窗口中的【高级显示设置】链接

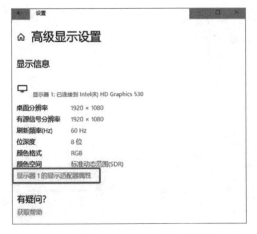

图2-41　【显示器的显示适配器属性】选项图

图2-42　查看刷新率图

（3）显示颜色

校准显示颜色的目的是使屏幕显示的颜色效果尽可能没有偏差。普通的液晶显示器通常会有一些调整显示效果的按钮，笔记本电脑的屏幕和机身合为一体，通常没有预留用于调整显示效果的外置按钮，所以可以使用Windows 10提供的一些设置工具对显示效果进行调整，操作如下：

进入系统设置界面，单击【多显示器设置】选项下的【高级显示设置】链接，打开【进入高级显示设置】的界面。单击【颜色校准】选项，启动颜色校准的功能，如图2-43所示。

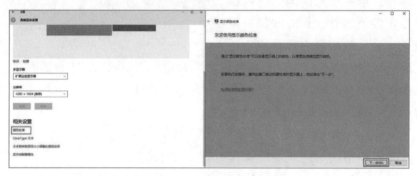

图2-43　显示颜色校准图

按照提示步骤一直单击【下一步】进行下去，可以设置显示器的基本颜色、调整显示器的伽马值、亮度和对比度、颜色平衡，最后会显示"你已成功创建了一个新的校准的提示"，如图2-44所示。

（4）系统声音

在使用计算机过程中，执行某些操作，计算机会发出一些提示声音，比如系统启动退出的声音、硬件插入的声音、清空回收站的声音等。Windows 10 附带多种个性化的声音方案，可以自行设置，操作如下：

在任务栏的搜索框里输入"声音"，查找系统应用，找到【声音】选项，如图2-45所示。弹出【声音】对话框，可以在【声音】选项卡的【声音方案】下拉列表中任选一种系统附带的方案，在下方【程序事件】列表框中选择一个事件进行试听，如图2-46所示，接着单击【确定】按钮保存设置。

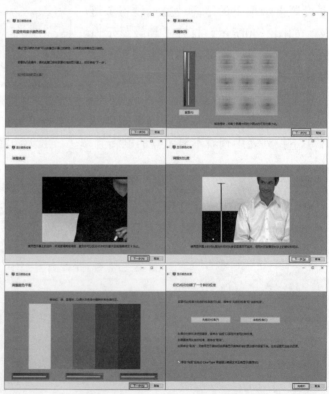

图2-44　显示颜色校准过程图

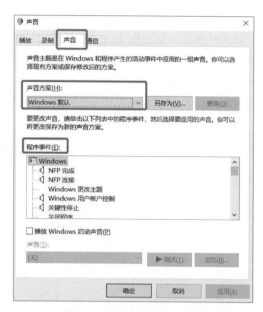

图2-45　查找【声音】选项图　　　　　　　图2-46　系统【声音】设置图

如果只需改变音量大小，则可在任务栏右侧单击音量图标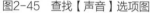，弹出【扬声器】对话框，左右拖动滑块实现音量大小的调整，如图2-47所示。

图2-47　任务栏的声音设置图

2.3　管理电脑中的文件资源

Windows 10操作系统是由各种不同类型的文件组成的，用户平时使用的数据都是以文件的形式存储在计算机中的，对文件的操作和管理是在使用计算机过程中进行得最频繁的操作，本小节主要介绍文件和文件夹的使用和设置，包括文件资源管理器的结构、文件和文件夹的基本操作、文件和文件夹的高级选项以及回收站的设置和使用等内容。

2.3.1　文件资源管理器概述

"文件资源管理器"，旧版本的Windows称之为"资源管理器"，是Windows系统提供的资源管理工具。用户如果需要查看和操作本台计算机的所有资源，可以双击桌面的【此电脑】图标或者按【Windows+E】组合键打开文件资源管理器。如图2-48所示，文件资源管理器里采用Ribbon菜单，以树形结构存储数据资源。

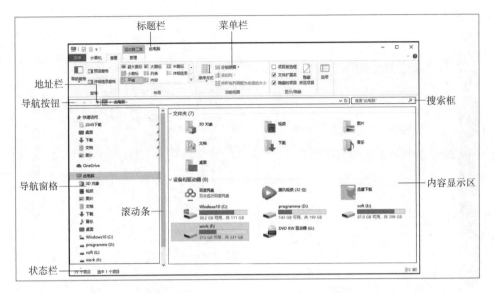

图2-48　文件资源管理器的元素图

2.3.1.1　标题栏

标题栏位于窗口的顶部，用于显示程序和文档的名称，名称左侧通常会显示程序的图标，单击该图标会显示如图2-49所示的系统菜单，该菜单命令基本和标题栏的右侧的【最小化】【最大化】【关闭】三个按钮的功能相同，分别可以最小化隐藏窗口、放大窗口使其填充整个屏幕以及关闭窗口。

图2-49　标题栏的系统菜单

2.3.1.2　菜单栏

菜单栏位于标题栏的下方，每个菜单以选项卡的形式呈现，选项卡以组为单位分类，通常包含了程序提供的所有可操作的命令。每一组里的命令，如果后面有一个小三角形，表示该命令还有下一级子菜单；如果某个菜单命令为灰色，表示该命令当前不能使用。如果在命令后面有省略号，表示选择该命令会打开对话框。

2.3.1.3　地址栏

地址栏显示了当前的文件或文件夹在计算机中的位置，术语描述为"绝对路径"或"完整路径"，一般格式为"磁盘分区的盘符：\文件夹\文件名"，例如路径"E：\office"表示磁盘分区E盘中的"office"文件夹。在文件资源管理器中，两个位置之间使用">"符号进行连接，如图2-50所示。

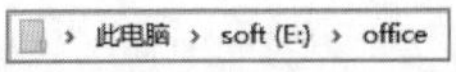

图2-50　文件资源管理器的位置示意图

地址栏除了显示路径，还能作为可操作的控件导航到不同路径的文件夹。

2.3.1.4　搜索框

可以在搜索框中输入要查找的内容，以便在当前的文件夹及其子文件夹中快速定位到指定内容，具体操作详见2.3.3。

2.3.1.5　导航窗格

导航窗格将文件资源管理器中可以访问的位置按照类型进行分组，比如"快速访问""桌面""此电脑""网络"等；每个类型以树形向下结构呈现了具体的可访问位置，比如在"此电脑"类别中包括了计算机的所有磁盘分区，每个磁盘分区下又包括了多个文件夹。可以展开或者折叠窗格中的每个结点，通过导航窗格可以快速定位到用户想去的特定位置，它就是用户的浏览指南。用户可以选择在【查看】菜单的【窗格】组中的【导航窗格】菜单中关闭显示它。

2.3.1.6　内容显示区和滚动条

该区域展示了当前文件夹内包含的所有的子文件夹和文件；滚动条分为水平滚动条和垂直滚动条，不一定会出现在该显示区中，只有当该显示区无法显示全部内容时才会呈现。使用鼠标拖动滚动条可以查看未显示出来的内容。

2.3.1.7　状态栏

状态栏位于资源管理器的底部，用于显示当前窗口的工作状态、当前文件夹包含的内容的数量和容量等信息。状态栏右侧是两个视图按钮，它们的功能分别是"显示窗口详细信息"和"使用大缩略图显示"，用户在该窗口的空白处右击，在弹出的快捷方式中选择【查看】选项，在弹出的子菜单中也可见到这两个命令，如图2-51所示。

图2-51　视图按钮图

2.3.2　文件和文件夹的概述

2.3.2.1　文件和文件夹的基本概念

在计算机中，文件是指记录在存储介质如磁盘、光盘、优盘上的一组相关信息的结合，是Windows中最基本的存储单位。一个文件的外观由文件图标和文件名称组成，用户通过文件名对文件进行管理。

文件名由主文件名和扩展名两部分组成，中间用英文输入法下的小数点"."隔开，主文件名在前，扩展名在后，一般通过主文件名就可以判断文件的内容和含义。文件扩展名也称为文件的后缀名，是操作系统用来标记不同文件类型的一种机制。如果一个文件名没有扩展名，操作系统将无法判断如何处理该文件。如图2-52所示是一些常见的文件图标。

在计算机中，用来协助用户管理一组相关文件的集合称之为文件夹。每一个文件夹对应一块磁盘空间，它提供了指向对应空间的地址，文件夹没有扩展名，也就不像文件的类型用扩展名来标识。

图2-52 文件图标示意图

2.3.2.2 文件的类型

文件的类型又称文件格式，是由扩展名来区分的。Windows 10下的文件大致分为程序文件和非程序文件。打开一个文件一般是选择一个文件后双击它，或者右击该文件在弹出的快捷菜单中选择【打开】命令。如果打开的是程序文件，打开方式就是运行该程序；如果打开的是非程序文件，计算机就会调用一个特定的程序去打开它，至于用哪个程序则取决于这个文件的类型。例如当用户打开"Excel.xlsx"文件，打开该文件时操作系统调用了Microsoft Office Excel 2016应用程序。

表2-1列出了常见的扩展名对应的文件类型。

表2-1　　　　　　　　　扩展名对应文件类型表

扩展名	文件类型	扩展名	文件类型
.com	命令程序文件	.txt/.doc/.docx	文本文件
.exe	可执行文件	.jpg/.bmp/.gif	图像文件
.bat	批处理文件	.mp3/.wav/.wma	音频文件
.sys	系统文件	.avi/.rm/.asf/.mov	影视文件
.bak	备份文件	.zip/.rar	压缩文件

2.3.2.3 Windows 10的库

大多数Windows 10的用户理解的"库"只用作一个常规文件夹，存放一些特定格式的文件集合，比如音乐库、图片库、视频库等。实际上，使用库可以更加便捷地查找和管理计算机上的文件。库可以收集不同位置的文件和文件夹，并将其显示为一个集合，而无须从其存储位置移动文件和文件夹。

可以在文件资源管理器的导航窗格中单击右键弹出快捷方式，然后选择【显示库】命令，如图2-53所示。Windows 10 提供了文档库、图片库、音乐库和视频库等库，还可以自定义新库：在"库"上面单击右键，在【新建】命令中选择【库】，如图2-54所示。

接着选择要添加到库的文件夹，单击右键，在快捷方式中选择【包括到库中】命令，然后选择相应的库，如图2-55所示。实际上该文件夹的位置未被挪动。

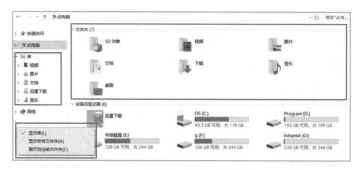

图2-53　文件资源管理器的【库】图

图2-54　自定义新库图

2.3.3　文件和文件夹的基本操作

2.3.3.1　搜索文件和文件夹

文件和文件夹的操作

前文已介绍过可以使用任务栏的搜索框进行本地搜索和全网搜索。用户还可以在文件资源管理器中查找本地文件和文件夹。在文件资源管理器的右上角有一个搜索框，可以在其中输入想要查找的内容，搜索的内容范围取决于文件资源管

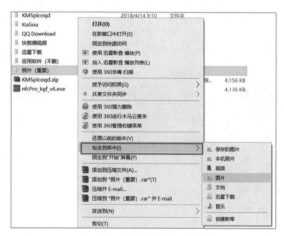

图2-55　添加文件夹到库图

理器当前打开的文件夹。例如当前打开的是E盘，则在E盘的搜索框中输入的内容将会在E盘中搜索。输入想要查找的文件名或文件名的一部分，系统将复选文件夹中的内容，以匹配输入内容的每个连续字符。待用户看到需要的文件后，可停止输入，如图2-56所示。所有找到的匹配内容会自动在【内容】显示方式下显示，每一项结果中的搜索关键字使用黄色底纹来标记。几乎所有适用于在文件资源管理器中的操作都能用于搜索结果。

图2-56　在文件资源管理器搜索文件图

2.3.3.2　选择文件和文件夹

在对文件和文件夹进行重命名、移动或复制等操作前，应先选定文件或文件夹，在Windows 10中对文件和文件夹的操作都是基于选定操作对象的基础上的。

选定单个对象：鼠标左击某个对象即可。

选定连续对象：如果要选定一系列连续的对象，可在列表中选定该系列对象中的第一个，按住【Shift】键不放再单击最后一个对象，这样两个对象之间的所有对象都会被选中；还可以单击文件列表中的空白处，按住鼠标左键拖动，拉出一个大小可变的选框，框中要选取的对象即可。

选定分散对象：如果要选定多个不连续的对象，按住【Ctrl】键，然后单击每个所需选择的对象；还可以在文件资源管理器的【查看】选项卡中勾选【显示/隐藏】组的【项目复选框】选项，如图2-57所示。

图2-57　勾选【项目复选框】图

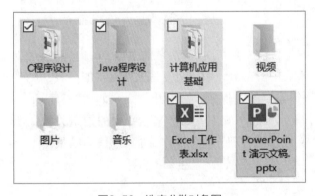

图2-58　选定分散对象图

启用复选框功能后，用户将鼠标指针指向文件或文件夹时，在该对象的左上角或左侧会显示一个复选框，勾选该复选框即可选择相应的文件或文件夹，如图2-58所示。复选框出现的位置取决于当前文件夹中的图标显示方式。

选定全部对象：如果要选定窗口中的所有对象，可以选择【主页】选项卡中的【选择】组的【全部选择】命令，也可以使用【Ctrl+A】组合键快速选定全部对象。

取消选中文件或文件夹：选择【主页】选项卡中的【选择】组的【全部取消】命令，或者将光标移动到窗口上任何空白处单击一下。

2.3.3.3　新建与重命名文件和文件夹

（1）新建文件和文件夹

新建文件和文件夹除了不能在【此电脑】【网络】等特定位置中操作，可以在任何一个磁盘分区里的文件夹里操作。

新建文件夹：只要右击当前窗口的空白处，在弹出的快捷菜单中选择【新建】-【文件夹】命令，如图2-59所示。

当前窗口则会创建一个新的文件夹，默认的文件夹名称就是"新建文件夹"，名称呈高亮且可编辑的状态，如图2-60所示。在名称文本框中输入新的名称，按【Enter】键确认修改。

新建文件：右击当前窗口的空白处，在弹出的快捷菜单中选择【新建】→自己想要创建的文件类型即可，此时当前窗口中的新建文件的名称也处于高亮且可编辑的状态。在名称文本框中输入新的名称，按【Enter】键确认修改。

图2-59　新建文件夹图

（2）重命名文件和文件夹

文件和文件夹的命名有一定的规范，并不是所有的字符都能作为文件名的一部分，具体要求如下：

图2-60　为文件夹命名图

◆ 文件名不区分英文大小写。

◆ 文 件 名 中 不 能 包 含 以 下 任 一 个字符："\""/"": ""?""*""""|""<"">"。

◆ 不能使用以下名称作为文件名：Aux、Com1、Com2、Com3、Com4、Con、Lpt1、Lpt2、Lpt3、Lpt4、Prn、Nul。

◆ 文件名和文件的扩展名不能超过255个字符，255个字符指的是地址栏中的整个路径的长度，而不仅仅是该文件名的长度。

◆ 文件或文件夹命名可包含多个空格或小数点。

◆ 最后一个小数点后的字符串为扩展名。

◆ 同一个文件夹下不能有两个同名同扩展名的文件。

2.3.3.4　移动与复制文件和文件夹

移动是指将原位置上的文件或文件夹转移到其他位置上，执行移动操作后，文件或文件夹的存放路径被改变，原位置上的对象不存在。复制是指在目标位置创建一个原位置上的对象的副本，执行复制操作后，原位置和目标位置上各有一个完全相同的对象。

文件和文件夹的移动和复制的操作方法类似，介绍如下。

（1）移动操作

移动操作在Windows的命令中描述为"剪切-粘贴"，选定对象，右击弹出快捷菜单，选择【剪切】命令（使用【Ctrl+X】组合键），此时对象的内容存放于剪切板中，然后切换到目标位置，右击窗口空白处，在弹出的快捷菜单中选择【粘贴】命令（使用【Ctrl+V】组合键）。

也可以使用菜单上的命令：选定对象，在【主页】选项卡的【组织】组中选择【移动到】命令，在下拉列表中选择一个目标位置。

移动操作还可以直接在选定对象中按住左键不放，拖动到目标位置。

（2）复制操作

复制操作在Windows的命令中描述为"复制-粘贴"，选定对象，右击弹出快捷菜单，选择【复制】命令（使用【Ctrl+C】组合键），此时对象的内容被复制一份到剪切板中，然后切换到目标位置，右击窗口空白处，在弹出的快捷菜单中选择【粘贴】命令（使用【Ctrl+V】组合键）。

也可以使用菜单上的命令：选定对象，在【主页】选项卡的【组织】组中选择【复制到】命令，在下拉列表中选择一个目标位置。

对于文件夹，执行移动和复制操作时会比文件复杂一些，因为在操作过程中，会涉及文件夹中包含的大量文件。Windows 10下的移动和复制操作使用了可视化的操作界面，如图2-61所示。

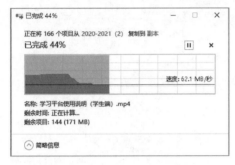

图2-61　复制操作的过程界面一图

可见到一个显示当前操作完成进度和速度的图表，该图表会显示完成操作所需的剩余时间和剩余项目。在操作过程中，可以随时单击暂停按钮⏸和关闭按钮✖，这两个按钮的功能类似于视频播放器的暂停和停止键。单击了暂停按钮以后可以随时单击继续操作按钮▶继续完成之前的操作；单击了关闭按钮则提前结束正在进行的操作。

在移动和复制的过程中，也可以将鼠标指针指向该操作界面中的表示原始位置和目标位置的文字，如图2-62所示，单击该文字链接可以打开原始和目标文件夹。

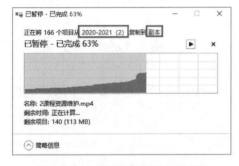

图2-62　复制操作的过程界面二图

2.3.3.5　删除与恢复文件和文件夹

删除文件和文件夹的方式有两种：一是逻辑删除；二是物理删除。逻辑删除可以恢复该文件或文件夹，物理删除是永久删除，无法直接恢复。

（1）逻辑删除

选定要删除的对象，右击弹出快捷菜单，选择【删除】命令或者直接按【Delete】键，这时弹出一个询问是否要确实删除的对话框，如图2-63所示，单击【是】按钮。也可拖动待删除的对象至桌面的【回收站】完成快速删除操作。

（2）恢复文件和文件夹

双击桌面的【回收站】图标，打开【回收站】窗口，右击选定要恢复的文件或文件夹，在弹出的快捷菜单中，选择【还原】命令则文件恢复到原始位置，也可选择【剪切】命令恢复到其他目标位置，如图2-64所示。

图2-63　删除文件确认对话框图

（3）物理删除

永久删除文件和文件夹，可以选定目标对象，按【Shift+Delete】组合键，弹出删除文件的消息对话框，单击【是】按钮。还可以前往回收站，右击选定要彻底删除的对象，在弹出的快捷菜单中，选择【删除】命令，如图2-64所示。还可以在【回收站】窗口下的【管理】选项卡中，单击【管理】组的【清空回收站】任务，或者直接右击【回收站】图标弹出快捷方式，单击【清空回收站】命令，直接彻底删除回收站里的所有对象。

对桌面的【回收站】图标右击，在弹出的快捷菜单中选择【属性】命令，打开【回收站属性】对话框，在该对话框中，可以设定回收站的存放路径、选定位置的容量大小、是逻辑删除还是物理删除、是否显示删除确认对话框，如图2-65所示。

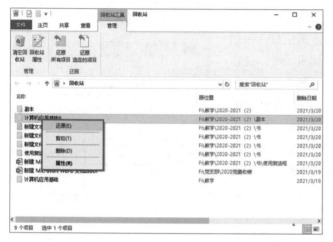

图2-64　从回收站恢复文件和永久删除文件图

图2-65　【回收站属性】对话框图

2.3.4　文件和文件夹的高级操作

2.3.4.1　设置【快速访问】中包含的内容

【快速访问】的位置在文件资源管理器的【导航窗格】的最顶部，用户可以将经常需要访问的文件夹添加到【快速访问】中，实现快捷访问。

当需要将当前文件夹添加到【快速访问】时，只需右击【快速访问】弹出快捷方式，选择【将当前文件夹固定到"快速访问"】命令即可，或者选中要被操作的文件夹右击弹出快捷方式，选择【固定到"快速访问"】命令即可，如图2-66所示。

Windows 10会根据用户使用文件夹的频率去判断哪些内容是用户经常需要操作的，从而自动记录在【快速访问】中，这些文件夹并不是用户自行添加的。为了保护个人隐私，可以在文件资源管理器的【查看】选项卡中单击【选项】按钮，打开【文件夹选项】对话框，如图2-67所示，在【常规】选项卡中取消勾选【在"快速访问"中显示最近使用的文件】和【在"快速访问"中显示常用文件夹】两个命令即可。

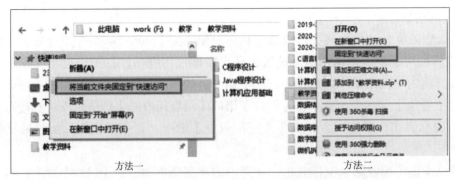

图2-66　添加文件夹到【快速访问】图

2.3.4.2　修改文件属性

文件属性是一些描述性的信息，未包含在文件的实际内容中，但是提供了有关文件的详细信息，包括系统属性、归档属性、只读属性、隐藏属性等，还包括了作者、修改日期和分级等许多其他属性。

在文件资源管理器中右击某个文件，在弹出的快捷菜单中选择【属性】命令，打开文件的【属性】对话框。在该对话框内，可以修改文件的名称、打开该文件的方式；如果不希望该文件被他人查看或修改，可以勾选文件的属性为【只读】或【隐藏】，如图2-68所示；打开属性的【高级】选项，还可以设置文档的【存档】属性、【索引】属性和【压缩加密属性】，如图2-69所示。

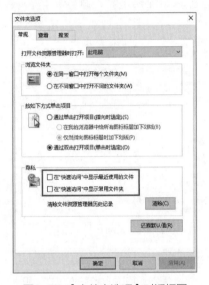

图2-67　【文件夹选项】对话框图

图2-68　文件的【只读】和【隐藏】属性图

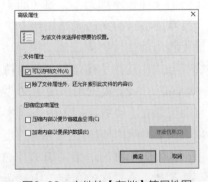

图2-69　文件的【存档】等属性图

2.3.4.3　显示隐藏文件和文件的扩展名

Windows 10在默认情况下不会显示设置了隐藏属性的文件，也不会显示文件的扩展名，这是因为设置了隐藏属性的文件通常是重要的系统文件，避免用户因误删文件和误改文件扩展名，导致文件无法被关联程序识别和打开。显示隐藏文件和文件的扩展名操作如下：

在文件资源管理器的【查看】选项卡的【显示/隐藏】组中，勾选【文件扩展名】和【隐藏的项目】两个按钮，如图2-70所示；或者打开【文件夹选项】对话框的【查看】选项卡，在【高级设置】组中勾选【显示隐藏的文件、文件夹和驱动器】复选框，同时取消勾选【隐藏已知文件类型的扩展名】复选框，如图2-71所示。

图2-70　文件资源管理器的【查看】选项卡图

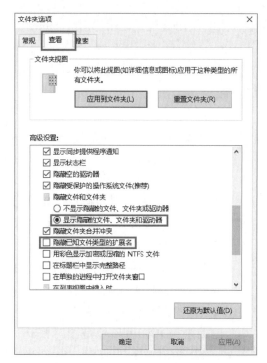

图2-71　【文件夹选项】对话框的【查看】选项卡图

显示带隐藏属性的文件后，该文件会以半透明图标呈现在文件资源管理器中，从而和普通文件区分，如图2-72所示。

图2-72　不同属性的文件图标示意图

2.3.4.4　设置个性化的文件夹图标

Windows下的文件夹默认以黄色文件夹图标显示，用户可以自定义文件夹的图标样式。右击某个文件夹，在快捷方式中选择最后一个【属性】命令，打开文件夹的【属性】对话框，切换到【自定义】选项卡，在【文件夹图标】组单击【更改图标】命令，打开【更改图标】对话框，如图2-73所示。

可以选择系统预设的其他图标，也可以选择用户自定义的图标，选定新图标后单击【确定】按钮，则更换文件夹的图标成功，如图2-74所示。

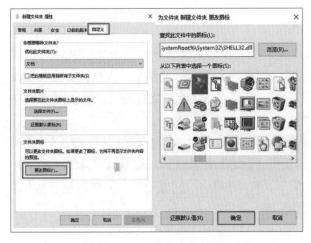

图2-73 设置个性化文件夹图标图

图2-74 新的文件夹图标图

◆ 2.4 Windows 10的系统设置

本小节介绍了几个常用的系统环境设置的操作，包括控制面板和Windows设置App的打开和使用、用户账户管理、应用程序管理和输入法的使用管理，让用户对Windows 10有更好的操作体验。

2.4.1 控制面板

大多数Windows的用户已经习惯了控制面板的存在，可以说控制面板是Windows系统的灵魂，但是微软一直在寻求改变，Windows 10即将取消控制面板。

图2-75 启动控制面板方法图

目前使用的Windows 10可以通过几种方式启用控制面板：一是在任务栏的搜索框输入"控制面板"；二是在【运行】窗口中输入"control"命令；三是在如图2-75所示位置单击【控制面板】按钮。

控制面板有两种视图模式：一种是类别模式；另一种是图标模式，如图2-76和图2-77所示。单击窗口右侧的【查看方式】下拉按钮可以切换视图模式，两种视图模式都可以单击其中的每个图标或链接，进入相关的设置页面。

控制面板允许用户查看并更改基本的系统设置，比如添加/删除软件，控制用户账户，更改辅助功能选项，简要介绍如下。

◆【系统和安全】命令：查看并更改系统和安全状态，备份并还原文件和系统设置，更新计算机，查看 RAM 和处理器速度，检查防火墙，等等。

◆【用户账户】命令：更改账户类型和密码。

◆【网络和Internet】命令：检查网络状态并更改设置，设置共享文件和计算机的首选项，配置Internet显示和连接，等等。

◆【外观和个性化】命令：更改桌面项目的外观，将主题或屏幕保护程序应用于计算机，或者自定义任务栏。

◆【硬件和声音】命令：添加或删除打印机和其他硬件，更改系统声音，自动播放CD，节省电源，更新设备驱动程序，等等。

图2-76　控制面板的类别模式视图

图2-77　控制面板的图标模式视图

◆【时钟、语言和区域】命令：更改时间、日期和时区、使用的语言，以及货币、日期、时间显示的方式。

◆【程序】命令：允许用户从系统中删除程序、启用或关闭Windows功能，也可以在此入口通过联机的方式安装新程序。

◆【轻松使用】命令：优化视觉显示，通过设置"语音识别"来控制计算机。

2.4.2　Windows 10设置App

虽然经典的控制面板仍然是Windows 10的一部分，但是微软表示计划开发现代的"设置"App，并精简所有选项，包括整合控制面板。在显示上，Windows 10已经把控制面板隐藏起来了，对普通用户来说，一打开开始菜单，能见到的就是【设置】按钮。【设置】窗口的界面如图2-78所示。

虽然【设置】中提供的功能选项已经很多，但是相当一部分高级选项只在【控制面板】中提供，且两者之间还不是子集和集合的隶属关系，而是交叉关系，接下来的Windows 10版本会试图减少这两者的不一致性。

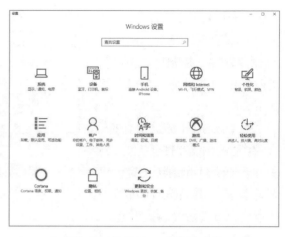

图2-78 【Windows设置】应用

2.4.3 Microsoft 用户账户

2.4.3.1 用户账户简介

Windows是一个多用户操作系统，即通过为每个用户创建一个用户账户来标识不同用户的身份，每一个账户拥有一个相对独立的空间，保存着各自对操作系统的环境设置，并且完成不同类型的任务。用户账户可以为计算机提供安全凭证，包括用户名和用户登录时需要密码，以及其他便于用户能够访问到资源的权限。

Windows要求一台计算机上至少有一个管理员用户账户，也可以创建其他类别的用户账户。Windows用户账户的类别如下：

◆ 标准用户：适用于日常计算机，完成大多数常规操作，但是无法进行一些可能会影响到系统稳定和安全的操作。

◆ 管理员用户：拥有对计算机进行最高级别的操作权限和控制。

◆ 来宾用户：主要针对需要临时使用计算机的用户，不需要用户账户和密码登录。

2.4.3.2 用户账户控制（UAC）

从Windows Vista开始，Windows就引入了一个新的安全功能——用户账户控制（User Account Control，UAC），到现今Windows 10仍然是一个非常重要的应用设置。如图2-79所示为账户控制的情景之一，当检测到用户将要执行一些具有管理权限的操作时，系统会根据当前用户的类型显示不同的提升权限的对话框，只有在获得用户许可或输入管理员用户账户的密码后才能继续执行操作。

这些对话框的内容分类如下：

◆ Windows需要许可才能继续：操作可能会影响到其他用户的Windows功能或程序。

◆ 程序需要许可才能继续：不属于

图2-79 账户控制的情景图

Windows自带的有合法签名的程序。

◆ 未能识别的程序：没有发行者提供的有效数字签名的程序，不一定是危险程序，部分旧合法程序也缺少签名。

◆ 此程序已被阻止：被管理员特意阻止的程序。

Windows 10的UAC安全级别分为四个等级，分别为最高安全权限、次级安全权限、三级安全权限和最低安全权限。这里不一一细说，因为打开UAC的设置界面后每个等级均有详细的说明。从【控制面板】打开【用户账户】窗口中的【更改用户控制设置】命令，如图2-80所示，或者在【运行】窗口输入"msconfig"命令打开【系统配置】对话框，选择【工具】选项卡，如图2-81所示，都可以打开UAC设置界面。用户账户设置界面如图2-82所示。

图2-80　打开【更改用户控制设置】命令图

图2-81　在【系统配置】更改UAC设置图

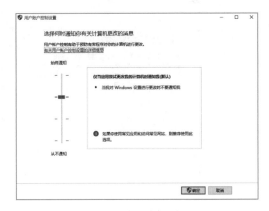

图2-82　用户账户控制设置图

2.4.3.3　创建本地用户账户

在安装Windows 10操作系统时，即将完成系统设置之时系统会要求用户创建一个管理员账户，完成安装以后首次登录系统就是使用该管理员账户。在之后的操作中，可以使用该管理员账户继续创建新的用户账户，既可以创建管理员账户，也可以创建标准账户。

在Widows 10中创建新的本地用户账户的具体操作步骤如下：

单击【开始】按钮 ，在【开始】菜单中单击【设置】按钮 ，打开【Windows 设置】窗口，选择【账户】命令，进入【账户】设置的界面左侧单击【家庭和其他用户】选项，如图2-83所示。在右侧可见，用户可以使用Microsoft账户登录，也可以选择【将其他人添加到这台电脑】命令创建新账户。

图2-83 创建新的用户账户一图

打开如图所示对话框，由于是创建本地账户，单击下方的【我没有这个人的登录信息】链接，进入下一个对话框，继续单击【添加一个没有Microsoft账户的用户】，如图2-84所示。

在【Microsoft账户】对话框输入新用户账户的名称，是否使用密码是根据用户使用的环境决定的。如果要为该用户账户设置密码，则必须设置【密码提示】的内容，包括安全问题和你的答案，该内容有助于用户找回密码，如图2-85所示，单击【下一步】按钮即可创建一个新账户，该新账户显示在【设置】窗口，如图2-86所示。

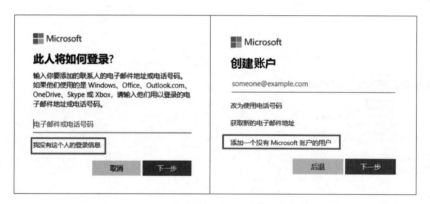

图2-84 创建新的用户账户二图

图2-85 创建新的用户账户三图

图2-86 创建新的用户账户四图

2.4.3.4　切换账户

上一小节已经创建了一个新的"tea-admin"账户，现在从当前账户切换到该新账户，只要在【开始】菜单中，单击当前用户的图标，在弹出的快捷菜单中选择其他账户"tea-admin"，如图2-87所示。

2.4.3.5　更改用户账户的头像、名称、密码和账户类型和删除账户

在系统中创建的用户账户默认不包含头像，用户可以自行设置头像。此外用户还可以随时修改用户账户的名称和账户类型。

用户如果要更改当前用户"tea-admin"的头像，只要在【开始】菜单中，单击当前用户的图标，在弹出的快捷菜单中选择【更改账户设置】命令，打开【账户信息】设置窗口，在右侧根据提示创建用户头像，如图2-88所示。可以立时使用相机拍照上传一个照片，也可选择一张本地图片。

图2-87　切换用户图

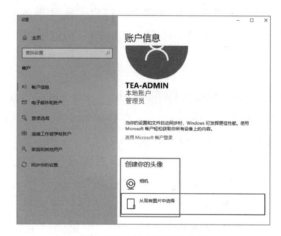

图2-88　创建用户头像图

更改用户账户的名称、密码、账户类型和删除用户都在同一个地方修改，进入【控制面板】→【用户账户】选项→单击【管理其他账户】命令→选择要更改的用户，如图2-89所示。

图2-89　更改用户账户属性操作图

在【更改账户】窗口下，既可对该账户更改账户名称、修改密码、更改账户类型为标准账户或者管理员账户，还可以删除账户，如图2-90所示。

图2-90 【更改账户】窗口图

2.4.4 Windows 10程序管理

Windows操作系统中的程序包含了硬件设备的驱动程序、用户自安装的应用程序，还有Windows系统功能，本节对Windows 10程序的安装与管理做简单介绍。

2.4.4.1 硬件设备驱动程序

设备驱动程序（Device Driver）是一组可以让计算机硬件设备和操作系统之间相互通信的特殊程序。驱动程序工作在操作系统的最底层，相当于硬件的接口，操作系统通过这个接口控制硬件设备的工作。

已安装好的Windows 10操作系统已包含大量的硬件设备驱动程序，这些驱动程序存储在"C：\Windows\System32\DriverStore"文件夹里，所以用户在安装完Windows 10操作系统后可能发现，在没有专门安装任何硬件驱动程序的情况下，比如声卡、网卡、显卡等，这些硬件设备都能正常工作。但是偶尔也会出现一些硬件设备不被Windows识别而无法正常工作的情况，究其原因，可能是这些硬件设备过旧，或者是新的设备，Windows 10中没有包含适合这些硬件的驱动程序，此时需要单独安装这些硬件设备的驱动程序。

鼠标右击桌面的【此电脑】图标，在弹出的快捷方式中选择【属性】命令，打开【系统】窗口，在左侧选择【设备管理器】选项，打开【设备管理器】窗口，如图2-91所示。

【设备管理器】窗口下列出了本台计算机包含的所有硬件设备，通过设备管理器用户可以查看所有的硬件设备、检查每个设备是否正常工作、查看设备及其驱动程序的详细信息，还可以启用、禁用或者卸载某个硬件设备，安装和更新某些硬件的驱动程序。

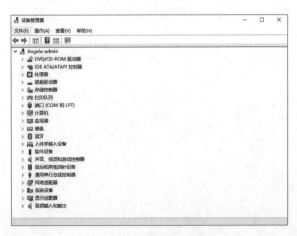

图2-91 【设备管理器】窗口

如果在某个设备的图标前面呈现一个黄色的问号 ，表示该设备没有安装驱动程序；如果呈现一个感叹号 ，表示该设备驱动程序错误或者安装不正确。为有问题的硬件设备卸载、重装、更新驱动程序，则选择该设备，右键单击弹出快捷方式，如图2-92所示，根据提示进行下一步操作即可。

图2-92　为设备更新驱动程序图

安装和管理硬件设备驱动程序也可以借助第三方应用软件，如图2-93所示为某第三方驱动管理软件界面，可以对本机驱动程序进行在线管理、升级，检测核心硬件的温度、对有问题的驱动进行修复。

2.4.4.2　卸载和更改应用程序

应用程序的安装过程是复杂的，有时候并没有安装到应用程序包含的全部功能组件，导致在使用程序的过程中发现功能

图2-93　第三方驱动管理软件图

缺失，要对应用程序进行修复或者更改；或者有的应用程序不再使用，可以对其进行删除（又叫卸载），以释放磁盘空间。单击【控制面板】的【程序】选项，打开【程序和功能】窗口，如图2-94所示。

该窗口中显示了系统当前所有已安装的应用程序，选择要对其进行操作的应用程序，单击列表框上方的【卸载】/【更改】/【修复】命令即可进行操作，也可直接右击该应用程序，根据提示进行下一步操作，如图2-95所示。

图2-94　在【控制面板】的【程序和功能】窗口图

图2-95　【卸载】【更改】【修复】程序图

和管理硬件驱动程序一样，对应用程序的安装、卸载和更改也可借助第三方应用软件。如图2-96所示为使用第三方程序管理软件对系统安装的应用程序进行管理。

2.4.4.3 添加和删除Windows系统功能

在Windows 10系统中自带许多功能，但是在安装操作系统时并没有完全安装到所有功能；而系统在开启时会默认开启很多Windows功能，导致有些低配置的计算机无法很好地运行Windows 10系统。用户可以根据需求对Windows功能进行启用和关闭。

单击【控制面板】的【程序】选项，打开【程序和功能】窗口，单击左侧的【启用或关闭Windows功能】命令，打开【Windows功能】窗口，如图2-97所示。

图2-96 第三方程序管理软件界面图　　　　图2-97 【Windows功能】窗口图

该窗口中显示了Windows 10所包含的所有功能。如果其中某一个功能的左侧显示一个【+】按钮则表示该功能还包含子功能，单击此【+】按钮展开显示子功能。用户可以勾选或者取消勾选某个功能前面的复选框来表示要启用或者关闭某个Windows功能。

2.4.5 设置语言和输入法

在Windows 10中文版的操作系统中，系统默认的输入法是微软拼音输入法。输入法是用户在操作过程中向系统输入内容的工具，是依附在某种语言之下的，即使当前系统下只有一种显示语言，用户也可为其添加其他种类的语言。用户也可以在系统中安装其他输入法，以便在文本编辑工具中获得不同的输入体验和不同的文字显示效果，比如在Windows 10中文版操作系统中安装拼音输入法或者五笔输入法。

在【Windows 设置】窗口中选择【时间和语言】选项，打开【区域和语言】的设置窗口，如图2-98所示。

除了中文以外，可以单击【添加语言】按钮，选择要添加的其他国家的语言，如图2-99所示。系统就会自行安装所选语言的输入法，稍后会重启计算机完成安装。

安装完某种语言的输入法之后，可以在任务栏中单击输入法的图标进行切换，也可按【Windows+Space】或【Ctrl+Shift】组合键依次在各输入法之间进行切换。

如果系统已安装多个输入法，有时用户只想在任务栏的输入法图标处保留几个常用

图2-98　【区域和语言】的设置窗口图　　　图2-99　添加语言设置图

的输入法，可以在【区域和语言】设置窗口下，单击当前的【Windows显示语言】选项的【选项】按钮，例如"中文（中华人民共和国）"，如图2-100所示。

进入【中文】设置界面，可以对不再需要的输入法进行删除，比如单击【微软五笔】选项，单击【删除】按钮；也可以单击【添加键盘】选项，添加一种输入法，如图2-101所示。

图2-100　设置输入法一图

图2-101　设置输入法二图

2.5　Windows 10其他应用

2.5.1　管理本地网络

对于每台正常运行的计算机或者各类移动设备，都必须接入互联网才能发挥出更强大的作用。Windows 10操作系统提供了用于网络连接和管理的多种工具，用户可以使用这些工具来管理本地的网络，包括有线网络、无线网络和虚拟网络，创建到Internet的链接、访问网络共享文件夹、创建一个家庭组等。本小节简单介绍如何管理本地网络。

当本台计算机已正确接入互联网，单击任务栏通知区域中的【网络中心】图标，弹出一个显示当前可用网络的窗口，如图2-102所示。窗口中会显示当前正使用的网络名称和状态。如果列表中有周围可用的无线网络，用户可以选择一个网络，输入密码即可连接。

单击该窗口下的【网络和Internet设置】选项，打开【网络和Internet】设置窗口，即可对本地网络进行管理，包括查看更改当前网络状态和数据使用量、显示周围可用Wi-Fi、对以太网的连接设置、设置飞行模式、移动热点或代理服务器等。

单击【状态】设置中的【更改适配器选项】选项，打开【网络连接】窗口，可见当前本地计算机已安装哪些类型的网络，哪些网络可用，哪些不可用，如图2-103所示。

图2-102 通知区域中的【网络中心】示意图

图2-103 【网络连接】窗口图

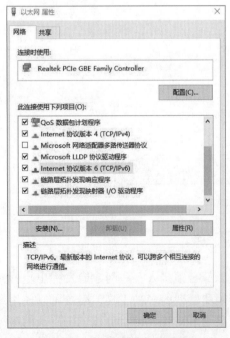

图2-104 【网络属性】对话框图

右击其中一个网络，在弹出的快捷方式中可以选择对其【启用】或【禁用】，如果选择【属性】命令，则打开该网络的【属性对话框】，如图2-104所示。在该对话框中可对连接该网络的网卡进行配置、安装或者卸载某些网络组件。

由于现在大多数计算机接入互联网采用的是版本4的IP地址（IPv4），双击【此连接使用下列项目】列表框中的【Internet协议版本4（TCP/IPv4）】，即可打开【IPv4属性】对话框，如图2-104所示。在该对话框中可以查询和修改本机的IP地址、网关和域名服务器（DNS），如图2-105所示。

此外，用户可以通过查询命令查询本机的IP地址、网卡物理地址等信息：键盘按【Windows+R】组合键，打开【运行】对话框，输入"cmd"命令，打开【cmd命令提示符】窗口，输入"ipconfig /all"命令，按回车键，进行查看电脑的IP地址、Mac地址和其他网卡信息，如图2-106所示。

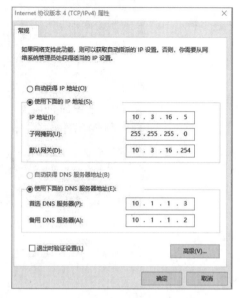

图2-105　【IPv4属性】对话框图

图2-106　使用命令查询IP图

2.5.2　Windows 10内置工具

Windows 10操作系统除了保留以往操作系统版本中的一些自带小程序和功能之外，还添置了一些新的小工具，这些工具能解决某些用户的实际问题，让用户操作计算机的体验更加有趣和便捷，这些小工具大多数可以在【开始菜单】中的程序，【附件】选项或者直接在【搜索栏】找到，现作简单介绍。

2.5.2.1　文本工具

（1）记事本

记事本无疑是微软用户最喜爱的小工具了，它在Windows上提供快速、简单的文本录入功能，还能即时查看、编辑和搜索纯文本文档和源代码文件，现在的Windows记事本可以从微软应用商店中下载，它的文件扩展名是".txt"。

（2）写字板

写字板相比记事本，功能强大很多，不仅可以输入纯文本，还可以插入图片和其他外部对象，即使操作系统没有安装Office办公软件，它也能打开Word文档、Excel电子表格以及PowerPoint演示文稿等格式的文件，在写字板中，可以对文本进行字体、段落等格式的设置，操作步骤和Word程序类似。

（3）便利贴

Windows 10自带的便利贴功能，可以帮助用户更好地记录一些行程和重要事项，展示在Windows 10桌面上，便于随时提醒用户，显示效果就和实际生活中使用便利贴一样。不过有些Windows 10版本中便利贴功能在附件中找不到了。用户可以在任务栏空白处右击，弹出快捷设置菜单，勾选【显示"Windows Ink工作区"按钮】选项，如图2-107所示。

在任务栏的区域通知栏，会出现一个像小笔的图表 ，单击该图标即可显示【Windows Ink工作区】界面，用户单击【便利贴】（便签）区域，即可显示Windows 10自带的便利贴，如图2-108所示。

图2-107　Windows Ink工作区图

2.5.2.2　图片工具

（1）相机

如果用户的计算机或者移动设备自带或者安装了摄像机，可以使用【相机】功能。Windows 10的相机功能为用户提供了几种可以获得照片效果的拍照方式，还支持连拍和录像功能，深受用户的喜爱。使用相机功能拍摄的照片可以直接切换到【照片】应用中进行查看和编辑，用户可以使用照片功能浏览和编辑本地图片，还可以在该功能中播放视频。

（2）截图工具

很多用户自行安装的软件都有截图功能，但是请别忘记Windows 10也有自带的截图工具。用户可以使用它捕获屏幕上任何对象的快照、任意格式的截图，还可以捕获全屏幕和窗口截图、已经打开的菜单命令的截图，并对捕获的图片添加注释并保存。

图2-108　【便利贴】区域图

（3）画图工具

画图工具的界面外观和写字板工具一样都是采用了Ribbon功能区界面结构，是一个简单实用的图形图像处理软件。画图工具可以新建或导入图片、自定义画布大小、将图片设置为桌面背景，还可以转换图片格式和打印图片。

2.5.2.3　多媒体工具

（1）【Groove】音乐

Groove是Windows 10系统中附带的一款全新的音乐播放软件，用户可以使用该软件对喜欢的音乐进行收藏和播放，另外还可以将喜欢的音乐关联到其他的微软产品中，比如OneDrive、Windows Phone和Xbox等。

（2）Windows Media Player多媒体播放器

微软操作系统自带的多媒体播放器会自动将【音乐】【视频】【图片】库中的文件添加到Windows Media Player的媒体库中，用户可以使用该播放器自定义自己的播放列表、播放音乐和电影、浏览图片、翻录CD音乐和刻录CD光盘、向移动设备同步媒体库文件等。

2.5.2.4　其他内置应用和工具

（1）计算器

Windows 10自带的计算器比以往的版本内容更丰富，更能够满足用户需要。用户使用标准计算和科学计算时，计算器能记录用户进行的所有计算并生成历史记录，用户还可以在历史记录的状态下编辑之前使用过的计算公式。除了标准计算和科学计算，该计算器还提供了程序员模式、日期计算、货币/音量/长度的单位转换器的计算方式，如图2-109所示。

（2）远程桌面

打开计算机的【系统属性】对话框，勾选【远程】选项卡中的【允许远程协助连接这台计算机】选项，如图2-110所示，则本台计算机具备了被远程连接的功能。该功能对于用户要在其他地理位置使用这台计算机，或者要求不在场其他人帮助用户解决这台计算机的一些问题非常实用。

单击【开始菜单】中的【远程桌面连接】应用或者直接在【运行】对话框中输入"mstsc"命令，即可打开【远程桌面连接】对话框，如图2-111所示，在输入栏中输入想要远程过去的计算机的IP地址，再按提示输入登录用户名和密码即可远程登录。

（3）闹钟和时钟

在【搜索框】中直接输入"闹钟和时钟"可以打开【闹钟和时钟】界面，可见该应用不仅有闹钟和世界时钟两个工具，还有计时器和秒表两个工具，如图2-112所示，可以通过上方四个选项切换使用每个工具。

图2-109　计算器的模式图

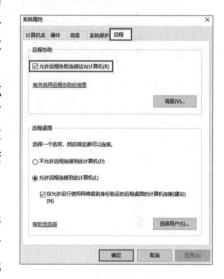

图2-110　【系统属性】对话框图

图2-111　【远程桌面连接】对话框图

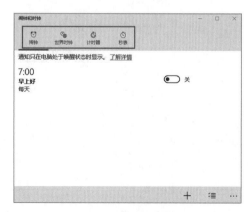

图2-112　【闹钟和时钟】窗口

（4）其他应用和工具

Windows 10为用户提供了日常生活、学习和工作所需的工具，比如生活资讯工具系列的天气、地图、资讯、财经、体育应用，在应用商店中可获取免费的应用和游戏，还有日历、邮件等，留待读者自行体验和使用，这里不再介绍。

2.5.3 Windows 10常用快捷键

Windows 10操作可以使用键盘进行各种"Windows+"组合键、"Alt+"组合键、"Ctrl+"组合键、"Shift+"组合键，提高操作效率，列举如下。

"Windows+"组合键功能描述如表2-2所示。

表2-2   "Windows+"组合键表

"Windows+"组合键	功能描述
Windows	【开始】菜单与桌面之间的切换
Windows+,	临时查看一下桌面
Windows+Ctrl+D	创建新的虚拟桌面
Windows+Ctrl+F4	关闭当前虚拟桌面
Windows+ Ctrl+←或→	切换虚拟桌面
Windows+A	打开操作中心
Windows+B	将鼠标指针移到通知区域
Windows+C	唤醒Cortana至迷你版聆听状态
Windows+D	显示桌面，再按"Windows+ D"恢复原本窗口
Windows+E	打开【此电脑】
Windows+H	打开【共享栏】
Windows+I	打开【设置】对话框
Windows+K	打开【链接栏】
Windows+L	锁定Windows桌面
Windows+M	最小化所有窗口
Windows+P	多显示器的切换
Windows+Q	打开【搜索框】
Windows+R	打开【运行】对话框
Windows+S	打开Cortana主页
Windows+T	切换任务栏上的程序
Windows+U	打开【轻松使用设置中心】对话框
Windows+X	打开【开始】快捷菜单
Windows+Home	最小化所有窗口，再按"Windows+Home"恢复窗口

续表

"Windows+"组合键	功能描述
Windows+←	最大化窗口到左侧的屏幕上
Windows+→	最大化窗口到右侧的屏幕上
Windows+Alt+Enter	打开【任务栏和开始菜单属性】对话框
Windows+Break	显示【系统属性】对话框
Windows+Tab	打开任务视图
Windows+Enter	打开"讲述人"
Windows+Space	切换输入语言和键盘布局
Windows+ –	放大镜的缩小操作
Windows+ +	放大镜的放大操作
Windows+Esc	关闭放大镜操作

"Fn"快捷键功能描述如表2-3所示。

表2-3　　　　　　　　　　"Fn"快捷键表

"Fn"快捷键	功能描述
F1	搜索"在Windows 10中获取帮助"
F2	重命名选定的项目
F3	搜索文件或文件夹
F4	在Windows资源管理器中显示地址栏列表
F5	刷新活动窗口
F6	在窗口中或桌面上循环切换屏幕元素

"Alt+""Ctrl+""Shift+"组合键功能描述如表2-4所示。

表2-4　　　　　　　　"Alt+""Ctrl+""Shift+"组合键表

"Alt+""Ctrl+""Shift+"组合键	功能描述
Alt+D	选择地址栏
Alt+Enter	显示所选项的属性
Alt+Esc	以项目打开的顺序循环切换项目
Alt+F4	关闭活动项目或者推出活动程序
Alt+P	显示或关闭预览窗格
Alt+Tab	切换桌面窗口
Alt+Space	为活动窗口打开快捷方式菜单

续表

"Alt+""Ctrl+""Shift+"组合键	功能描述
Ctrl+A	选中当前窗口中的所有项目或选中整篇文档
Ctrl+Alt+Tab	使用箭头键在打开的项目之间切换
Ctrl+D	删除所选项目并将其移动到【回收站】
Ctrl+E	选择搜索框
Ctrl+Esc	桌面与【开始】菜单切换按键
Ctrl+F	选择搜索框
Ctrl+F4	关闭活动文档
Ctrl+N	打开新窗口
Ctrl+Shift	在启用多个键盘布局时切换键盘布局
Ctrl+Shift+E	显示所选文件夹上面的所有文件夹
Ctrl+Shift+Esc	打开任务管理器
Ctrl+Shift+N	新建文件夹
Ctrl+Shift+Tab	在选项卡上向前移动
Ctrl+Tab	在选项卡上向后移动
Ctrl+W	关闭当前窗口
Ctrl+C	复制操作
Ctrl+X	剪切操作
Ctrl+V	粘贴操作
Ctrl+Z	撤销操作
Ctrl+鼠标滚轮	放大或者缩小当前窗口
Shift+Tab	在选项上向后移动
Shift+Delete	彻底删除项目
Shift+F10	选中项目的右菜单

课后练习

操作题

1. 请使用一个Windows 10操作系统的光盘或者镜像安装一个完整的操作系统。

2. 请为电脑设置一个个性化主题和一个屏幕保护程序。

3.（1）在D盘根目录下新建两个文件夹，分别命名为"第二章练习题1"和"第二章练习题2"。

（2）在"第二章练习题1"文件夹下新建一个文本文档，命名为"note.txt"，为该文本文档在桌面创建一个名为"note"的快捷方式。

（3）在"第二章练习题1"文件夹下新建一个Word文档，命名为"张三.docx"，将此文件设置为只读和隐藏属性。

（4）在D盘中搜索所有扩展名为.docx的文件，并将其移动到D盘的"第二章练习题2"文件夹中。

（5）在"第二章练习题1"文件夹下新建一个命名为"BIAN.ARJ"的文件，并将其复制到"第二章练习题2"文件夹，再修改文件名为"QULIU.QWS"。

（6）删除桌面的"note"快捷方式。

4. 请为当前操作系统添加一个标准用户账户，并为其添加账户头像和密码。

5. 请使用查询命令查询本机的IP地址、网卡物理地址等信息。

第3章

数据和信息

本章学习目标

世界上到处都充满着各种各样的数据和信息，自然生活中的各种声音、图像等连续信号称为模拟信号，而计算机领域中的符号、文字、代码等离散不连续信号则称为数字信号。在计算机领域，数据信息都是以二进制形式存储和计算的，本章主要介绍数据与信息、信息技术、计算机的存储单位，数制以及编码等知识。

本章思维导图

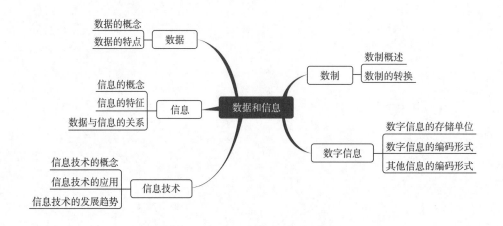

3.1 数据

3.1.1 数据的概念

数据，是指通过观察收集、计算统计、科学实验、检验整理等方式获得的能用于决策、设计规划、科学研究、查证等用途的数值。数据的类型有很多，例如数字、文字、符号、声音、视频、图像等，其中数字就是我们最熟悉最简单的一种数据类型。

3.1.2　数据的特点

3.1.2.1　变异性

数据的变异性主要体现在以下两个方面。

（1）表现形式不同

自然界中存在着形式各样的事物特征和事件行为方式，而数据主要用于描述事物或事件的特征或行为方式，因此，就算是同一组数据，其数值都存在不同的表示形式或取值。

（2）随外部因素变化

数据的特征会随着外部环境或因素的变化而变化，就算是同一个数据对象，也会受数据采集主体、时间、地点的不同而变化，甚至在较短的时间内也会得出不同的数据特征。依靠人类主观意识采集的数据特征尤其明显，例如，对于美丑好坏的判断，大家的结果可能不一样。

3.1.2.2　规律性

表面上数据变异不定，或杂乱无章，但根据统计研究表明，当数据量达到某个数量级时，往往都具有一定的规律，这就是研究数据的目的之一，也是大数据的基本内涵。

数据的变异性是对数据研究的必要前提；数据的规律性是对数据研究的基本可能。

3.2　信息

3.2.1　信息的概念

信息是从数据中提取出来的，可以用文字语言、数字符号、声音图像等方式传递或存储。它不仅是人类生活的重要资源，还是社会发展的重要保障，更是除了物质和能量外的第三类资源。

自然界的任何事物都能产生信息，包括客观世界的事物和主观世界的精神现象。通过信息对事物运动的状态和方式的表征能够帮助人类消除认识上的不确定性。

3.2.2　信息的特征

根据信息的功能属性，信息的特征主要有以下几个。

（1）依附性

信息不能脱离物质和能量的载体而单独存在，而是必须要依附在一定能量的载体上。

（2）传递性

信息要经过传递才能真正发挥其作用，"沉默的"信息相当于一堆无用的数据。信息传递的方式有很多，如文字、符号、声音、视频、电信号、手语等，甚至是古代的烽火也是信息传递的一种方式。

（3）处理性

信息是通过对数据的加工处理得出的，而加工处理的方法、时间、深度的不同，往往会产生不同的信息，所以对数据或者信息的处理能使信息得到增值。

（4）存储性

信息必须通过存储才能让他人或未来使用。存储信息的方式有很多，例如书写、人脑记忆、电子设备存储、录像、拍照、录音等。

（5）浓缩性

信息的浓缩是对信息进行再加工处理，归纳出信息中的"精华"，方便进一步获取信息中的重点，或方便信息的传递与存储，例如会议总结、经验整理、知识归纳等。

（6）再生性

当今世界，随着人类社会的使用消耗，物质和能量资源在不断减少，而信息却随着社会的发展在不断再生和扩充，甚至会出现信息爆炸的情况。

（7）共享性

信息的传递性与存储性，促进了信息的转让与共享，尤其是具有科学性和社会规范的信息，例如书本、法律、新闻等；而对于新闻娱乐类信息，其共享性就更加明显。

（8）预测性

信息来源于数据，所以信息也具有规律性，可通过信息的现态来预测信息未来的形态，反映事物或社会的发展趋势。

（9）有效性和无效性

对于不同时刻、不同对象，信息所表现出来的作用是不一样的，需要则有效，反之则无效；此时有效，彼时无效；此对象有效，彼对象无效，例如新闻信息的最大有效性是短期的。

（10）相对性

信息对于不同的对象有不同的存在价值，而价值大小是相对的，取决于对信息的需求及理解，或对信息认识和利用的能力。

3.2.3　数据与信息的关系

（1）信息是数据加工处理后的产物

信息是对原始数据进行分析、筛选、整理等加工处理后的数据，所以数据是"原材料"，信息是"产物"，信息是数据的内在含义。

（2）数据和信息是相对的

由信息的相对性可知，信息的价值是相对的，所以某些信息对于其他对象可能只是数据。

（3）信息是观念上的

不同的加工处理方式、加工处理的时长等因素都会影响数据成为信息。因此，信息是观念上的。

3.3　信息技术

3.3.1　信息技术的概念

信息技术是指在信息科学的指导下，利用计算机或现代通信技术实现数据的采集、传递、加工和利用等功能，从而扩展人类信息功能的技术。根据人类对信息技术使用的目的、范围等不同而有不同的表述。例如在计算机领域，信息技术就是数据的采集、传输、处理、分析和存储等方面的技术；而在资源管理领域，信息技术就是收集管理、开发利用信息资源的方法、技术和程序的总称。

3.3.2　信息技术的应用

在宏观上，信息技术的应用主要体现在以下5个方面。

（1）辅助

提高人类对数据信息的采集、传递、存储、加工与处理的能力，促进人类素质素养、技能管理、决策能力等方面的提升。

（2）开发

促使信息资源得到充分开发与应用，既推动了社会的发展，也加快了信息的传递速度。

（3）协同

信息的共享性，促进了资源的共享与协同工作。

（4）增效

提高现代社会的工作效率和生产效益。

（5）先导

信息技术是先进高新技术的基础与核心，也是信息化社会的关键技术，能够推动新技术革命。

3.3.3　信息技术的发展趋势

（1）高速、大容量化

随着社会发展对信息需求的紧迫性，信息技术也在加速增长，所需的信息量也越来越大。

（2）综合化

信息具有强大的生命力和覆盖范围，因此信息技术的发展也越加综合。

（3）数字化

信息技术的数字化，有利于提高生产效率，降低生产成本，也有利于生产的综合，同时也方便数据信息的传输与存储，因此信息技术也在逐步数字化。

（4）个人化

随着无线网络的移动便捷和全球覆盖，人类在地球任何一处都可方便地拥有同样的通信手段，也促进了信息技术实现个人的随时收集和加工处理。

3.4 数制

3.4.1 数制概述

数制，就是通过约定的符号和规则来表示数值大小的方法，也叫计数规则或"计数制"，表示一个数制主要有数码、基数和位权三要素。在计算机领域，主要有二进制、八进制和十六进制，最根本的数制是二进制，我们日常生活中常用的数制是十进制。

数码是一组不同的数字符号，用于表示数值的大小，基数是数码的个数，位权是单个位置上的1所表示的数值大小。

（1）二进制Binary（B）

基数：2。

数码：0、1。

位权：2^i。

计数规则：逢二进一，借一当二。

表示方法：001100111100B、$(001100111100)_2$。

（2）八进制Octal（O）

基数：8。

数码：0、1、2、3、4、5、6、7。

位权：8^i。

计数规则：逢八进一，借一当八。

表示方法：474O、$(474)_8$。

（3）十进制Decimal（Dec、D）

基数：10。

数码：0、1、2、3、4、5、6、7、8、9。

位权：10^i。

计数规则：逢十进一，借一当十。

表示方法：828D、$(828)_{10}$。

（4）十六进制Hexadecimal（Hex、H）

基数：16。

数码：0、1、2、3、4、5、6、7、8、9、A、B、C、D、E、F，其中A~F表示10~15这6个数。

位权：16^i。

计数规则：逢十六进一，借一当十六。

表示方法：7C3H、$(7C3)_{16}$。

表3-1为各数制间的对应关系。

表3-1　　　　　　　　　　　　　不同数制对照表

二进制	十进制	八进制	十六进制
0000	0	0	0
0001	1	1	1
0010	2	2	2
0011	3	3	3
0100	4	4	4
0101	5	5	5
0110	6	6	6
0111	7	7	7
1000	8	10	8
1001	9	11	9
1010	10	12	A
1011	11	13	B
1100	12	14	C
1101	13	15	D
1110	14	16	E
1111	15	17	F

3.4.2　数制的转换

虽然数制有多种，但不同数制的数值都可按下述公式按权展开计算得到十进制的数值：

$$N_D = \sum_{i=-\infty}^{+\infty} K_i \times R^i \tag{3-1}$$

式中：i代表的是数位的位数，K_i代表数码，R代表基数，R^i代表位权。

（1）其他进制转换为十进制

根据公式（3-1），将其他进制的数值转换为十进制时，只需要按上述公式将每个数码与相应位置上的权值相乘，然后求和。

例如，将二进制数10011.0101转换为十进制数的计算过程如下：

$$N_D=1 \times 2^4+0 \times 2^3+0 \times 2^2+1 \times 2^1+1 \times 2^0+0 \times 2^{-1}+1 \times 2^{-2}+0 \times 2^{-3}+1 \times 2^{-4}$$

$$=16+0+0+2+1+0+0.25+0+0.0625$$

$$=19.3125$$

八进制、十六进制等其他进制转换为十进制的转换方法与上述转换方法相同，只需将基数改为8、16或其他基数即可。

（2）十进制转换为其他进制

将一个十进制整数转换成二进制，整数部分采用"除2倒取余"法转换，小数部分采用"乘2取整"法转换，最后合并。

【例3-1】将十进制数19.31转换为二进制数。

整数部分：转换步骤如图3-1所示，最后将余数逆序排列，得到二进制码为10011。

小数部分：转换步骤如图3-2所示，当结果为0或达到所要求的位数后停止计算，得到0.31的二进制码为010011（此处只保留小数点后6位）。

图3-1　十进制整数转二进制　　　　　图3-2　十进制小数转二进制

最后合并得到：$(19.31)_D = (10011.010011)_B$。

同理，十进制数转换为八进制、十六进制等其他进制的转换方法与上述方法相同，只需将基数改为8、16或其他基数即可。

（3）其他进制之间的互换

由算术运算可知，8是2的3次幂，16是2的4次幂，所以二进制与八进制进行互换时，采取的转换原则是：3位二进制数对应于1位八进制数，二进制数不足3位补0（整数高位补0，小数低位补0）。二进制与十六进制互换时，采取的转换原则是：4位二进制数对应于1位十六进制数，二进制数不足4位补0（整数高位补0，小数低位补0）。

【例3-2】将二进制数10101011.1011转为八进制数。

转换步骤如图3-3所示。

所以$(10101011.1011)_2 = (253.54)_8$。

【例3-3】将二进制数1101010.1011转为十六进制数。

转换步骤如图3-4所示。

图3-3　二进制转八进制　　　　　　　图3-4　二进制转十六进制

所以（1101010.1011）$_2$ =（6A.B）$_{16}$。

【例3-4】将十六进制数F83.78转换为二进制数。

转换步骤如图3-5所示。

所以（F83.78）$_{16}$ =（111110000011.01111）$_2$。

【例3-5】将八进制数14.2转换为二进制数。

转换步骤如图3-6所示：

所以（14.2）$_8$ =（1100.01）$_2$。

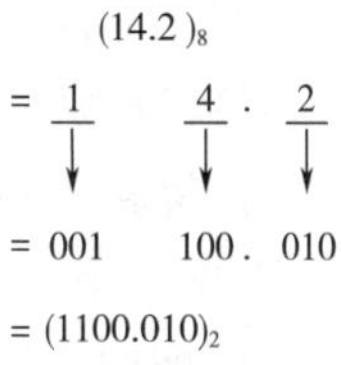

同理，八进制与十六进制之间的互换，或其他进制间的互换，可先转换成相应的二进制或十进制等中间进制，再进行转换，转换原则如下（以八进制转换为十六进制为例）：

八进制→二进制（十进制）→十六进制

（4）利用"计算器"

不同数制之间的转换，除了采用上述的转换方法来运算外，还可以利用Windows系统自带的"计算器"来进行转换。转换操作过程如下（以Windows 10系统自带的"计算器"为例）：

①在Windows 10系统上单击"开始"→"所有应用"→"计算器"，打开如图3-7所示的计算器界面。

②单击"计算器"界面左上角的"≡"图标，选择"程序员"选项，如图3-8所示。

③根据转换需要，单击计算器界面左边的数制选项，输入需转换数值，即可输出相应的转换结果，其中HEX是十六进制、DEC是十进制、OCT是八进制、BIN是二进制，转换结果如图3-9所示。

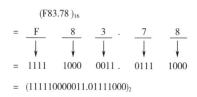

图3-5　十六进制转二进制

图3-6　八进制转二进制

图3-7　Windows 10计算器　　图3-8　Windows 10计算器功能选择

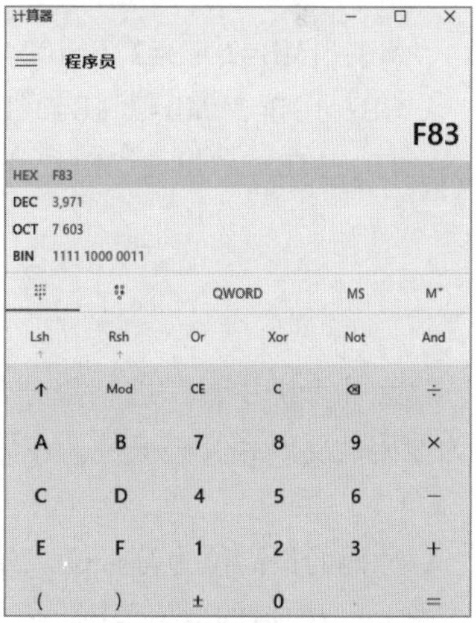

图3-9　Windows 10计算器数制转换结果

3.5 数字信息

3.5.1 数字信息的存储单位

在数字通信以及计算机领域，有关数据及信息的处理与存储都是采用二进制表示的。数字信息的基本单位主要有以下几个：

位：计算机中数据及信息的最小单位，0或1，英文是bit（b），译文为比特。

字节：计算机中数据及信息的基本单位，1个字节等于8位，英文是Byte（B）。

字：1个字等于两个字节，英文是Word。

字长：处理器一次能同时处理的位数，长度一般是8的整数倍，字长是计算机中央处理器（CPU）的重要技术指标之一，目前个人通用计算机中CPU主要的字长为32位和64位。

位、字节、字的关系如图3-10所示。

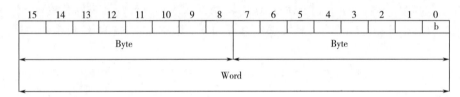

图3-10 位、字节、字关系图

在计算机及数字信息领域，数据与信息的存储和处理都是以字节为基本单位，如1个英文或符号占用1字节，1个汉字占用2字节。数据的存储空间主要由kB、MB、GB和TB等存储单位来表示，存储单位与字节之间换算关系如下所示：

kB：$1kB=2^{10}B=1024B$

MB：$1MB=2^{10}kB=2^{20}B=1024×1024B$

GB：$1GB=2^{10}MB=2^{20}kB=2^{30}B=1024×1024×1024B$

TB：$1TB=2^{10}GB=2^{20}MB=2^{30}kB=2^{40}B=1024×1024×1024×1024B$

3.5.2 数字信息的编码形式

在计算机中，二进制数分带符号数与无符号数，带符号二进制数的编码形式主要分为原码、反码和补码三种。在数据存储上，带符号的整数采用补码表示。

（1）原码

原码的最高位为符号位，分别用"0"和"1"表示正负，剩余位数表示数值的大小，带符号8位数值的取值范围是：-127~127。

如：

$$[+36]_{原}=0010\ 0100$$
$$[-36]_{原}=1010\ 0100$$

正数的原码、反码、补码都是其数值本身。

（2）反码

负数的反码：符号位不变，其余各位取反。

如：

$$[-36]_原 = [1010\ 0100]_原 = [1101\ 1011]_反$$

（3）补码

负数的补码：符号位不变，其余各位取反+1。

如：

$$[-36]_原 = [1010\ 0100]_原 = [1101\ 1011]_反 = [1101\ 1100]_补$$

（4）实数

在计算机中，实数采用浮点数来表示，通过科学记数法的形式进行存储，如实数 3971.19，在存储过程中就先转换为 3.97119×10^3，再转换为相对应的二进制数值进行存储，其中 3.97119 称为尾数，10 称为基数，3 称为指数。

3.5.3 其他信息的编码形式

在计算机及数字信息领域，数据与信息的运算、存储，很多情况下都需要经过编码与译码处理。

编码：用预定的规则或方法，将数字、文字、符号等数据或信息从一种表示形式转换成另一种表示形式的过程。

译码：也叫反编码或解码，是编码的逆过程。

码制：编码或译码时遵循的规则或方法。

不同的进制和码制之间往往存在数量上的对应关系。以二进制编码为例，编码个数 M 与位数 n 的关系如下：

$$2^{n-1} < M < 2^n \tag{3-2}$$

例如需要编码的个数 M 是28，根据公式（3-2）可求位数 n 的值是5，也就是说，要对28个数值进行编码，则至少需要5位二进制数。

（1）BCD码

BCD码（二~十进制代码），就是用二进制数表示0~9这10位十进制数，根据公式（3-2）可知，只需要4位二进制数，共有16种组合，常见的BCD码如表3-2所示，其中码制前面的数字代表对应位的权值。

表3-2　　　　　　　　　　　　BCD码对照表

十进制数	8421码	5421码	2421码	余3码	余3循环码
0	0000	0000	0000	0011	0010
1	0001	0001	0001	0100	0110
2	0010	0010	0010	0101	0111

续表

十进制数	8421码	5421码	2421码	余3码	余3循环码
3	0011	0011	0011	0110	0101
4	0100	0100	0100	0111	0100
5	0101	1000	1011	1000	1100
6	0110	1001	1100	1001	1101
7	0111	1010	1101	1010	1111
8	1000	1011	1110	1011	1110
9	1001	1100	1111	1100	1010

通过表2-2就可直观地实现十进制数与BCD码间的转换，要注意的是，BCD码与十进制数的转换跟上述3.1节讲述的二进制与十进制数值的转换不一样，BCD码是一种编码形式，不等同于该二进制数的实际数值。例如8421 BCD码转换为对应的二进制数值步骤如下：

$$(0011\ 0010\ 1000.\ 0101)\ BCD = (328.5)_{10} = (0001\ 0100\ 1000.1)_2$$

因此，在对BCD码转换为对应的二进制数值时，需要先转换为对应的十进制数，再转换成二进制数。

（2）ASCII码

ASCII 码是基于拉丁字母的美国信息交换标准代码，用于显示英文、符号以及其他西欧文字计算机编码系统。现有7位和8位两种版本，7 位表示128种字符，8 位表示256 种字符，其中7位版本也是国际通用的标准ASCII 码，用于表示10个阿拉伯数字、52个大小写字母、32个标点和运算符号，以及34个特殊控制字符。8位ASCII 码的后面128个码为扩展ASCII码。

标准7位ASCII 码如表3-3所示。

（3）汉字编码

汉字字符，不同于英文、数字等字符的字形简单且与键盘按键有一一对应的关系，因此，为了方便汉字的输入输出、处理、存储等，设计出不同的汉字编码。目前常用的汉字编码主要有交换码、输入码、机内码和字形码4种。

交换码（国标码）：交换码在汉字代码标准GB 2312—1980中共有6763个，使用2个字节二进制码来代表不同的汉字。交换码中的代码表共有94个区，数字和符号位于01~09区，汉字位于16~87区，10~15、88~94区为空白备用区。在汉字区中，前面16~55区是3755个按汉字拼音字母/笔形顺序排列的常用汉字区，56~87区是3008个按部首/笔画顺序排列的次常用汉字区。

输入码（外码）：输入码是中文汉字输入计算机中的代码，由于同一个汉字可由拼音、笔画、字形等表示，所以输入码的种类有很多，从而也导致输入方法、按键次数以及输入速度都各不相同。目前常见的输入码种类主要有拼音类输入法，如各种拼音输入法；字形类输入法，如五笔输入法和手写输入法；音形结合类输入法，如语音输入法等。

表3-3 标准ASCII码

ASCII值	控制字符	ASCII值	控制字符	ASCII值	控制字符	ASCII值	控制字符
0	NUL	32	（space）	64	@	96	、
1	SOH	33	!	65	A	97	a
2	STX	34	”	66	B	98	b
3	ETX	35	#	67	C	99	c
4	EOT	36	$	68	D	100	d
5	ENQ	37	%	69	E	101	e
6	ACK	38	&	70	F	102	f
7	BEL	39	'	71	G	103	g
8	BS	40	(	72	H	104	h
9	HT	41	)	73	I	105	i
10	LF	42	*	74	J	106	j
11	VT	43	+	75	K	107	k
12	FF	44	,	76	L	108	l
13	CR	45	–	77	M	109	m
14	SO	46	.	78	N	110	n
15	SI	47	/	79	O	111	o
16	DLE	48	0	80	P	112	p
17	DCI	49	1	81	Q	113	q
18	DC2	50	2	82	R	114	r
19	DC3	51	3	83	X	115	s
20	DC4	52	4	84	T	116	t
21	NAK	53	5	85	U	117	u
22	SYN	54	6	86	V	118	v
23	TB	55	7	87	W	119	w
24	CAN	56	8	88	X	120	x
25	EM	57	9	89	Y	121	y
26	SUB	58	:	90	Z	122	z
27	ESC	59	;	91	[	123	{
28	FS	60	<	92	\	124		
29	GS	61	=	93	]	125	}
30	RS	62	>	94	^	126	~
31	US	63	?	95	—	127	DEL

机内码（内码）：机内码指汉字字符在计算机内部传输、处理和存储时所用的最基本的二进制代码，是输入码在计算机内部"工作"的代码，因此具有唯一性。无论是什么类型的输入码，在计算机内部最终都要经过"转换模块"转换为机内码，才能在计算机内部"工作"。

字形码：字形码是为了实现中文汉字在显示屏、打印机等输出设备上显示而创建的代码。根据汉字的字形图形设计成对应的字形点阵图，再根据约定的规则编制成相应的编码，就可得到该汉字的点阵编码，由大量或常用的汉字编制出来的点阵编码组合就组成点阵显示字库。根据显示精度或应用场合需求，汉字点阵的分辨率主要有16×16、24×24、32×32和48×48 4种。由分辨率就可计算汉字点阵的存储空间，公式如下：

$$字节数=点阵行数×点阵列数/8$$

例如，一个16×16点阵汉字的存储空间为：

$$字节数=16×16/8=32字节$$

16×16的汉字点阵码的表示形式如图3-11所示。

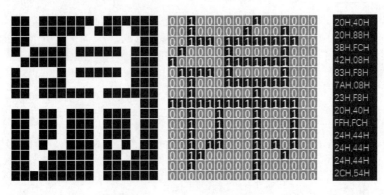

图3-11 汉字点阵码表示形式

课后练习

一、单项选择题

1. 以下哪个数字不是八进制的位权（   ）。

A. 0   B. 1   C. 8   D. 16

2. 以下进制数写法正确的是（   ）。

A. A30H   B. 6COH   C. 080   D. H74H

3. 下列四个数，最大的一个是（   ）。

A. $(11101100)_2$ B. $(68)_8$ C. $(189)_{10}$ D. $(F8)_{16}$

4. 非零无符号八进制数的小数点右移4位，则新数的值是原数值的（   ）。

A. 16倍   B. 4倍   C. 1/8   D. 1/16

5. 4位八进制数可以转换为（   ）位十六进制。

A. 1   B. 3   C. 4   D. 12

6. 2^{32} B等于（　　　）。

A. 4 MB B. 32 MB C. 4GB D. 8 GB

7. 假如需要对86个字符进行编码，则需要（　　　）位八进制数。

A. 1 B. 2 C. 3 D. 4

8. 十六进制"-65"的补码是（　　　）。

A. 0110 0101 B. 0110 0101 C. 1001 1010 D. 1001 1011

9. 5421 BCD码1010 0010对应的二进制数是（　　　）。

A. 0100 0010 B. 0100 0100 C. 0100 1000 D. 1010 0010

10. 存储分辨率为32×32点阵的"广州城市理工学院"，需要的存储空间是（　　　）。

A. 8192B B. 8192KB C. 1MB D. 1KB

二、计算题

1. 码制转换。

（1）816 D=_____（8421）=_____（B）。

（2）412 D=_____（5421）=_____（H）。

（3）010110000010（8421）=_____（D）。

（4）110001101001（余3码）=_____（H）。

2. 进制转换，并写出转换过程。

（1）将二进制数1101001001、010111.101转换成十进制数。

（2）将十进制数914转换成二进制数和八进制数。

（3）将二进制整数10100110110101.110101转换为十六进制数。

（4）将十六进制数F6C转换为八进制数和十进制数。

（5）将十进制数796转换为八进制数和十六进制数。

（6）将八进制数650转换为十进制数和十六进制数。

第4章

文字编辑软件Word 2016

本章学习目标

Word 2016是计算机办公应用中使用频率最高的组件。运用Word 2016可以创建人们日常生活、学习、办公所需的文档，不仅可以输入文字，还可以对文档进行各种个性化的编辑。

本章教学的主要目标是让用户熟练运用Word 2016掌握创建纯文本、设置字体和段落格式、在文档中加入精美的图片、使用表格来直观展示数据以及高级排版等技能。

本章思维导图

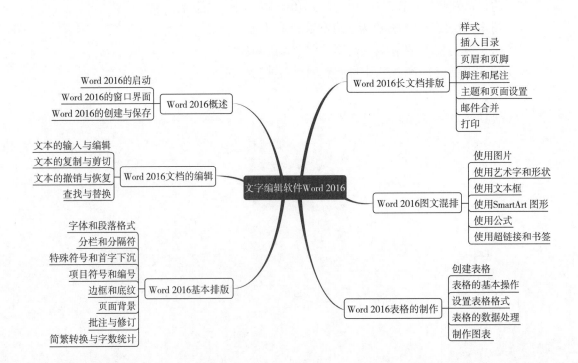

4.1　Word 2016概述

Word 2016是目前使用最广泛的文字编辑软件，界面友好直观，使用便捷，功能完善。Word 2016功能非常强大，从创建和编辑文本、对文档格式进行设置，到文档中插入精美的图片、屏幕截图、使用表格直观展示数据，以及整个页面的设计和布局，各种功能一应俱全，深受众多用户喜爱。

4.1.1　Word 2016的启动

在Windows中，单击桌面左下角的Windows徽标，把鼠标移动到程序列表上，滑动鼠标滚轮，让程序列表滑动到W开头，找到并单击 **W Word** 程序，启动Word 2016。

Word 2016的
启动

若想更便捷地找到Word程序，也可以单击桌面左下角第2个图标，在下方提示"在这里输入你要搜索的内容"的输入框中输入"Word"，单击上方"最佳匹配"处搜索到Word程序，启动Word 2016。

4.1.2　Word 2016的窗口界面

Word 2016的
窗口界面

Word 2016的窗口界面兼具直观性和实用性。启动Word 2016应用程序后，首先进入【开始】界面，如图4-1所示。

单击【开始】界面中"新建"列表下的【空白文档】图标，进入常见的Word窗口界面中。Word 2016的工作窗口如图4-2所示，包括标题栏、快速访问工具栏、选项卡、文档编辑区、状态栏、视图方式和显示比例。以下将详细介绍Word 2016窗口的组成部分。

图4-1　Word 2016开始界面

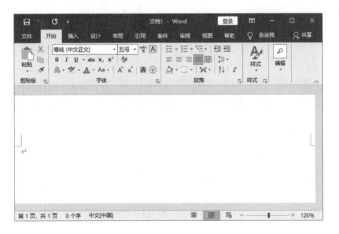

图4-2　Word 2016工作窗口

（1）标题栏

窗口最上方中间位置的是标题栏，展示当前文档的文件名以及应用程序类型，图4-2中，标题栏显示当前文档名称是"文档1"，横杠后面的"Word"表示这是一个Word应用程序。把鼠标放到标题栏上，进行拖动，将移动整个Word窗口在屏幕中的位置。

标题栏右侧包括【登录】【功能区显示选项】和【窗口控制】按钮。

【登录】按钮用于通过邮箱和手机号码登录已有的Office账号。

单击【功能区显示选项】按钮![icon]，将看到如图4-3所示的三种功能区的显示方式，其具体效果如下：

图4-3 功能区显示选项

①自动隐藏功能区：界面中的选项卡和命令被隐藏，便于有更广阔的区域进行文档编辑，单击![icon]按钮，将临时显示选项卡，单击文档编辑区编辑文档时，则选项卡被隐藏。

②显示选项卡：界面中只显示选项卡，不显示命令按钮，只有单击某选项卡时，才临时显示其中命令。

③显示选项卡和命令：这是默认状态，界面中展示完整的选项卡和命令。

最右侧的【窗口控制】包括三个按钮，从左到右依次是【最小化】【最大化/还原】和【关闭】按钮。

（2）快速访问工具栏

窗口最上方左侧的是快速访问工具栏，主要放置常用的命令按钮，默认状态下包括【保存】【撤销键入】和【重复键入】三个按钮，单击旁边的向下小箭头按钮![icon]，可添加或删除快速访问工具栏中的命令按钮，用户可根据喜好放置自己最常用的命令到快速访问工具栏。

（3）选项卡

标题栏下方是功能区，功能区由选项卡组成，Word 2016的功能区包括【文件】【开始】【插入】【设计】【布局】【引用】【邮件】【审阅】【视图】和【帮助】选项卡。单击一个选项卡，界面中将展示属于该选项卡的各选项组。例如【开始】选项卡中，包括【剪贴板】【字体】【段落】【样式】和【编辑】选项组，如图4-4所示。每个选项组中包括若干选项，每个选项用于实现一个功能。例如【字体】组中包括【字体】【字号】等选项。把鼠标放到某个选项上，稍微停留，将看到弹出中文提示，展示该选项的名称以及基本功能。

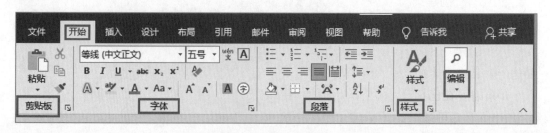

图4-4 功能区选项卡

随着窗口本身的宽窄不同，选项卡中选项的展示将进行自适应调整，位置会有略微变化，以及可能被折叠。例如图4-4中，【开始】选项卡的【编辑】组，此时部分选项被折叠，单击【编辑】下方的向下小箭头按钮，将展开其中包含的选项，包括"查找""替换""选择"等。

（4）文档编辑区

Word 2016正中间最大片的区域称为文档编辑区，可以进行文本输入、文本编辑、插入图片、插入表格等操作。

文档编辑区右侧的是垂直滚动条，拖动垂直滚动条，可移动查看文档上下方其他位置的内容，也可单击滚动条上方的上三角或下方的下三角使滚动条上下移动。当窗口宽度无法完整展示文档从左到右完整的内容时，文档编辑区下方出现水平滚动条，可拖动其查看文档左右方的内容。

（5）状态栏

窗口最下方左侧的是状态栏，展示当前文档位于第几页，总共的页数以及总字数。单击总字数，将弹出"字数统计"对话框，显示文档更详细的字数统计信息。

（6）视图方式和显示比例

窗口最下方右侧包括【视图方式】按钮以及显示比例栏。

【视图方式】按钮 从左到右依次是【阅读视图】【页面视图】和【Web版式视图】。默认处于【页面视图】状态，窗口中显示Word的打印结果外观，同时显示窗口的功能区，便于编辑文档，这是最常用的视图方式。【阅读视图】通常用于文档编辑好后，以同时展示左右两页，类似阅读书本的形式，展示文档。【Web版式视图】主要用于预览以该文档创建网页或以邮件形式发送的页面效果。

显示比例栏 用于调整文档的显示比例，左右拖动其滑块，或单击-号或+号按钮，可使文档缩小或放大展示。最右边是当前的文档显示比例，例如100%表示当前显示的文档与其实际大小相同，120%表示当前显示的文档按实际大小的1.2倍显示。需要注意：显示比例的调整只对文档的显示进行缩放，并不会实际改变文档中文字或图片等内容的真实大小。如打印文档时，是按实际大小打印，与显示比例无关。

4.1.3　Word 2016的创建与保存

Word 2016的
窗口界面

4.1.3.1　创建文档

（1）创建空白文档

启动Word 2016启动后，默认处于Word的【开始】面板，单击"空白文档"，系统会创建一个名为"文档1"的新文档，用户可自行输入和编辑文档内容。

如果需要在已打开的Word文档中，再次新建一个文档，单击【文件】选项卡，回到【开始】面板，可继续新建。

（2）运用模板创建文档

启动Word 2016或通过【文件】选项卡进入【开始】面板，单击左侧【新建】选项，进入【新建】面板，如图4-5所示，Word 2016为用户提供了简历、日历、日程表、宣传册等多种模板。单击其中一个模板，并单击"创建"按钮，Word将根据常用规范建立样板文档，其基本框架已设定好，只需向其中填写内容，用户就可以十分便捷地创建各式文档。用户也可以修改文本的框架，灵活运用。在已列出的模板中，若未找到合适的模板，在"搜索联机模板"的搜索框，输入模板名称，Word将连接网络搜索更多的模

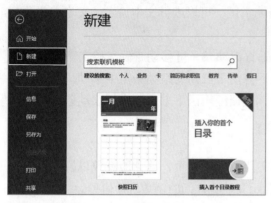

图4-5 运用模板新建文档   图4-6 模板搜索效果

板。例如搜索"基本简历"，效果如图4-6所示。

4.1.3.2 保存文档

对文档编辑完成后，务必及时保存文档，否则关闭Word或由于断电等原因导致Word非正常退出，未保存过的内容将会丢失。

（1）新建文档的保存

对于新建的文档，以下三种方法都可以进入保存界面：

①单击窗口左上角快速启动工具栏中的【保存】按钮日。

②单击【文件】选项卡，再单击左侧【保存】选项保存或【另存为】选项另存为。

③单击窗口右上角【关闭】按钮，再选择【保存】，则在关闭前，先进入保存界面。

保存界面实际上是进入【另存为】面板，表示把用户的新文档另存为一个新的、未存在的文档，如图4-7所示。右侧是最近常用的存放文档的位置，可供选择。更通常的操作是单击【浏览】选项，打开【另存为】对话框，选择合适位置保存。

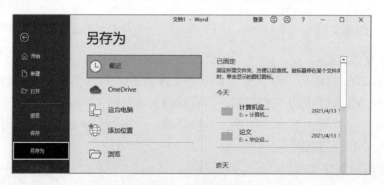

图4-7 另存为面板

【另存为】对话框如图4-8所示，用户从左侧选择盘符，在右侧双击，逐层进入所需保存的文件夹，并在下方"文件名"处输入文件名称，单击下方"保存"按钮，则文档保存成功。例如，图4-8中，文档保存到"E盘"的"计算机基础"文件夹中，保存的文件名为"张三的简历"。

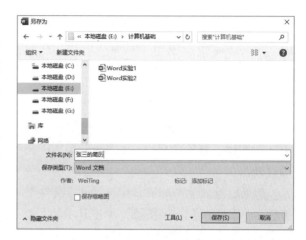

图4-8　另存为对话框

（2）已有文档的保存

对于已保存过的文档，若编辑后需要保存更改后的内容，直接单击快速启动工具栏的【保存】按钮，或单击【文件】选项卡→【保存】选项，文档会以原文件名保存在原位置。

如果想保留编辑前的内容在原文件中，而编辑后的内容保存到另一个新文件，单击【文件】选项卡→【另存为】选项，在【另存为】对话框中选择一个新文件保存位置，输入新文件名，单击【保存】按钮，则新文件被保存。注意：此时界面回到Word窗口，看上方标题栏，可发现此时当前编辑的文档已更改为新保存的文档，而旧文档已自动关闭。

（3）加密保存文档

用户的文档如果有一定的隐私，需要输入指定密码才允许打开阅读，可对文档加密保存。单击【文件】选项卡→【信息】选项，单击【保护文档】按钮，在下拉列表中选择【用密码进行加密】选项，如图4-9所示。在弹出的【加密文档】对话框中输入所需的密码，如图4-10所示，单击【确定】按钮后，在【确认密码】对话框中，输入同样的密码，若两次输入的密码一致，则密码设置成功。设置密码后，每次打开该文档，Word要求用户输入正确的密码才有权限打开，从而避免此文件被任何人查看。

图4-9　用密码加密选项

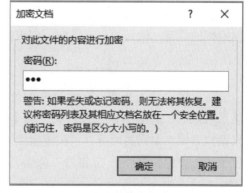

图4-10　加密文档对话框

如果允许任何人阅读文档，但需要输入指定密码才允许修改文档，则在保存文档时的【另存为】对话框中，单击下方【工具】按钮，在下拉菜单中选择【常规选项】，弹出

【常规选项】对话框，如图4-11所示，在其中的"修改文件时的密码"中输入密码，并确认，就可以避免文件被篡改。

4.1.3.3 打开文档

在Windows中，在Word文档所在位置，双击文档图标，系统会自动运行Word 2016将文档打开。

如果已经处于Word窗口中，通过【文件】选项卡→【打开】选项 ，单击其中的【浏览】选项，进入【打开】对话框，定位到文件所在文件夹，选中所需文件，单击【打开】按钮，打开文档。

图4-11　设置文档修改密码

4.1.3.4 关闭文档

文档编辑完成后，如果已经保存，单击【文件】选项卡→【关闭】选项，或右上角的【关闭】按钮✕，可直接关闭文档。如果文件有编辑过的内容未保存，Word将弹出对话框询问是否保存，可单击【保存】按钮保存后退出，或单击【不保存】按钮不保存文档直接退出。

4.2　Word 2016文档的编辑

4.2.1　文本的输入与编辑

Word的基本功能是输入文本。新建的空白文档如同一张白纸，用户可自由输入内容。编辑区中有一条持续闪烁的垂直线，称为光标，表示当前编辑的位置，输入的文字将插入到光标所在的位置。

文本的输入
与编辑

4.2.1.1　文本的输入

随着用户输入文本，光标的位置会不断后移，保持在用户刚输入的文字的后面。如果发现输入的内容有误，按键盘上的【Backspace】键，可往回删除光标前面的字符。如果希望开始一个新的段落，可按键盘上的【Enter】键，光标会换行跳转到下一段的开头。每个段落末尾，有一个 ↵ 符号，称为"段落标记符"，表示段落的结束。

4.2.1.2　文本的编辑

当文档中已经输入了一些文本后，用户可通过鼠标在文档的任意位置单击，把光标移动到文档任意位置。默认状态下，文档处于"插入模式"，该模式下，在光标位置输入内容后，原来的文本会自动随之后移。需要注意的是，如果用户按了键盘上的【Insert】

键一次，则文档会切换到"改写模式"，此时新输入的内容会依次覆盖光标后面的文本。如要切换回"插入模式"，再次按下【Insert】键。

用户也可以通过键盘移动光标的位置。常用的按键及功能如下：

①【↑】【↓】【←】【→】键：上、下、左、右移动光标。

②【Delete】键：删除光标之后的文本。

③【Home】或【End】键：移动光标到所在行的开头或末尾。

④【Page Up】或【Page Down】键：当文档篇幅较长时，上移或下移一页。

4.2.1.3　文本的选择

对文本进行字体大小、字体颜色等格式设置，又或者复制、粘贴文本时，需要首先选择文本，Word 将对选中部分的文本进行操作，而未选中的文本将不受影响。用户最常用的是通过鼠标选择文本，也可通过键盘快速选择。

（1）鼠标选择文本

通过在不同位置拖动鼠标、单击鼠标，可用多种方式，灵活地对文本进行选择。选中部分的文本，将呈现灰色底纹的状态，区别于未选中的文本。

①选择连续文本：移动鼠标到要选择的文本开头位置，按住鼠标左键，移动到要选择的文本末尾，松开鼠标左键。

②选择单词：在需要选择的单词处双击鼠标。

③选择一行：移动鼠标到文档区域之外的左侧，鼠标变为 ⤢ 形态时，单击鼠标。

④选择多行：移动鼠标到文档区域之外的左侧，鼠标变为 ⤢ 形态时，拖动鼠标。

⑤选择一段：移动鼠标到文档区域之外的左侧，鼠标变为 ⤢ 形态时，双击鼠标。

⑥选择全部：单击【开始】选项卡→【编辑】组→【选择】下拉列表→【全选】选项，或移动鼠标到文档区域之外的左侧，鼠标变为 ⤢ 形态时，三击鼠标。

（2）键盘选择文本

①选择光标左侧文本：按住【Shift】键，每按一下【←】键，选择光标左侧的一个字符。

②选择光标右侧文本：按住【Shift】键，每按一下【→】键，选择光标右侧的一个字符。

③选择全部：按【Ctrl】+【A】键。

（3）鼠标与键盘配合

鼠标与键盘配合使用，常用于选择连续文本，把光标定位到要选择的文本开头位置，按住【Shift】键，把鼠标移动到要选择的文本末尾单击一下，则该片区域被选中。

4.2.2　文本的复制与剪切

4.2.2.1　复制

复制，是指依照已有的内容，制作一份一样的内容。整个复制工作，包括两个步骤：首先执行复制操作设定被复制的原文本，然后用粘贴操作把制作的新副本生成到指定位置。

文本的复制
与剪切

（1）复制操作

首先通过上文介绍过的选择文本方法，选定被复制的文本。接着通过以下三种方法之一，把该文本复制到剪贴板内，等待粘贴。

①单击【开始】选项卡→【剪贴板】组→【复制】选项。

②把鼠标移到已选择的文本上，单击鼠标右键弹出的【右键快捷菜单】，选择【复制】选项。

③使用键盘快捷键【Ctrl】+【C】。

值得注意的是，此操作后文档本身不会看到发生变化。

（2）粘贴操作

首先把光标定位到生成新副本的位置，然后通过以下几种方式之一，把新副本粘贴生成出来。

①单击【开始】选项卡→【剪贴板】组→【粘贴】选项图标 。

②在待粘贴位置，单击鼠标右键弹出【右键快捷菜单】，选择【粘贴选项】中的选项 。

③使用键盘快捷键【Ctrl】+【V】。

图4-12　粘贴选项

按更细致地划分，粘贴操作又可以分为四种不同的粘贴选项。单击【开始】选项卡→【剪贴板】组→【粘贴】选项的向下小箭头，展开下拉列表，看到"粘贴选项"包括如图4-12所示的四种，其粘贴方式和功能分别如下：

①保留源格式：生成的新副本与被复制的文本格式完全一致。

②合并格式：生成的新副本的格式根据源格式和插入点的格式融合。

③图片：被复制的内容，包括文本和图片，将整体生成为一张图片，粘贴到插入点。

④只保留文本：被复制的内容如果包含图片，将删除图片，只保留文本，而且生成的新副本会摒弃源格式，采用插入点的格式。

每进行一次复制操作，可以进行多次粘贴操作，即可生成多个副本。

4.2.2.2　剪切

剪切，是指把一段文本，从一个位置像用剪刀剪掉一样，然后粘贴到另一个位置。其实质操作与复制文本很相似，依照已有文本，在另一处制作一样的文本，不同的是，剪切会把原位置的文本删除。剪切也可以理解为移动文本。

整个剪切工作，包括两个步骤：首先剪切操作，设定被复制的原文本，同时删除原文本；然后进行粘贴操作，把制作的新副本生成到指定位置。

剪切操作，需要先选定被剪切的文本，接着用以下三种方法之一把该文本暂存到剪贴板内，等待粘贴，同时原文本会看到被删除。

①单击【开始】选项卡→【剪贴板】组→【剪切】选项。

②把鼠标移动到已选择的文本上，单击鼠标右键弹出【右键快捷菜单】，选择【剪切】

选项。

③使用键盘快捷键【Ctrl】+【X】。

剪切操作后，生成新副本的粘贴操作，与前文复制时的粘贴操作步骤相同，不再赘述。

文本的撤销与恢复

4.2.3　文本的撤销与恢复

在文档编辑时，有时会发生误操作，例如输入了错误的字符、不小心把应保留的内容删除了等。此时可通过单击【快速访问工具栏】的【撤销】按钮 ，撤销上一步的操作，也可以按键盘快捷键【Ctrl】+【Z】实现撤销。

如果出现多步操作错误，可连续单击【撤销】按钮，文档会从后往前逐步撤销每一步的操作，或者展开【撤销】下拉列表，选择撤销到之前的某一步。【撤销】下拉列表如图4-13所示，从上往下依次是最靠近当前的一次操作到更久之前的操作。

【快速访问工具栏】的【恢复】按钮 功能与【撤销】按钮相反，只有当执行过【撤销】操作后才会显示出来。若进行了错误的撤销操作，可通过此按钮逐步恢复。

图4-13　撤销按钮和列表

4.2.4　查找与替换

查找与替换

当用户需要在一篇长文档中快速查找某个词语，或者把文档中多处同样的词语统一修改时，通过人工查看或逐个寻找修改，费时费力。Word 2016提供了查找和替换功能，帮助用户快速实现此操作。从课程思政的角度，在日常的学习与工作中，遇到需要重复操作的时候，要多思考是否有更好的方法，学习批量操作的技能，就能在学习技术的同时培养提高工作效率的思维品质。

4.2.4.1　查找

单击【开始】选项卡→【编辑】组→【查找】选项，左侧出现【导航】窗格，输入待查找的词语，如图4-14所示，下方显示查找到该词语的数量，同时文档中所有该词语会以黄色底纹显示。【导航】窗格下方，也会按该词语在文档出现的顺序，展示所有查找到该词语的片段，单击其中之一会定位到该位置。

如果需要使用更高级的查找功能，单击【开始】选项卡→【编辑】组→【查找】选项的下拉箭头→【高级查找】选项，弹出如图4-15所示的【查找和替换】对话框，输入查找内容，不断单击【查找下一处】按钮，文档会逐个定位到查找到的词语。还可以单击【更多】按钮，在展开的如图4-16所示的对话框中，有更多更精确的搜索选项。例如，勾选"区分大小写"复选框，则查找

图4-14　导航窗格

图4-15　查找和替换对话框

英文单词时，大写的字母和小写的字母不会被识别成同一个字符，而默认状态下，查找时并不区分大小写。可根据需要勾选，再查找。

4.2.4.2　替换

单击【开始】选项卡→【编辑】组→【替换】选项，打开如图4-17所示的【查找和替换】对话框的【替换】选项卡。在"查找内容"处输入要被替换的词语，在"替换为"处输入替换后的新词语，单击【查找下一处】按钮找到一处查找内容，如果此处需要被替换，则单击【替换】按钮，否则，继续单击【查找下一处】。如果希望一次性直接全部替换，单击【全部替换】按钮。

替换功能也有更多高级选项。例如不仅可以替换内容，还可以统一替换某个词语的格式。例如，词语"我们"需要全部替换成红色字体，先在"查找内容"处输入"我们"，接着在"替换为"处输入"我们"并单击【更多】按钮，在展开处单击【格式】按钮，在下拉列表中选择【字体】，并在其中设置字体颜色为红色，然后在"替换"对话框单击【全部替换】按钮。

图4-16　查找的更多选项

图4-17　查找和替换对话框的替换选项卡

4.3　Word 2016基本排版

4.3.1　字体和段落格式

完成文本输入后，Word提供了文本的字体格式与段落格式的设置，让整个文档更整洁美观。

4.3.1.1　字体格式

字体格式设置包括字体、字号、颜色、字符间距等，用户可通过【开始】选项卡→【字体】组的选项进行设置，

字体

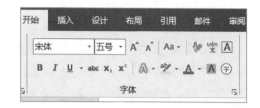

图4-18　字体选项组

如图4-18所示。对文本进行字体格式设置时，首先选中需要设置格式的文本，再单击相应的选项设置。把鼠标放到选项图标上短暂停留，会有选项的名称提示，帮助用户快速了解各图标对应的选项功能。

字体是文字的外在形式特征，单击【字体】选项的向下小箭头，在展开的下拉列表中，选择字体。常用的汉字字体有宋体、楷体和黑体等，常用的英文字体有Times New Roman和Arial等。

字号是文字的大小，展开【字号】选项的下拉列表，选择字号的大小。

字体颜色的设置可使文字色彩丰富。直接单击【字体颜色】选项的图标，会把文本设置成当前的颜色。展开【字体颜色】下拉列表，如图4-19所示，可单击选择设置成某一种颜色，下拉列表的"主题颜色"部分有多种主题颜色，把鼠标放在颜色上短暂停留，会显示每种颜色的名称，"标准色"部分有十种标准颜色供选择。也可单击其中的【其他颜色】选项，打开【颜色】对话框。在【颜色】对话框的【标准】选项卡有更丰富的颜色供选择，还可以切换到【自定义】选项卡，如图4-20所示，在颜色区域单击选择一种颜色，或选择颜色模式后填写每一种颜色分量的值，例如选择RGB颜色模式，填写红色、绿色、蓝色三种颜色分量的值，每种颜色分量可以是0~255的值，从而根据颜色分量设置一种颜色。

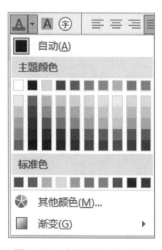

图4-19　字体颜色下拉列表

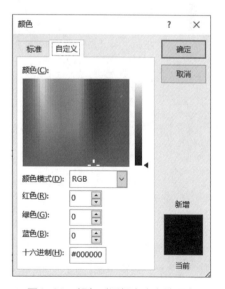

图4-20　颜色对话框自定义选项卡

字形选项 B I U，依次是【加粗】【倾斜】和【下划线】选项，分别表示把文本设置

成加粗效果、倾斜文字效果和为文字添加下划线，设置的方法都是先选中文本，然后单击对应选项。

文本效果选项还有【删除线】选项 abc，表示希望从文档删除一些文字，但又希望保留看到删除前的字样。下标和上标选项 x_2、x^2 也很常用，例如表示一组变量时，需要写成 X_1、X_2、X_3，此时需要把1、2、3设置为下标。设置下标的方法是，选中需要设置为下标的文字，例如1，单击一下【下标】选项即可。例如需要表示 X 的平方时，需要写成X^2，此时需要使用上标，先输入X2，然后选中字符2，并单击【上标】选项。

还可以通过单击【字体】组右下角的对话框启动器 $\square$，打开【字体】对话框，进行更多字体格式的设置，如图4-21所示。除了常用的字形、字号、字体颜色外，还可以为中文文字和西文文字分别设置不同的字体。有时需要把全文中所有英文的字体设置成某一种字体，例如Times New Roman，不需要逐个选择英文单词设置，只需选中全文，把【字体】对话框的"西文字体"选项设置成对应字体即可。【字体】对话框中还可以选择具体的下划线线型并设置下划线的颜色，添加着重号也可以选择着重号的形状。在效果的选择部分，有删除线、双删除线、上标、下标、小型大写字母、全部大写字母等复选框，通过勾选其中的选项，就可以设置对应的效果。【字体】对话框下方的"预览"区域可预览当前的字体设置效果。而单击【文字效果】按钮，会弹出【设置文本效果格式】对话框，其中可以设置文本的填充颜色和轮廓颜色，以及设置透明度，制作文本半透明的效果。

【字体】对话框的【高级】选项卡，可以设置字体缩放、间距、位置，如图4-22所示。缩放表示字符本身的宽窄调整，间距表示字符与字符之间的距离的调整，位置表示字符在垂直方向上下位移的调整，其中间距和位置都有具体的磅值需要填写。例如图4-23展

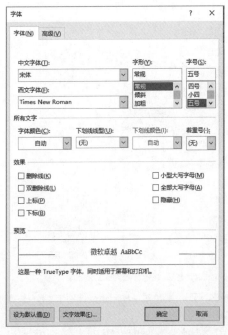

图4-21 字体对话框

图4-22 字体对话框高级选项卡

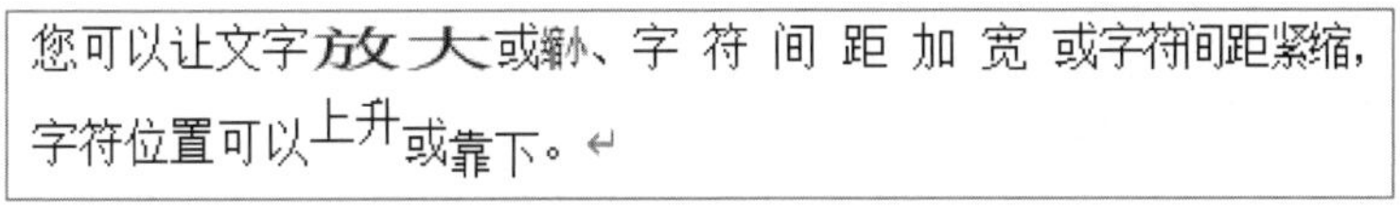
您可以让文字放大或缩小、字 符 间 距 加 宽 或字符间距紧缩，
字符位置可以上升或靠下。

图4-23　字体缩放、间距、位置效果图

示的效果是“放大”和“缩小”文本分别设置了“缩放”效果200%和50%；“字符间距加宽”和“字符间距紧缩”文本分别设置了间距“加宽”磅值为5磅和间距“紧缩”磅值为0.5磅，以及文本“上升”和“靠下”设置为位置“上升”5磅和“下降”3磅的效果。

还可以设置更绚丽多彩的文本效果，展开【字体】组文本效果和版式选项 的下拉列表，包括轮廓、阴影、映像和发光等效果，如图4-24所示。【轮廓】选项可以设置字体的外延轮廓的颜色；【阴影】选项可以设置文字外部、内部或透视的阴影效果；【映像】用于设置文字的倒影效果；【发光】选项则设置文字外发光的颜色和发光度的效果。而且每一种字体效果内都有多种选项，可以根据自己的喜好进行更细化的设置，使文字非常美观。

轮廓(O)
阴影(S)
映像(R)
发光(G)
编号样式(N)
连字(L)
样式集(T)

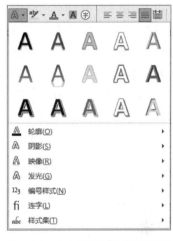

图4-24　文本效果和版式下拉列表

有时需要在文字上方添加拼音，以方便对文字不熟悉的用户阅读，Word提供了自动添加拼音的功能。选中需要添加拼音的文字，单击【开始】选项卡→【字体】组→【拼音指南】选项 ，弹出【拼音指南】对话框，如图4-25所示，在对话框中可以预览每个文字的拼音，设置拼音的对齐方式、距离文本偏移量、字体、字号，单击【确定】按钮，拼音就被自动添加到文字上方，效果如图4-26所示。

拼音指南
基准文字(B):
拼音文字(R):
飞 fēi
流 liú
直 zhí
下 xià
三 sān
组合(G)
单字(M)
清除读音(C)
默认读音(D)
对齐方式(L): 1-2-1
偏移量(O): 0 磅
字体(F): 等线
字号(S): 6.5 磅
预览
fēi liú zhí xià sān
飞流直下三
确定
取消

图4-25　拼音指南对话框

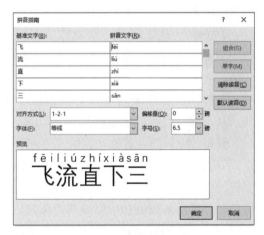

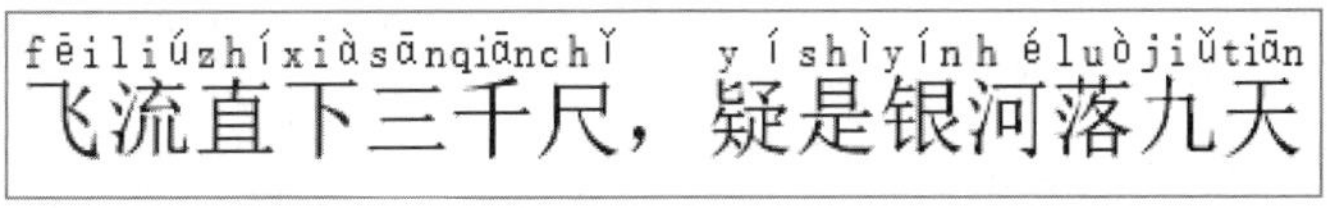
fēiliúzhíxiàsānqiānchǐ yíshìyínhéluòjiǔtiān
飞流直下三千尺，疑是银河落九天

图4-26　拼音指南效果图

4.3.1.2　段落格式

段落格式设置是指以文章的段落作为整体，设置段落的行距、缩进、段与段之间的间距等。【开始】选项卡→【段落】组中的选项可完成此

段落格式

功能。对段落的格式设置时，首先把光标定位到该段落，或选中需要设置格式的整段文本，再单击相应的选项设置。

● 【开始】选项卡→【段落】组中，可以设置段落的对齐方式，其选项图标 ≡ ≡ ≡ ≡ ≡ 从左到右分别表示左对齐、居中、右对齐、两段对齐和分散对齐。以下介绍其含义：

①左对齐：把文字靠左，移到页面的左边对齐。

②居中：把文字移到页面的中间，以中心点在正中间对齐。

③右对齐：把文字靠右，移到页面的右边对齐。

④两段对齐：在左右边距之间均匀分布文字。这是默认对齐方式。

⑤分散对齐：使文字靠左并且靠右都对齐，同时根据需要自动增加字符间距。

● 单击【开始】选项卡→【段落】组→右下角的对话框启动器 ⬒，打开【段落】对话框，如图4-27所示。在【段落】对话框的"缩进"组，各选项的含义如下：

①左侧缩进：整个段落的左边，距离页面的左边界的距离。

②右侧缩进：整个段落的右边，距离页面的右边界的距离。

③特殊→首行缩进：每个段落的第一行，向右缩进若干个字符，即语文中常说的每段开头空几格。

④特殊→悬挂缩进：每个段落除了第一行之外，其余所有行向右缩进若干个字符。

例如，图4-28设置的是整段文本左侧距离页边距2字符，右侧距离页边距3字符，首行开头空2个字符。缩进的单位可以是"字符"也可以是"磅"，可通过直接填入数值和单位设置距离的值，例如左侧缩进20磅，则在缩进左侧处填入"20磅"，也可以单击数值旁向上或向下的小箭头微调。

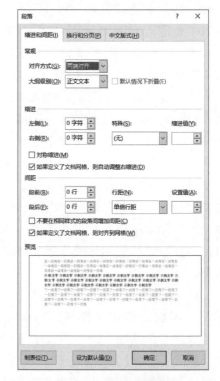

图4-27　段落对话框

● 【段落】对话框的"间距"组，用于设置段落之间的间距和各行的行距，其各选项的含义如下：

①段前：段落的第1行，距离上一段的距离。

②段后：段落的最后1行，距离下一段的距离。

图4-28　段落的缩进和间距设置

③行距：每行文本之间的距离。"单倍行距"指最常见的1个基本单位的行距；"1.5倍行距"指行距是1.5个基本单位；"多倍行距"填入设置值指定行距的倍数；"固定值"设置的则不是倍数而是行距的距离值。

例如，图4-28设置的是该段落距离上一段有1行的间距，距离下一段有0.5行的间距，每行之间的距离是固定的值20磅。

4.3.1.3　格式刷

如果对前文已经设置了一种字体和段落的格式，并且很喜欢这种格式，希望把它运用到后面某处的文本中，此时可以运用格式刷功能。

格式刷的使用方法是：首先选中已经设置好字体和段落格式的原文本，接着单击【开始】选项卡→【剪贴板】组→【格式刷】选项，鼠标指针变成一个带刷子的光标的形状 ，然后拖动鼠标，选中需要运用这种格式的文本，则文本被设置成了与原文本相同的格式。

如果需要把一种格式快速运用到多处，则选中已设置格式的原文本后，双击【格式刷】选项，鼠标进入格式刷使用状态，并会一直保持，此时可以在多处不同的地方分别拖动鼠标，则该格式运用到多处文本。直到再次单击【格式刷】选项，才会退出格式刷使用状态。

4.3.2　分栏和分隔符

分栏

4.3.2.1　分栏

分栏是指用空白或线条将文档从左到右隔开。许多报纸或杂志都通过分栏排版让文本分开多栏，使文章更方便阅读。

Word文档默认状态下是一栏显示。设置分栏的方法是，首先选中需要分栏显示的文本，然后单击【布局】选项卡→【页面设置】组→【栏】选项，展开分栏下拉列表，选择某一种分栏格式，如图4-29所示。一栏、两栏、三栏都表示等宽的分栏，偏左表示左侧栏较窄，偏右则表示右侧栏较窄。

如果需要更精确地指定分栏的格式，单击分栏下拉列表的【更多栏】选项，打开【栏】对话框，如图4-30所示。通过此对话框，不仅可以指定分栏的形式，还可以具体指

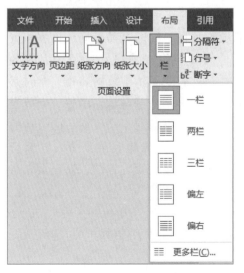

图4-29　分栏下拉列表

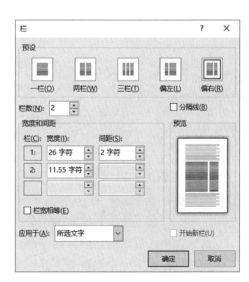

图4-30　分栏对话框

定栏数、每一栏的宽度、各栏之间的间距等。例如图4-30设置的分栏是：偏右分栏、栏数为2栏、不添加分隔线、第1栏的宽度为26字符、第1栏与第2栏之间的间距为2字符，第2栏的间距根据页面宽度自动调整为11.55字符。

设置完成，单击确定按钮后，分栏的效果如图4-31所示。

> 银白的月光洒在地上，到处都有蟋蟀的凄切的叫声。夜的香气弥漫在空中，织成了一个柔软的网，把所有的景物都置在里面。眼睛所接触到的都是置上这个柔软的网的东西，任是一草一木，都不是像在白天里那样的现实了，它们都有着模糊、空幻的色彩，每一样都隐藏了它的细致之点，都保守着它的秘密，使人有一种如梦如幻的感觉。

图4-31 分栏效果图

4.3.2.2 分隔符

使用Word分隔符，可以更好地对文档进行排版。有时用户希望文章的标题单独在第一页作为封面，正文从第2页开始，只需要在输入标题后，插入一个分页符或连续分节符，就可轻松实现。

分隔符

分隔符的用法是，把光标定位到需要插入分隔符的位置，单击【布局】选项卡→【分隔符】选项，在下拉列表中单击选择其中一种分隔符，如图4-32所示。分隔符又分为分页符和分节符两类。

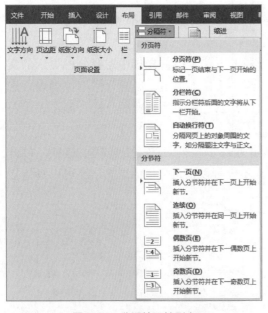

图4-32 分隔符下拉列表

分页符细分为普通分页符、分栏符和自动换行符。插入普通分页符后，插入点之后的文本会从新的一页开始。插入自动换行符后，插入点之后的文本会切换到下一行显示，但是从逻辑上，其仍然与之前的文字属于同一段落。

分节符的作用是使一篇较长文档的每一节设置各自不同的页面布局、页眉和页脚等。例如一份毕业设计文档中，因为每一章的页眉要显示本章的名称，此时必须使用分节符，使每一章在单独一个节当中，才能设置每章的不同页眉，而普通的分页符则无法实现此效果。插入分节符后，插入点之后的文档属于新的一个小节。分节符又细分为下一页、连续、偶数页和奇数页的分节符，其含义如下：

①下一页：在下一页开始新的一节。

②连续：插入点之后开始新的小节，但文本仍显示在同一页中。

③偶数页：在下一个偶数页上开始新的一节。

④奇数页：在下一个奇数页上开始新的一节。

如果用户希望在文档中能直接观察到哪些位置插入了分隔符，单击【开始】选项卡→【段落】组→【显示/隐藏编辑标记】选项 ⫶ 。当该选项处于选中状态时，文档会显示分隔符，如图4-33所示。反之，则文档隐藏分隔符，不显示。

在如今各种类型的游戏百花齐放的情况下，RPG 游戏也通过不断的变革发展到了新的高度，所以研究 RPG 游戏开发仍是非常具有商业价值的。━━━━━━分节符(下一页)━━

图4-33　分隔符显示效果图

4.3.3　特殊符号和首字下沉

特殊符号

4.3.3.1　特殊字符

特殊符号是指使用频率较少，且难以直接通过键盘输入的符号，例如数学符号、希腊字母、箭头、几何图形符号等。

插入特殊字符的方法是，单击【插入】选项卡→【符号】组→【符号】选项，展开下拉列表，可直接选择常用的特殊符号，如图4-34所示。如果需要插入更多元化的特殊符号，单击【其他符号】选项，打开【符号】对话框。

图4-34　符号下拉列表

在如图4-35所示的【符号】对话框中，展开"字体"选项的下拉列表，选择某种字体，在下方将显示该字体下的各种特殊字符，单击选中一个特殊字符，单击【插入】按钮即可。对话框下方还会显示近期使用过的符号，便于再次插入。用户也可以具体指定插入来自于某种进制下某字符代码的特殊符号。如图4-35所示，当前选中的是"Wingdings"字体下的笑脸特殊字符，来自"符号（十进制）"，字符代码为74。

图4-35　符号对话框

4.3.3.2　首字下沉

首字下沉

段落开头的第一字，通过跨越多行显示并且字体变大，能更引人注目，这种格式称为首字下沉。

选中某一段落后，单击【插入】选项卡→【文本】组→【首字下沉】选项，从下拉列表中可选择下沉或悬挂两种首字下沉的形式之一，如图4-36所示。"下沉"形式的首字在原来的位置根据下沉行数变大，其他保持不变。"悬挂"形式则是把首字单独突出到段落的外侧，像单独悬挂在外面一样，而下面每一行文字的开头都与悬挂的字右侧对齐。或单击【首字下沉选项】，打开【首字下沉】对话框进行更详细的设置。

在【首字下沉】对话框中，如图4-37所示，选择下沉形式为"下沉"或"悬挂"。再在对话框下方的选项中设置下沉首字的字体、下沉行数即下沉的首字占文本的行数，以及距正文的距离。

图4-36　首字下沉下拉列表

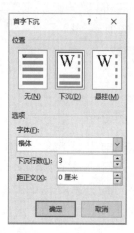

图4-37　首字下沉对话框

4.3.4　项目符号和编号

项目符号和编号用于把文档逐项显示，在每项前面添加圆圈、其他符号或编号，起到强调的作用，从而使文档结构层次更分明。

项目符号和编号

4.3.4.1　设置项目符号

首先选中需要设置项目符号的几个段落，单击【开始】选项卡→【段落】组→【项目符号】选项 ≔▾，则每个段落开头会自动添加圆形的项目符号。也可以展开【项目符号】选项的下拉列表，选择常用项目符号库的方形、菱形等符号作为项目符号的形状，如图4-38所示。如果想挑选更多样式的符号形状，单击【定义新项目符号】选项，打开【定义新项目符号】对话框。

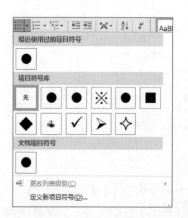

图4-38　项目符号下拉列表

在【定义新项目符号】对话框中，如图4-39所示，可以选择项目符号的符号、图片、字体以及对齐方式。单击对话框中的【符号】按钮，打开【符号】对话框，与前文中图4-35特殊符号对话框基本相同，通过类似方法，可以选择任意特殊符号作为项目符号的形状。

当为段落设置项目符号后，在段落末尾按回车【Enter】键，则在新的一段会自动继续沿用之前的项目符号。如果不需要继续使用项目符号，按【Backspace】键删除即可。

若希望项目符号分多级显示，大项目中又分为若干小项目，首先直接添加1级项目符号，然后选中或把光标定位到需要调整级别的段落，在如图4-38所示的【项目符号】下拉列表中，选择【更改列表级别】，进而选择其中的2级、3级等其他级别。级别数越大，文本会越往右缩进，从而体现多级的层次。也可以单击【开始】选项卡→【段落】组→【增加缩进量】选项 或【减少缩进量】选项 ，增加或减少该段落的级数。例如，图4-40展示了两级项目符号的效果。

项目符号生成后，如果需要更改其符号形状，选中该项后，单击【项目符号】选项，重新选择即可。

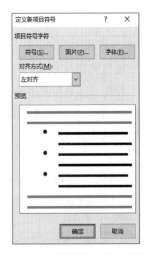

图4-39　定义新项目符号对话框

4.3.4.2　设置编号

设置编号的方法与设置项目符号相似，选中需要设置项目编号的若干段落，单击【开始】选项卡→【段落】组→【编号】选项，每个段落开头会自动添加编号。也可以展开【编号】选项的下拉列表，如图4-41所示，选择常用编号库中的编号形式。需要更多的编号格式可以单击【定义新编号格式】选项，打开【定义新编号格式】对话框进行更多设置。

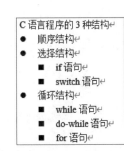

图4-40　项目符号效果图

当为段落已经设置了编号后，在段落末尾按回车【Enter】键开启新的一段时，新的段落会延续之前的编号，自动生成下一编号。

添加编号后，若希望分多级编号，通过【编号】选项下拉列表选择【更改新编号级别】，或【增加缩进量】和【减少缩进量】选项进行设置，此处与多级的项目符号设置方法类似，不再重复叙述。例如，图4-42展示了设置两级编号的效果。

图4-41　编号下拉列表

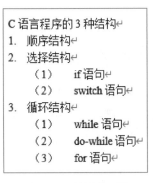

图4-42　编号效果图

4.3.5 边框和底纹

边框和底纹

边框和底纹的运用可以让文档更加色彩丰富和结构清晰。

首先，选中需要添加边框或底纹的文字或者段落，展开【开始】选项卡→【段落】组→【边框】选项 ⊞ ▾ 的下拉列表，选择某一种框线，或单击【边框和底纹】选项，打开【边框和底纹】对话框，进行更详细的设置。

在【边框和底纹】对话框中，有三个选项卡：边框、页面边框和底纹。

【边框】选项卡用于设置边框，如图4-43所示，左侧设置是选择边框的风格，在方框、阴影、三维中选择其中之一；中间分别设置边框线条的样式，是直线或虚线等、设置边框线条的颜色以及宽度；右下方设置边框运用于整个段落还是逐行文本；右上方展示边框的预览效果。在右上方的预览中，也可以单击图示中的线条或对应位置的按钮，设置某个方位是否使用边框。如果在左侧设置中选择了"自定义"，则必须通过单击预览图，指定在哪些方位生成边框。如图4-43设置的是方框、样式是实线、颜色为红色、边框宽度为1.5磅，应用于整个段落，效果如图4-44所示。如果"应用于"处设置为文本，则效果如图4-45所示。

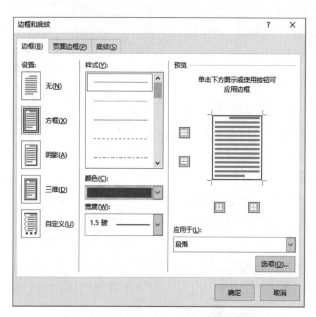

图4-43 边框和底纹对话框的边框选项卡

> 2021 年底，全球 5G 基站已建成超过 165 万座，而中国建成 5G 基站超 115 万座，占到了全球已建成 5G 基站数量的 70%，5G 终端用户更是占据全球的 80% 以上，达到了 4.5 亿户。可以说我国已经建成了全球规模最大、技术最领先的 5G 网络，更是凭借着一己之力推动着世界 5G 网络的发展。

图4-44 段落边框效果图

> 2021 年底，全球 5G 基站已建成超过 165 万座，而中国建成 5G 基站超 115
> 万座，占到了全球已建成 5G 基站数量的 70%，5G 终端用户更是占据全球的 80%
> 以上，达到了 4.5 亿户。可以说我国已经建成了全球规模最大、技术最领先的
> 5G 网络，更是凭借着一己之力推动着世界 5G 网络的发展。

图4-45 文本边框效果图

把【边框和底纹】对话框切换到【底纹】选项卡，可设置文本的底纹。如图4-46所示，在"填充"选项选择底纹颜色，如果需要精确指定颜色可展开下拉列表，选择【其他颜色】选项，在弹出的【颜色】对话框中，切换到【自定义】选项卡，进行精确设定。还可以在【底纹】选项卡的"图案"选项，为底纹添加某种颜色的图案。

需要注意的是，如果需要设定边框加底纹，需要在各自的选项卡选择后，分别单击各自的确定按钮。如图4-47所示是设置了红色边框加自定义颜色（红色200，绿色250，蓝色0）底纹的效果。

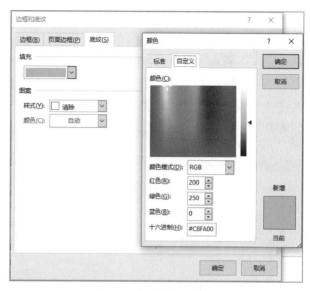

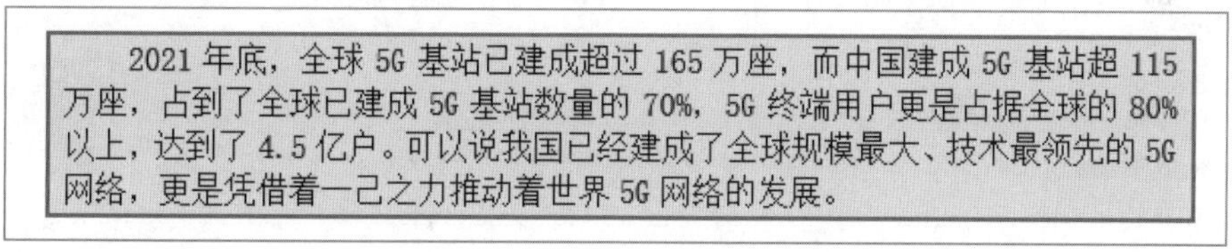

图4-46　底纹颜色对话框

　　2021 年底，全球 5G 基站已建成超过 165 万座，而中国建成 5G 基站超 115 万座，占到了全球已建成 5G 基站数量的 70%，5G 终端用户更是占据全球的 80% 以上，达到了 4.5 亿户。可以说我国已经建成了全球规模最大、技术最领先的 5G 网络，更是凭借着一己之力推动着世界 5G 网络的发展。

图4-47　自定义边框和底纹效果图

4.3.6　页面背景

为整个文档的页面设置背景可以使整个文档更加美观。在【设计】选项卡→【页面背景】组，可以设置页面颜色、添加水印以及设置页面边框，如图4-48所示。

页面背景

4.3.6.1　页面颜色

单击【设计】选项卡→【页面背景】组→【页面颜色】选项，展开下拉列表，选择某一种颜色，则整个文档的背景设置为新的颜色。若单击其中的【填充效果】选项，打开【填充效果】对话框，如图4-49所示，提供了渐变、纹理、图案、图片四个选项卡，可以设置更丰富多彩的页面背景效果。

图4-48　页面背景选项组

选择【渐变】选项卡，在颜色选项，可以选择单色、双色或预设的配色。如图4-49所示选择了名为"雨后初晴"的预设颜色。在底纹样式选项，还可以选择颜色的分布方向是水平、垂直、斜上等各种样式之一。

选择【图片】选项卡，可以选择一张已有的图片作为整个页面的背景。单击【选择图片】按钮，在弹出的对话框中，通过已有图片的路径找到图片并确定，则在对话框中显示图片的预览，如图4-50所示，单击【确定】按钮，则该图片成为文档页面的背景图片。

图4-49　页面填充效果对话框渐变选项卡

图4-50　页面填充效果对话框的图片选项卡

4.3.6.2　水印

有时文档所有者为了宣示对文档的版权，会在Word中添加水印，以便提示用户。水印通常是在文字的背后添加模糊或冲蚀的文本和图片，因此不会干扰页面上原有的内容。

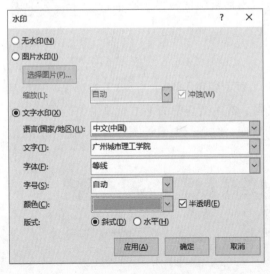

图4-51　水印对话框

单击【设计】选项卡→【页面背景】组→【水印】选项，展开下拉列表。可以在"机密"组选择一种常用机密字样的水印，也可以选择【自定义水印】选项，打开【水印】对话框，如图4-51所示。

在【水印】对话框中，如果需要添加图片作为水印，选择【图片水印】单选框，并单击【选择图片】按钮，在弹出的【选择图片】对话框中，选择需要作为水印的图片并确认，然后在【缩放】下拉列表，可以选择对图片进行一定比例的缩放，如果勾选【冲蚀】复选框，图片会自动处理成较淡和模糊的效果，避免水印图片影响原有文字的阅读。

在【水印】对话框中，如果需要添加文字水印，选择【文字水印】单选框，首先选择一种语言，接着在【文字】区域输入需要添加作为水印的文字，并选择字体和字号，展开【颜色】下拉菜单，可以选择文字水印的颜色，如果勾选【半透明】复选框，水印会成半透明状态，避免影响阅读文档中原有的文字。在【版式】区域，选择【斜式】或【水平】单选框，可以选择文字水印按倾斜或者水平摆放。

4.3.6.3　页面边框

页面边框是指为整个文档的四周添加边框。单击【设计】选项卡→【页面背景】组→【页面边框】选项，弹出【边框和底纹】对话框，会处在【页面边框】选项卡，在该选项卡中设置页面边框。页面边框的设置方法与前文介绍的边框的设置方法类似，不再赘述。

4.3.7　批注与修订

批注和修订

有时需要为文档添加注释或修改意见，但又不想直接更改文档，此时可通过添加批注或使用修订功能。

添加批注的方法是：首先选中需要添加批注的文本，然后单击【审阅】选项卡→【批注】组→【新建批注】选项，如图4-52所示。被添加批注的文字呈浅红色底纹显示，文字右侧出现红框，在其中填写批注的内容，如图4-53所示。如果阅读完批注需要删除，右键单击批注，在弹出的快捷菜单中选择【删除批注】选项。

图4-52　批注选项组

图4-53　批注设置过程

修订功能用于标注文档的更改，但不把更改直接实施到文档，而是在右侧显示，其后再决定实施或不实施。修订功能的使用步骤是：

①单击【审阅】选项卡→【修订】组→【修订】选项，则【修订】选项呈选中状态，文档进入修订状态。

②在文档上直接更改，所有内容都会有记录，被删除的文字带删除线，新增加的文字带下划线。

③再次单击【审阅】选项卡→【修订】组→【修订】选项，则文档退出修订状态。

④单击【审阅】选项卡→【更改】组→【下一处】选项，文档高亮显示一处刚才的更改。

⑤如果接受此处更改，单击【审阅】选项卡→【更改】组→【接受】选项，如果拒绝此处更改，单击【审阅】选项卡→【更改】组→【拒绝】选项，则文档真正实施更改。

⑥处理完一处后，会自动切换到下一处，可继续处理。

图4-54所示是处于修订状态中，删除了输入错误的文字"哄想"，并输入正确的文字"轰响"后的效果。退出修订状态后，这里是一处输入和一处删除，共两处修改，分别单击两次【接受】选项，则文本真正实施更改。

雷声轰响哄想。波浪在愤怒的飞沫中呼叫，跟狂风争鸣。↵

图4-54　修订状态效果图

4.3.8　简繁转换与字数统计

4.3.8.1　简繁转换

Word 2016提供简体中文和繁体中文之间的相互转换功能。选中需要转换的简体中文文本，在【审阅】选项卡→【中文简繁转换】组中，单击【简转繁】选项，则简体转换为繁体中文。反之，【繁转简】选项，则繁体转换为简体中文。

简繁转换和
字数统计

4.3.8.2　字数统计

直接单击【审阅】选项卡→【校对】组→【字数统计】选项，Word 2016会自动统计整篇文档的页数和字数等信息，展示在【字数统计】对话框中，如图4-55所示。如果需要统计文档局部的字数，选中部分文档，再单击【字数统计】选项即可。

还可以在Word 2016的正文或批注中插入文档字数。单击【插入】选项卡→【文本】组→【文档部件】选项，在下拉列表中选择【域】选项，弹出【域】对话框，如图4-56所示。

图4-55　字数统计对话框

图4-56　文本部件的域对话框

在对话框中"类别"选择"文档信息","域名"选择"NumWords",在中间选择格式,单击【确定】按钮,则文档字数插入到当前光标处。

4.4　Word 2016长文档排版

4.4.1　样式

样式

样式是字符格式、段落格式等一系列文档格式的组合。Word 2016允许用户创建样式,使文档不同部分可以非常方便地设置相同的字体、字号、段落行距、段落缩进等格式,减少重复操作。例如,在一篇毕业论文中,每章的标题设置一种格式,每个一级标题统一一种格式,二级标题统一另一种格式。使用样式,可以使文档格式的一致性得到保证,而且操作便捷。

可以使用系统自带的样式。把光标定位到需要设置样式的段落,单击【开始】选项卡→【样式】组的其中一种样式,如图4-57所示,该段落的所有字符全部会按照样式的格式进行设置。

图4-57　样式选项组

为了方便用户按自己需要的格式设置文档,Word还允许用户自己创建新样式、修改样式和删除样式。

4.4.1.1　创建新样式

单击【开始】选项卡→【样式】组右侧的横线加箭头按钮,展开如图4-58所示的下拉列表,选择【创建样式】选项,会弹出【根据格式化创建新样式】的第一步:设置新样式名称的对话框,如图4-59所示。输入新样式的名称,例如我的样式1,然后单击【修改】按钮,会弹出【根据格式化创建新样式】的第二步对话框。

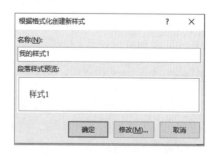

图4-58　样式下拉列表　　　　　　　　　　图4-59　设置新样式名称对话框

图4-60　根据格式化创建新样式对话框

在如图4-60所示的【根据格式化创建新样式】对话框中，首先在"样式类型"下拉列表选择"段落"或"字符"等，表示对话框下方的格式部分是对段落还是字符进行设置。接着选择"样式基准"，展开其下拉列表，选择标题的级别或正文。样式基准非常重要，在后期插入目录时，目录会根据样式基准的标题级别，按层次缩进，样式基准是"标题1"的在目录中靠左对齐，"标题2"的往右缩进一层，以此类推。因此，通常文档最高级别的标题的样式，例如章的标题，其样式基准选择"标题1"，第二级别的标题的样式，其样式基准选择"标题2"。"后续段落样式"则用于选择下一段自动使用的样式。

然后，在对话框的中部，有常用字体和段落格式的设置选项，例如图4-60设置了黑体、二号、加粗。如果需要更多样化的格式设置，单击对话框左下角的【格式】按钮，在弹出的下拉列表中，可以选择打开【字体】对话框、【段落】对话框，进行更多设置，例如图4-60所示，是通过【段落】对话框还设置了段前1行和段后1行的段落格式，在【根据格式化创建新样式】对话框的中间有效果的预览。对话框下方的【添加到样式库】复选框，建议按默认勾选，它会把新建的样式添加到样式库中。最后，单击【确定】按钮，新样式创建成功，新样式名出现在【开始】选项卡→【样式】组的列表中。

4.4.1.2　使用样式

新建好的样式，可以多次运用到文档的不同地方。首先把光标定位到一处需要使用样式的段落。接着单击【开始】选项卡→【样式】组中需要使用的样式的名称，或者单击【样式】组右下角的对话框启动器按钮 ，打开【样式】对话框，如图4-61所示，在样式列表中单击选择需要的样式则样式运用到该段落。通常把光标定位到一处，单击使用样式，再把光标定位到下一处，再单击使用样式，就能非常便捷地把样式运用到文档的各部分。

为文档运用好样式后，单击【视图】选项卡→【显示】组，勾选【导航窗格】复选框，在弹出的导航窗格中，切换到【标题】选项卡，可以预览按样式标题级别，分层次显示标题。

4.4.1.3　修改样式

有时候创建好的样式，需要修改调整，单击【开始】选项卡→【样式】组的对话框启动器 ，打开【样式】对话框，把光标移到需要修改的样式名称，单击出现的向下小箭头，弹出下拉列表，

图4-61　样式对话框

如图4-62所示，选择【修改】选项，【修改样式】对话框会打开。【修改样式】对话框的内容与图4-60【根据格式化创建新样式】对话框的内容基本相同，用类似方法设置更改格式后，单击【确定】按钮即可。样式修改后，之前所有选用过该样式的文本，会自动更新到修改后的样式效果，使修改一步到位，十分高效。

4.4.1.4　清除文本的格式

有时候错误地设置了文本的样式，希望把格式清除。把光标定位到需要清除格式的段落，单击【开始】选项卡→【样式】组右侧的横线加箭头按钮，在展开的如图4-58所示的下拉列表中，选择【清除格式】选项，文本的格式被清除。同时在【样式】选项组，看到该文本的样式切换为"正文"，"正文"样式相当于未设定特定的样式的状态。

4.4.1.5　删除样式

单击【开始】选项卡→【样式】组的对话框启动器，在【样式】对话框中，把光标移到需要删除的样式名称处，单击出现的向下小箭头，弹出下拉列表，如图4-62所示，选择【删除】该样式选项。值得注意的是，样式被删除后，原来使用了该样式的所有文本的格式会被同时清除。

图4-62　修改样式选项

4.4.2　插入目录

一篇较长的文档，为了便于读者阅读，往往需要制作一个目录。Word 2016提供了自动创建目录的功能，前提是为文档的各级标题已经使用了"样式基准"是"标题1""标题2"等标题级别的样式。

目录

首先把光标定位到需要生成目录的位置，接着单击【引用】选项卡→【目录】组→【目录】选项，弹出如图4-63所示的下拉列表，单击选择"自动目录1"或"自动目录2"选项，则根据"样式基准"设置为标题1到标题3的所有标题，自动生成目录。如果需要更详细地指定目录的形式，单击下拉列表中的【自定义目录】选项，弹出【目录】对话框。

在如图4-64所示的【目录】对话框中，可以通过"显示页码"复选框，选择是否显示页码；

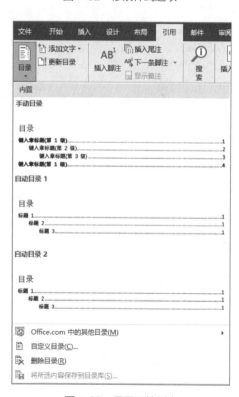

图4-63　目录下拉列表

通过"页码右对齐"复选框，选择页码靠右对齐或紧跟标题文字；设置"制表符前导符"，即页码之前的虚线的形状。还可以通过下方"常规"选项，设置目录的"显示级别"，Word提供1~9级目录级别显示。例如把"显示级别"设置为2，则只有样式基准为标题1到标题2的文本才会添加到目录中，而标题3到标题9的文本则不会显示在目录中。如图4-65所示展示了一个自动生成的目录效果。

图4-64　目录对话框

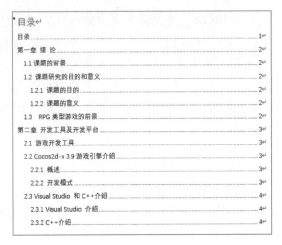

图4-65　目录效果图

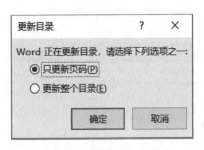

图4-66　更新目录对话框

如果文档的标题文本进行了更改，需要更新目录，把光标定位到目录上，单击【引用】选项卡→【目录】组→【更新目录】选项，弹出【更新目录】对话框，如图4-66所示，选择"更新整个目录"，则目录的文本和页码都会根据当前标题的文本和其所在的页码更新。如果标题文本未作更改，只是由于正文的篇幅长短变化，引起标题所在的页码发生变化，则选择"只更新页码"选项，目录中只有页码会更新。

4.4.3　页眉和页脚

文档中，每个页面上方的顶部区域称为页眉，页面下方的底部区域称为页脚。许多书籍或报纸，会在正文每一页上方的页眉处，标注书名、章节名称等信息，同时在页脚处标注页码等。

4.4.3.1　页眉

页眉和页脚

插入页眉的方法是，单击【插入】选项卡→【页眉和页脚】组→【页眉】选项，在下拉列表中，选择系统提供的一种内置风格的页眉，或单击【编辑页眉】选项。文档切换到页眉编辑状态，页面顶部出现虚线，其上方是页眉编辑区域，如图4-67所示，在其中输入页眉的内容。页眉编辑完成后，单击【设计】选项卡→【关闭页眉和页脚】选项或按键盘【Esc】键，文档恢复到正文编辑状态。如果需要删除页眉，单击【插入】选项卡→【页眉和页脚】组→【页眉】选项，在下拉列表中单击【删除页眉】选项。

图4-67　页眉编辑区域

页眉在某一页插入后，如果文章没有分节，那么整篇文章的所有页面都会使用相同的页眉。如果希望使用不同的页眉，就需要首先对文档进行分节，在本章介绍过分节符的使用方法。文档插入分节符后，每一节可以设置一种页眉。如图4-68所示，文档已插入了分节符，在第2节的某个页面进入页眉编辑状态后，如果直接输入页眉内容，该页眉内容默认会应用到所有的节，因为默认状态下【页眉页脚工具】→【设计】选项卡→【导航】组中的【链接到前一节】选项处于选中状态，表示该节与上一节使用相同的页眉。先单击一下【链接到前一节】选项，使其取消选中，让这一节的页眉与上一节的不同，再输入页眉内容，则页眉内容只运用在该节，而不会影响上一节的页眉。通常在一篇长文档中，各章需要使用各章的标题作为页眉，每章页眉不同，用此方法就可以实现这个功能。有时希望奇数页面和偶数页面设置不同的页眉，通过【布局】选项卡→【页面设置】组右下角的对话框启动器，打开【页面设置】对话框，切换到【布局】选项卡，可以勾选复选框页眉和页脚"奇偶页不同"。

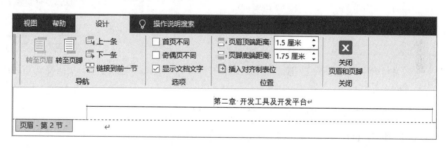

图4-68　分节设置页眉

4.4.3.2　页脚

插入页脚的方法与页眉类似，单击【插入】选项卡→【页眉和页脚】组→【页脚】选项，在下拉列表中，选择一种内置风格的页脚，或单击【编辑页脚】选项，进入页脚编辑状态。

4.4.3.3　页码

如果需要插入页码，可以直接单击【插入】选项卡→【页眉和页脚】组→【页码】选项，在下拉列表中，选择【页面顶端】或【页面底端】选项，表示把页码插入到页眉或页脚处。插入页码后，每页的页码会根据前一页加1的原则自动生成。例如单击【页面底端】选项，在弹出的下拉列表中，如图4-69所示，"简单"组的普通数字1~3分别表示在左下角、中下方、右下角插入页码，"X/Y"组表示按"页码/总页数"的形式插入页码和总页数。还可以在插入"X/Y"格式页码后，编辑修改其风格。例如当前在第3页，总页数是5页，插入"X/Y"格式页码后显示为"3/5"，用户需要修改为"第3页，共5页"的格式，只需要保留页码数字"3"和总页数"5"，删除"/"，并加入所需中文字。

页码的格式也可以再进行设计，单击【插入】选项卡→【页眉和页脚】组→【页码】选项下拉列表的【设置页码格式】选项，弹出【页码格式】对话框，如图4-70所示。在此对话框可以设置页码编号的格式，选择页码是否包含章节号，以及设置页码编号是延续前一页继续增加，还是从指定的新起始页码开始。

图4-69 页码下拉列表

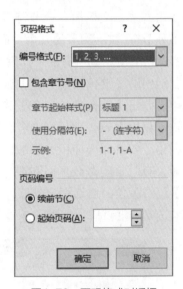

图4-70 页码格式对话框

无论页眉、页脚还是页码，如果需要修改字体颜色、字形、字号等字体格式，都可以选中它之后，单击【开始】选项卡→【字体】组的各选项进行设置。

4.4.4 脚注和尾注

脚注，位于文章页面的最底端，是对当前页面中的某些指定内容的补充说明。

尾注，位于整个文档的末尾，是对文档的补充说明，例如列出在正文中标记的引文的出处等内容。

脚注和尾注

插入脚注的方法是，首先把光标定位到需要标注脚注的位置，单击【引用】选项卡→【脚注】组→【插入脚注】选项，文档切换到页面下方编辑脚注位置处，输入脚注内容。添加脚注后，正文标注脚注的位置出现脚注的编号，与脚注处的编号一致，如图4-71所示。如果为文档插入多个脚注，脚注会按顺序依次自动编号。

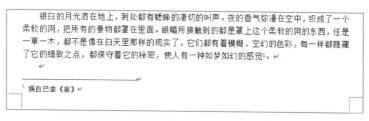

图4-71　脚注效果图

插入尾注的方法是，首先把光标定位到文档末尾需要标注尾注的位置，单击【引用】选项卡→【脚注】组→【插入尾注】选项，与脚注出现在页面下方不同，尾注出现在整个文档的末尾，在尾注编辑区域输入尾注内容。与脚注类似，尾注也会依次自动编号。

如果需要对脚注或尾注进行更详细的设置，单击【引用】选项卡→【脚注】组右下角的对话框启动器，如图4-72所示的【脚注和尾注】对话框中，可以设置脚注或尾注的位置、脚注布局、编号格式等。

如果需要删除脚注或尾注，直接在正文处删除标注脚注或尾注的编号，脚注或尾注就删除了。

4.4.5　主题和页面设置

主题和页面设置

4.4.5.1　主题

主题是使用一组独特的颜色、字体和效果来设置文档一致的外观，让文档具有特定的风格。Word 2016提供非常丰富的内置主题给用户选择，单击【设计】选项卡→【主题】选项，展开下拉列表，可以自由选择画廊、环保、回顾等主题风格，如图4-73所示。

4.4.5.2　页面设置

在文档打印之前，可以对文档的页面边距、纸张方向、页面布局等格式进行页面设置。单击【布局】选项卡→【页面设置】组右下角的对话框启动器按钮，打开【页面设置】对话框，其中包括页边距、纸张、布局和文档网络四个选项卡。

【页面设置】对话框的【页边距】选项卡如图4-74所示。其中，页边距是指文档正文距离页面的边缘的距离，用户可以设置正文的上、下、左、右四个方向的页边距。如果文档

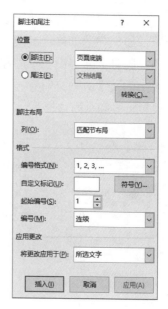

图4-72　脚注和尾注对话框

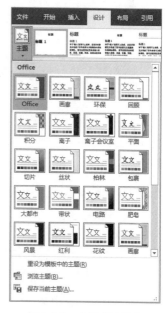

图4-73　主题下拉列表

需要装订，还可以设置装订线位置和为装订线预留的宽度。纸张方向默认是纵向，即高度大于宽度，也可以设置为横向，即宽度大于高度。下方的"应用于"选项默认选择"整篇文档"，表示以上设置对整篇文档生效，如果文档有分节，可以选择"本节"使以上设置只应用在当前的小节。

【页面设置】对话框切换到【纸张】选项卡，可以设置纸张大小为选用A4、A3、法律专用纸等常用纸张规格，或具体设置其宽度和高度。

【页面设置】对话框切换到【布局】选项卡，如图4-75所示，在"页眉和页脚"选项，如果勾选"奇偶页不同"复选框，则奇数页的页眉页脚和偶数页的页眉页脚可以分别设置，如果勾选"首页不同"复选框，则首页的页眉页脚可以单独设置。在"距边界"选项，则可以分别设置页眉和页脚距离边界的距离值，在"页面"选项，可以设置整个页面中的文字的垂直对齐方式，其中包括顶端对齐、居中、两端对齐、底端对齐，还可以设置行号和页面边框等。

图4-74　页面设置对话框的页边距选项卡

图4-75　页面设置对话框的布局选项卡

4.4.6　邮件合并

邮件合并为用户提供了根据已有表格数据，自动生成多份模板一致、细节内容不同的邮件的强大功能。邮件的类型分为信函、电子邮件、信封、标签和目录。

邮件合并

4.4.6.1　合并生成信函

以合并生成信函为例，介绍操作步骤如下：

①编辑一封邮件的主文档模板。例如，图4-76的主文档模板中，将分别在日期、地点、实践内容为的后面，根据表格内容，生成多份以主文档为模板但具体内容不同的信函。

软件开发项目实践课程安排

同学们：

本次项目实践的安排是：在日期，地点，实践内容为。

计算机工程学院

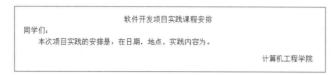

图4-76　邮件合并的主文档模板

②单击【邮件】选项卡→【开始邮件合并】选项，在下拉列表中选择【邮件合并分布向导】选项，弹出【邮件合并】向导窗格，如图4-77所示，以下第③~⑦步都在【邮件合并】窗格进行。

③在邮件合并向导的第1步选择文档类型。选中“信函”，单击“下一步：开始文档”。

④在向导的第2步选择想要如何设计信函。选中“使用当前文档”，单击“下一步：选择收件人”。

⑤在向导的第3步选择收件人和数据源。单击窗格中部的“浏览”，弹出【选取数据源】对话框，如图4-78所示，选择包含数据源的文档，例如图4-79是数据源文档的表格。弹出【邮件合并收件人】对话框，如图4-80所示，预览导入的数据列表，单击【确定】按钮。回到【邮件合并】窗格，单击“下一步：撰写信函”。

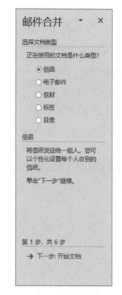

图4-77　邮件合并向导窗格

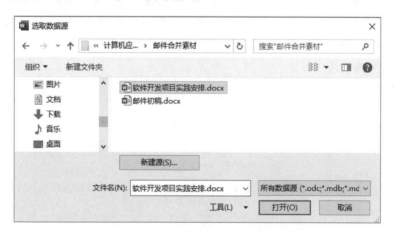

图4-78　选择数据源对话框

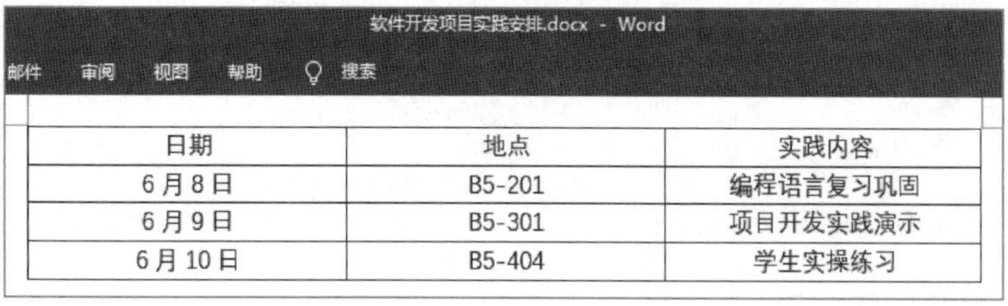

日期	地点	实践内容
6 月 8 日	B5-201	编程语言复习巩固
6 月 9 日	B5-301	项目开发实践演示
6 月 10 日	B5-404	学生实操练习

图4-79　数据源文档表格举例

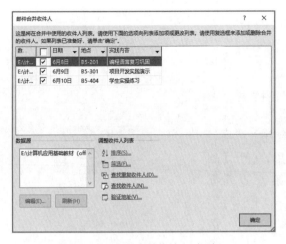

图4-80　邮件合并收件人对话框

⑥在向导的第4步撰写信函，对主文档完成信函的编辑。把光标定位到一处要插入数据的位置，例如图4-81所示的"日期"文本的后面，单击【邮件合并】窗格中的"其他项目"选项，在弹出的【插入合并域】对话框中，选择要插入的列名，例如"日期"，单击【插入】按钮。多次重复此操作，实现在多个位置插入数据源的多个列的内容。如图4-81所示，插入的数据列名以小书名号《 》标示。单击"下一步：预览信函"在向导的第5步预览信函。单击其中的下一个按钮

，文档会自动逐个定位到每一位收件人的信函给用户预览，单击"下一步：完成合并"。

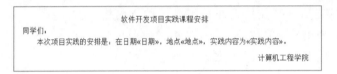

图4-81　插入合并域后的主文档模板

⑦在向导的第6步完成合并。单击"编辑单个信函"选项，弹出【合并到新文档】对话框，在对话框中选择"全部"，单击【确定】按钮。自动生成了多封信函到一个新文档中，每封信函在各自的页面中。例如图4-82所示展示了新文档中包含的3封日期、地点、实践内容都不同的信函内容。

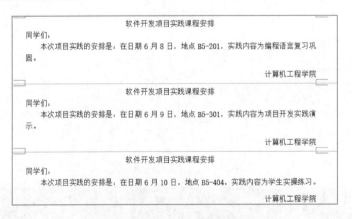

图4-82　合并生成的多封信函举例

⑧分别保存新文档和主文档。

4.4.6.2　合并生成信封

邮件合并功能不仅可以使用上一小节介绍的【邮件合并分布向导】完成，对操作步骤

熟悉的用户，也可以直接使用【邮件】选项卡实现。以合并生成信封为例，介绍操作步骤如下：

①单击【邮件】选项卡→【开始邮件合并】下拉菜单→【信封】选项，打开【信封选项】对话框，选择信封尺寸以及设置收件人和寄信人的字体格式。在对话框中切换到【打印选项】选项卡，选择信封打印时的送纸方式。单击【确定按钮】。

②在虚线框内编辑输入信封的主文档模板，如图4-83所示。

③单击【邮件】选项卡→【选择收件人】下拉菜单→【使用现有列表】选项，在弹出【选取数据源】对话框中，选择包含数据源的文档，如图4-84所示是数据源文档的表格，然后单击【确定】按钮。

图4-83　合并生成信封主文档模板

④把光标定位到一处要插入数据的位置，例如定位到如图4-85所示的"邮编"文本后，单击【邮件】选项卡→【插入合并域】选项，图4-85中展开的下拉菜单中的选项是上一步选定的数据源文档表格中的各个域的列名，单击要插入的域的域名，例如【邮编】选项，则数据源文档中该列的内容会插入到此处。多次重复此操作，实现在多个位置插入数据源的多个列的内容。如图4-85所示，插入的数据列名以小书名号《 》标示。

⑤单击【邮件】选项卡→【完成并合并】→【编辑单个文档】选项，弹出【合并到新文档】对话框，在对话框中选择"全部"，单击【确定】按钮。自动生成了多个封信到一个新文档中，每个封信在各自的页面中，分别保存新文档和主文档。

邮编	收信人地址	姓名	称呼
510001	广州市花都区学府路1号	张三林	先生
510002	广州市天河区五山路8号	李四峰	先生
510003	广州市天河区中山大道15号	王五萍	女士

图4-84　数据源文档举例

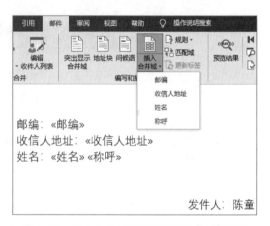

图4-85　插入合并域下拉列表以及主文档模板

此外，合并生成电子邮件、标签和目录的方法，与上述生成信函、信封的方法类似。

4.4.7　打印

打印

编辑好文档后，有时需要把电子版的文档打印成纸质版，此时需要使用打印功能。

单击【文件】选项卡→【打印】选项，打开【打印】面板，如图4-86所示。在面板中的【打印机】选项，选择一台打印机，这里可以选择本地打印机，也可以选择已添加的网络上的打印机。在【设置】选项，首先选择打印的范围是：打印所有页、打印当前页，或自定义打印范围。若选择"打印所有页"将打印整个文档，选择"打印当前页"则只

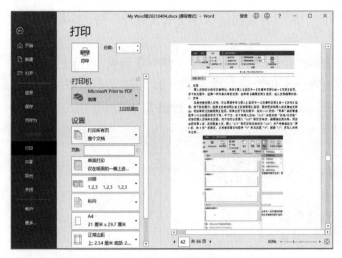

图4-86 打印面板

打印当前光标所在的一页，选择"自定义打印范围"则在下方"页数"处输入需要打印的起止页码。

选项卡的下方还有更多打印的选项，包括选择单面打印还是双面打印，即只打印纸张的一面或两面都打印；选择纸张是按纵向打印还是横向打印；选择打印机中纸盒的纸张的大小是A4还是A3等，以及设置页边距的大小。在右侧是打印预览，默认状态只预览一页，通过下方可以切换预览的页码，还可以通过调整预览的比例。例如缩小预览的比例，则预览区域可同时展示多个页面的预览效果。

4.5　Word 2016图文混排

4.5.1　使用图片

使用图片

在文档中加入图片，可以使文档更生动美观。在Word 2016中可以插入图片，以及对图片的格式进行设置。

插入图片的方法是，单击【插入】选项卡→【插图】组→【图片】选项，在下拉列表选择【此设备】选项，弹出的【插入图片】对话框如图4-87所示。在对话框中找到需要插入的图片，单击选中图片，再单击【插入】按钮，图片插入到文档中。

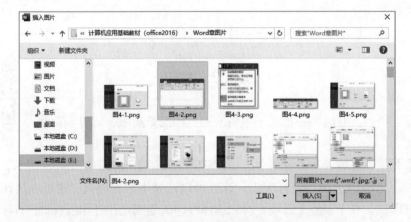

图4-87 插入图片对话框

插入图片后，往往需要对图片的布局、大小、边框等格式进行设置。以下所有对图片的设置，都要首先单击选中图片，再进行操作。

Word 2016提供了7种图片与周围的文字之间的环绕方式。单击【格式】选项卡→【排列】组→【环绕文字】选项，如图4-88所示，其意义分别如下：

①嵌入型：图片当作一个字符，嵌入到文本中，随着文本位置移动，图片会跟随移动。

②四周型：图片像放在一个矩形区域内，文字环绕在图片上下左右四个方向。

③紧密型环绕：图片不论是什么形状，文字紧密环绕在图片的周围。

④穿越型环绕：图片如果中空，文字不仅环绕在周围，还会填到中间的空缺处。

⑤上下型环绕：文字只会环绕在图片的上方和下方，不会在图片的左、右。

⑥衬于文字下方：图片与文字在不同层次，可以在相同位置，图片在下，不遮挡文字。

⑦浮于文字上方：图片与文字在不同层次，可以在相同位置，图片在上，遮挡文字。

图片的位置设置，可以单击【格式】选项卡→【排列】组→【位置】选项，在下拉列表选择【其他布局选项】，弹出【布局】对话框，如图4-89所示。在【位置】选项卡，只要前文介绍的"环绕方式"设置不是嵌入型，都可以设置图片水平方向和垂直方向的位置，每种位置可以根据对齐方式、绝对位置、相对位置等模式设置。例如图中水平方向选择了"对齐方式"是相对于"页边距""左对齐"，垂直方向选择了"绝对位置"在"段落"下侧距离"0.5厘米"的位置。

图4-88　图片的环绕文字选项

图4-89　图片布局对话框的位置选项卡

图片的大小的设置，同样在【布局】对话框中，切换到【大小】选项卡，如图4-90所示，可以设置高度和宽度的绝对值或者相对值。还可以对图片进行旋转、缩放。如果在缩放选项勾选了"锁定纵横比",图片的高度和宽度会关联在一起,同比例缩放,使图片的高度和宽度的比值不变。

还可以为图片添加边框,增加美感。单击【格式】选项卡→【图片样式】组→【图片边框】选项的下拉箭头,弹出如图4-91所示的下拉列表,可以很方便地设置图片的颜色、线条粗细和线条形状。【格式】选项卡的【图片样式】组,还有【图片效果】选项,能为图片设置很多绚丽的效果。

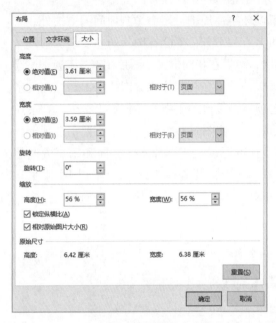

图4-90 图片布局对话框的大小选项卡

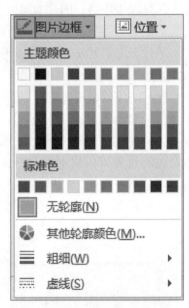

图4-91 图片边框下拉列表

如果插入的图片需要进行裁剪,单击【格式】选项卡→【大小】组→【裁剪】选项,然后拖动图片裁剪边框调整,再次单击【裁剪】选项,图片被裁剪成功。【格式】选项卡的【调整组】还可以对图片的颜色、艺术效果等进行设置。

4.5.2 使用艺术字和形状

4.5.2.1 艺术字

Word 2016提供艺术字,让文字效果更绚丽。单击【插入】选项卡→【文本】组→【艺术字】选项,在下拉列表中,选择一种艺术字的样式。正文处出现"请在此放置您的文字"的艺术字编辑区域,如图4-92所示,输入艺术字的文字。

使用艺术字和形状

选中艺术字,在【格式】选项卡中,如图4-92所示,有艺术字的形状样式、文字颜色、文字方向、位置、文字环绕方式等多种格式设置。如果需要修改艺术字的字形、字体等格式,可以通过【开始】选项卡→【字体】组完成。

删除艺术字的方法是，先单击艺术字，再单击一下艺术字四周虚线框边缘，选中整个艺术字，按键盘的【Backspace】键删除。

图4-92　艺术字编辑区域和格式选项

图4-93　形状下拉菜单

4.5.2.2　形状

Word 2016还提供了各种形状的绘图元素，让文档更丰富多彩。单击【插入】选项卡→【插图】组→【形状】选项，展开【形状】下拉菜单，如图4-93所示，其中包括线条、矩形、基本形状、箭头总汇、公式形状、流程图、星与旗帜等类型的形状，每一种类型下又有丰富多样的各种形状。单击选择一种形状，鼠标变成十字形态，在需要插入形状的位置拖动鼠标，绘制出形状。

形状插入到文档后，单击选中它，在【格式】选项卡中，可以进一步设置形状的样式、轮廓、填充等效果，还可以右键单击形状，选择【编辑文字】选项，在形状的内部添加文字，例如，插入"基本形状"类型中的"云形"形状，在【格式】选项卡设置了形状样式为"彩色填充—金色，强调颜色4"，并添加了文字"想一想"的效果如图4-94所示。

图4-94　插入形状效果图

4.5.3　使用文本框

文本框是一种可移动、可调大小的文字的容器。单击【插入】选项卡→【文本】组→【文本框】选项，在下拉列表中，单击选择一种内置的文本

使用文本框

框形状，则文本框自动插入到正文中。也可以在下拉列表中选择【绘制横排文本框】或【绘制竖排文本框】，鼠标变成十字的形状，在需要绘制的位置，按下鼠标拖动到合适大小，松开鼠标，则插入了一个横排或竖排文字的文本框。

插入文本框后，需要设置好文本框与正文文字之间的环绕方式，单击选中文本框，选择【格式】选项卡→【排列】组→【环绕文字】选项，在7种文本框与周围的环绕文字之间的环绕方式之中选择其中一种，其意义与前文介绍的图片的环绕文字类似。

单击文本框内部，输入所需的文字，并可以设置文本框中文本的字体格式，其设置方法与普通文本字体格式相同。

还可以设置文本框的形状和颜色等样式，让文本框更美观。单击文本框的边线，选中整个文本框，通过【格式】选项卡中的各选项，为文本框设置其大小、边框颜色、填充颜色等各种格式。例如在【格式】选项卡→【形状样式】组，可以选择一种内置的样式，以及设置文本框形状轮廓的颜色、形状的阴影效果等，效果如图4-95所示。

图4-95 文本框效果图

4.5.4　使用SmartArt图形

SmartArt是一种把文字的层次关系以图形化的方式展示的图形工具。单击【插入】选项卡→【插图】组→【SmartArt】选项，打开【选择SmartArt图形】对话框，如图4-96所示。对话框的左侧列表提供了列表、流程、循环、层次结构等8大类图形形式。选中其中一类图形，在中间，选择一种版式，单击【确定】按钮，SmartArt图形就被添加到了文档中。

使用SmartArt

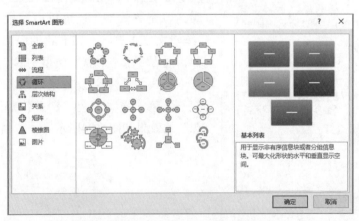

图4-96 选择SmartArt图形对话框

在SmartArt图形中，预留了输入文本的位置，如图4-97所示，可以直接在图形中对应位置输入文本，也可以在左侧"在此处输入文字"的窗格中输入文本。打开【设计】选项卡，可以通过其中的【创建图形】组的选项调整图形的形态、【版式】组更改版式、【SmartArt样式】组更改颜色和选择内置样式。例如，图4-97所示插入的SmartArt图形选择了"循环"类的"基本循环"版式，通过更改颜色设置了"彩色范围—个性色4-5"并选择了"砖块场景"样式，图形绚丽美观。

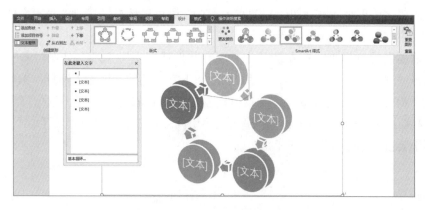

图4-97　SmartArt图形效果图

本章前面这几个小节学习了在文档中加入图片、艺术字、形状、文本框、SmartArt图形，此时努力发挥创新精神，就能让文档的元素更美观和多元化，制作出精美的文档，同时也在制作文档的过程中培养了学生的创新意识和锻炼了创新能力。

4.5.5　使用公式

在文档中，有时需要输入数学公式，公式有很多特殊的符号，为此，Word 2016提供了专门的公式编辑工具。

单击【插入】选项卡→【符号】组→【公式】，展开下拉列表，有"二次公式""二项式定理""勾股定理"等内置公式，单击选中，会自动插入一个已有的公式，然后在【设计】选项卡中，可以进一步编辑修改。

使用公式

如果想手动输入公式，直接单击【插入】选项卡→【符号】组→【公式】选项π 公式，文档中会插入公式编辑的区域，如图4-98所示，同时【设计】选项卡自动打开。【设计】选项卡提供的【工具】【转换】【符号】和【结构】四个选项组里，有各种编辑公式需要的元素。

图4-98　插入公式编辑区域

4.5.6　使用超链接和书签

使用超链接

4.5.6.1　超链接

超链接是指建立文字与另一区域的链接，通过单击文字就能快速地打开某个网址或跳转到同一文档中其他位置。

首先选中需要建立超链接的文字，单击【插入】选项卡→【链接】组→【链接】选项，弹出【插入超链接】对话框，如图4-99所示，在左侧可以选择链接到"现有文件或网页"或"本文档中的位置"等不同的选项。

如果需要链接到网址，在左侧选中"现有文件或网页"选项，如图4-99所示，在中间区域选择"浏览过的网页"选项，接着在中间下方"地址"处输入网址，然后单击【确定】按钮。为文本建立超链接后，文本自动变为蓝色和添加下划线，鼠标移到文字处，弹出"按住Ctrl并单击可访问链接"的提示，如图4-100所示。按住键盘【Ctrl】键，单击文本，系统会自动运行浏览器打开此网址。

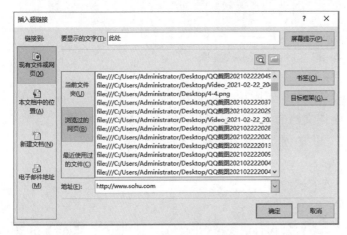

图4-99 插入超链接对话框

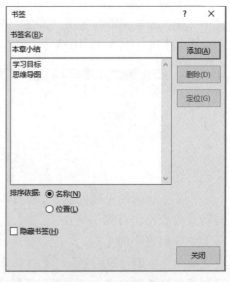

图4-100 超链接效果图

如果需要链接到本文档的某个位置，在【插入超链接】对话框中，选中左侧"本文档中的位置"选项，在中间区域单击选择需要链接到的具体位置，然后单击【确定】按钮即可。按住键盘【Ctrl】键，单击建立了超链接的文本，系统会跳转到链接指定的位置。

4.5.6.2 书签

书签，主要用于帮助用户在Word文档中，从任意位置快速跳转至书签指定的位置。

使用书签

先把光标定位到需要添加书签的位置，单击【插入】选项卡→【链接】组→【书签】选项，打开【书签】对话框，如图4-101所示。然后输入书签名称，单击【添加】按钮，书签就被添加到了该位置。

当在文档任意位置需要定位到书签位置时，同样方法打开【书签】对话框，在中间的书签列表中，单击选择一个已添加的书签名称，再单击【定位】按钮即可。图4-101所示的书签列表中已

图4-101 书签对话框

经添加了"学习目标"和"思维导图"两个书签可供选择。

书签默认在正文中并不显示，如果需要显示书签，单击【文件】选项卡→【选项】→【高级】选项，在"显示文档内容"组，勾选"显示书签"，书签会以符号I，标注在文档中。

4.6　Word 2016表格的制作

在Word文档中，有时需要直观地展示文本或数据，使用Word的表格功能不仅能够达到规整清晰的效果，而且还能进行数据统计，功能强大。

4.6.1　创建表格

创建表格

Word提供了多种创建表格的方法。可以先创建空白的表格，再输入文字，也可以把已有的文字直接转换为表格。

创建空白表格的方法是，单击【插入】选项卡→【表格】组→【表格】选项，在下拉列表的上部，移动鼠标到某行某列上，准备创建的表格形状呈现为橙色，并在上方显示行列数，当行列数合适时，单击鼠标，会在文档中插入一个表格。如图4-102所示，此时单击会创建5列4行的表格。也可以通过单击【表格】下拉列表中的【插入表格】选项，弹出【插入表格】对话框，输入行数和列数，单击【确定】按钮创建表格。

图4-102　插入表格

有时Word文档中已经有一定的文字按照分行分列的形式排版，希望快速地直接把它们转换为表格。首先选中需要转换为表格的所有文字，同样单击【插入】选项卡→【表格】下拉列表中的【插入表格】选项，在插入表格的同时，文字自动填入到表格中。也可以选中文字后，单击【插入】选项卡→【表格】下拉列表中的【文本转换为表格】选项，弹出【将文字转换成表格】对话框，如图4-103所示，在其中可以调整表格尺寸，以及通过选择文字中每个字段的分隔符，更合理地把文本转换成表格。

4.6.2 表格的基本操作

创建表格后，为了更符合现实使用的意义，经常需要对表格的行和列进行合并、拆分、增加、删除等操作。表格中，交叉的行与列形成的框称为"单元格"。以下介绍表格的行、列和单元格的基本操作。

表格的基本操作

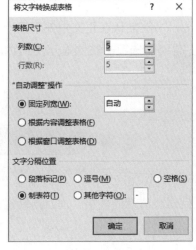

图4-103 将文字转换成表格对话框

4.6.2.1 合并和拆分单元格

表格的合并和拆分单元格操作，可以通过【表格工具】选项卡大类→【布局】选项卡→【合并】组的各选项完成，如图4-104所示。

图4-104 表格工具布局选项卡

如图4-105所示，左侧的表格，需要通过合并单元格，变为右侧的表格。选中要合并的第2~4行第1列的三个单元格，单击【表格工具】选项卡大类→【布局】选项卡→【合并】组→【合并单元格】选项，完成合并。

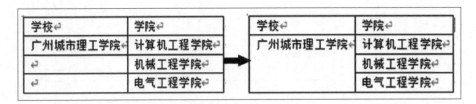

图4-105 合并单元格效果举例

如果需要拆分单元格，例如把图4-105右侧的表格拆分成图4-106的格式，选中要拆分的第2行第2列单元格，单击【表格工具】选项卡大类→【布局】选项卡→【合并】组→【拆分单元格】选项，弹出如图4-107所示【拆分单元格】对话框，输入拆分后的列数和行数，单击【确定】按钮，完成拆分。

4.6.2.2 插入和删除行和列

表格可以随时插入行和列，也可以删除不需要的行和列。

图4-106　拆分单元格效果举例

图4-107　拆分单元格对话框

插入行的一种快捷方法是，把光标定位到表格任意位置，把鼠标移动到需要插入行的边框横线的左侧，当如图4-108左图所示出现蓝色带圈"+"号时，单击"+"号，就插入了一行，如图4-108右图所示。插入列的方法类似，区别仅在于鼠标是移动到边框竖线的上方出现"+"号时单击。

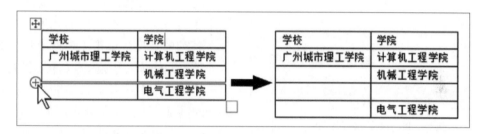

图4-108　插入行效果举例

插入行的另一种方法是，把光标定位到需要插入行的上一行，单击【表格工具】选项卡大类→【布局】选项卡→【行和列】组→【在下方插入】选项。或者把光标定位到需要插入行的下一行，再选择【在上方插入】选项。例如，把图4-108左侧的表格插入一行变成右侧的表格，把光标定位到第3行，按上述方法选择【在下方插入】选项。插入列的方法与插入行的方法类似，区别在于是选择在同样选项卡的【在左侧插入】或【在右侧插入】选项。

删除行或列的方法是，首先选中要删除的行或列，单击【表格工具】选项卡大类→【布局】选项卡→【行和列】组→【删除】选项，在下拉列表中选择【删除行】或【删除列】选项，如图4-109所示。类似地，选中整个表格，选择【删除表格】选项，可以把整个表格删除。

图4-109　表格的删除选项

很多时候，我们也可以选中行、列或单元格后，单击鼠标右键，在弹出的快捷菜单中找到以上选项，更方便地完成上述操作。

4.6.3　设置表格格式

4.6.3.1　设置表格的宽度和高度

可以设置表格的总宽度。把光标定位到表格中，单击表格左上角的

设置表格格式

图4-110　表格属性对话框

十字箭头按钮⊞表示选中整个表格，单击【表格工具】选项卡大类→【布局】选项卡→【表】组→【属性】选项，在弹出的【表格属性】对话框中，切换到【表格】选项卡，勾选"指定宽度"选项，填写宽度值即可，如图4-110所示。此对话框下方还可以设置整个表格在文档中的对齐方式是左对齐、居中或右对齐，注意这里的对齐是指整个表格包含其边框整体在文档中的位置，而不是表格中的文字在表格内的对齐位置。

设置了总宽度后，如果需要保持总宽度不变而每一列具有相同的宽度，即平均分布各列的宽度，单击【表格工具】选项卡大类→【布局】选项卡→【单元格大小】组→【分布列】选项。如果需要平均分布各行的高度，则使用【分布行】选项。

也可以设置表格中某行的高度、某列的宽度、某单元格的宽度等，首先选中需要设置格式的单元格，接着打开【表格属性】对话框。【表格属性】对话框除了上文介绍的通过选项卡的选项打开之外，还可以通过在表格中单击鼠标右键，在【右键快捷菜单】中选择【表格属性】选项打开。在【表格属性】对话框中，切换到【行】【列】【单元格】选项卡中，可以分别完成设置。如果需要手动快捷调整行高或列宽，单击表格，然后把鼠标移动到需要调整行高或列宽的内边框线处，当光标变成双横线加上下箭头的⇳形状时，如图4-111所示，按下鼠标左键，拖动鼠标即可快速调整行高或列宽。

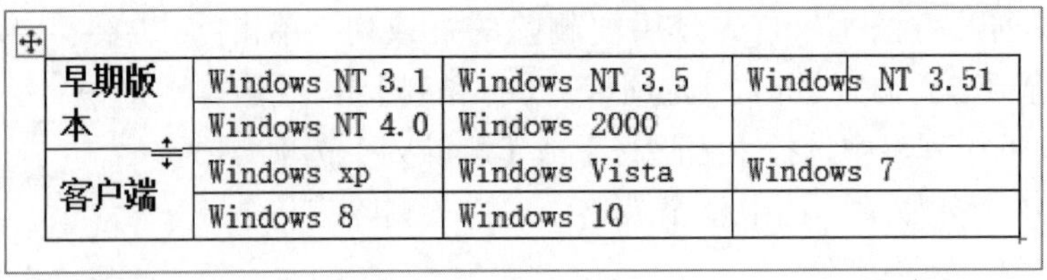

早期版本	Windows NT 3.1	Windows NT 3.5	Windows NT 3.51
	Windows NT 4.0	Windows 2000	
客户端	Windows xp	Windows Vista	Windows 7
	Windows 8	Windows 10	

图4-111　表格调整行高

表格中的文字在表格内的对齐方式，也可以灵活设置，这里是指文字相对于表格边框线的对齐方式。设置方法是：选中需要设置对齐方式的单元格，在【表格工具】选项卡大类→【布局】选项卡→【对齐方式】组的左侧，如图4-112所示。有9个选项可以单击选择，分别表示文字位于单元格的9个方位。具体方位的名称，把鼠标放到选项上即可查看。

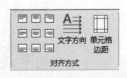

图4-112　表格文字对齐方式选项

4.6.3.2　设置表格的边框和底纹

通过设置表格的边框线的颜色、粗细以及底纹的颜色等，可以让表格外观更优美。

设置表格边框格式的方法是，把光标定位到表格中，在【表格工具】选项卡大类→【设计】选项卡→【边框】组，单击右下角的对话框启动器按钮 ，打开表格的【边框和底纹】对话框，如图4-113所示。此处与前文介绍的对话框的内容和用法基本一致，主要区别在于右下角"应用于"处选中的是"表格"，而且预览区域按照表格的形态展示。

图4-113　表格的边框和底纹对话框

用户可以非常灵活地设置表格不同位置的边框线，使用不同的线条格式。在【边框和底纹】对话框中，左侧"设置"处选择"自定义"，然后通过先选择一种线条的格式，再单击预览图某个位置的线条，反复操作即可。例如，需要外框线是双实线、内框线是虚线，先选择"自定义"，选择外框线条的双实线样式、颜色和宽度，在右侧预览图单击上、下、左、右四条外框线，设置了外框线的格式，再选择内框线条的虚线样式、颜色、宽度，在右侧预览图单击中间横线和中间竖线代表所有的内框线，预览效果如图4-113所示，则整个表格的设置效果如图4-114所示。

Windows NT 系列的版本			
早期 版本	Windows NT 3.1	Windows NT 3.5	Windows NT 3.51
	Windows NT 4.0	Windows 2000	
客户 端	Windows xp	Windows Vista	Windows 7
	Windows 8	Windows 10	

图4-114　表格边框效果图

表格的底纹设置，则是把【边框和底纹】对话框切换到【底纹】选项卡来进行。

4.6.3.3　设置表格的样式

Word 2016还提供了一系列内置的表格样式，单击【表格工具】选项卡大类→【设计】选项卡→【表格样式】组的横线加箭头按钮 ，展开表格样式列表，选择一种样式，可以让表格自动套用美观的边框和底纹。如图4-115所示是在表格样式列表选择了"网格表4-着色2"的效果。

早期 版本	Windows NT 3.1	Windows NT 3.5	Windows NT 3.51
	Windows NT 4.0	Windows 2000	
客户 端	Windows xp	Windows Vista	Windows 7
	Windows 8	Windows 10	

图4-115　表格样式效果图

4.6.4 表格的数据处理

表格的数据处理

Word 2016不仅可以通过表格清晰地展示文字，而且提供了表格中数值型数据的运算处理功能，可以进行求和、求平均值、最大值、最小值等运算。

以图4-116所示的表格为例，介绍表格公式的运用。首先，把光标定位到需要进行运算的单元格，例如第5行第2列的单元格，接着单击【表格工具】选项卡大类→【布局】选项卡→【数据】→【公式】选项，弹出如图4-117所示的【公式】对话框。对话框中的公式处，已默认填写为"=SUM（ABOVE）"，等于号表示让系统自动运算，"SUM"是函数名，表示求和，后面括号中的"ABOVE"，表示求和的内容是上方的数据。默认公式正好符合计算需要，直接单击【确定】按钮，则自动计算了250+180+220的和650显示在单元格中。

某公司营业额（单位：万元）				
分公司名称	第一季度营业额	第二季度营业额	第三季度营业额	第四季度营业额	各季度平均营业额
花都分公司	250	265	280	277	
番禺分公司	180	196	170	168	
增城分公司	220	188	290	216	
分公司合计					

图4-116 表格数据处理举例

图4-117 表格数据处理公式对话框

当需要进行的运算不是求和时，需要更改公式，例如要填写图4-116第2行第6列的单元格，此处求平均值，类似方法打开【公式】对话框，在对话框的"公式"处，删除到剩余"="，再单击"粘贴函数"的下拉列表，选择"AVERAGE"，然后在"公式"处的括号中填入"LEFT"，使"公式"处最终填为"=AVERAGE（LEFT）"，表示对左侧的数据求平均值，单击【确定】按钮，则自动计算了（250+265+280+277）/4的值268到单元格中。Word 2016提供了多种公式，根据运算需要，可以选择合适的公式使用。

如果表格中的数据有更改，运用了公式的单元格，可以同步更新。鼠标右键单击运用了公式的单元格，在右键快捷菜单中选择【更新域】，完成更新。

4.6.5 制作图表

制作图表

Word 2016提供了图表功能，可以让用户把表格中的数据以图形的形式更直观地展示。插入图表的步骤如下：

①单击【插入】选项卡→【插图】组→【图表】选项，打开【插入图

表】对话框，如图4-118所示。

②在对话框的左侧选择图表类型，右侧上部选择图表样式，右侧下方预览图表外观，单击【确定】按钮。

③图表已插入到文档中。在弹出的Excel快捷窗口中，删除原有的内容，把需要生成图表的表格数据复制、粘贴到Excel窗口中。

④单击选中生成的图表，再单击【图表工具】选项卡大类→【设计】选项卡→【数据】→【选择数据】选项，弹出【选择数据源】对话框，确认光标位于"图表数据区域"处，到Excel窗口中拖动鼠标，选择整个表格中的文字和数据，如图4-119所示，单击【确定】按钮。图表根据表格数据生成成功。

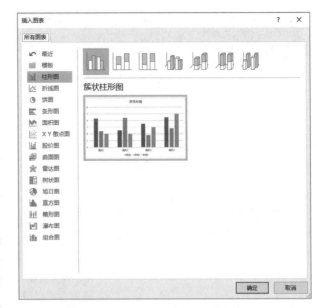

图4-118 插入图表对话框

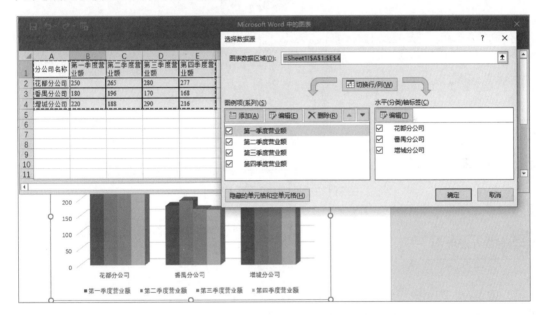

图4-119 插入图表的选择数据源对话框

⑤通过【图表工具】选项卡大类→【设计】选项卡中的选项，如图4-120所示，可以调整图表的设计细节。单击其中的【图表布局】组→【添加图表元素】选项，在如图4-121所示的下拉列表中，可以设置图表的坐标轴、坐标轴标题、图表标题、数据标签、图例等图表元素，每一项都可以进行众多的细节选项设置。单击【图表布局】组→【快速布局】选项，可以选择布局。单击【图表样式】选项，可以选择一种内置样式。如果需要更改生成图表的数据，单击【数据】组→【编辑数据】的下拉箭头→【在Excel中编辑数据】选项。

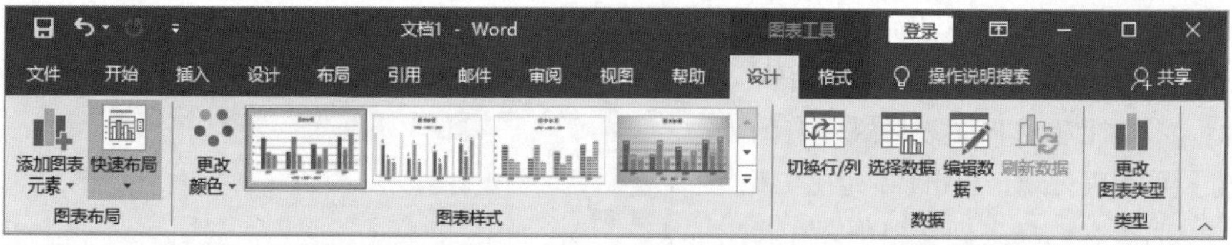

图4-120 图表工具的设计选项卡

⑥通过【图表工具】选项卡大类→【格式】选项卡中的选项，可以对图表各要素的格式进行更详细的设置。

图表制作的设计和布局选项非常丰富，而图表的制作在Excel中更常用，因此在下一章Excel中介绍图表的章节，将进行更详尽的介绍。

图4-121 添加图表元素下拉列表

课后练习

1. 在Word 2016中当光标位于句子"星星之火可以燎原"的"之"字和"火"字之间时，按一下【Backspace】键，则该句子（　　　　）。

A. 变为"星星火可以燎原"　　　　　　B. 变为"星星之可以燎原"

C. 变为"星星可以燎原"　　　　　　　D. 整句被删除

2. 以下关于复制和剪切的描述错误的是（　　　　）。

A. 复制操作完成后，对被复制文本没有影响

B. 复制操作完成后，被复制文本被删除

C. 剪切操作完成后，被剪切文本被删除

D. 复制和剪切功能都需要进行一步粘贴操作

3. 在 Word 2016 中如果单击两次撤销按钮，实现的效果是（　　　）。

A. 只撤销了上一步的操作　　　　　B. 撤销了上一步和再上一步的操作

C. 不能单击两次撤销按钮　　　　　D. 文档没有任何变化

4. 在 Word 2016 中，如果需要把文档中所有的英文单词的字体都设置为 Arial，而中文文字字体保持不变，高效的方法是（　　　）。

A. 选中整篇文档，在【开始】选项卡→【字体】组→【字体】选项中选择 Arial

B. 逐个选择英文单词，在【开始】选项卡→【字体】组→【字体】选项中选择 Arial

C. 单击【开始】选项卡→【字体】组的右下角对话框启动器，在对话框中，设置"西文字体"为 Arial

D. 逐个删除英文单词再重新输入回去

5. 希望对文字设边框时，需要打开【边框与底纹】对话框，其打开方法是（　　　）。

A. 单击【开始】选项卡→【段落】组→【边框】下拉菜单

B. 单击【插入】选项卡→【文本】组→【边框】下拉菜单

C. 单击【设计】选项卡→【页面背景】组→【边框】下拉菜单

D. 单击【布局】选项卡→【页面设置】组→【边框】下拉菜单

6. 使用 Word 2016 的自动生成目录功能，在选择【引用】选项卡→【目录】选项前，必须首先（　　　）。

A. 不用进行任何操作，Word 2016 自己知道哪些是目录

B. Word 2016 没有自动生成目录功能，只能自己手动输入目录

C. 把需要生成到目录中的标题，设置过"样式"，并且"样式基准"为"标题"类型

D. 把需要生成到目录中的标题，设置过"样式"，并且"样式基准"为"正文"类型

7. 以下关于 Word 2016 的页眉、页脚和页码的描述错误的是（　　　）。

A. 页眉位于页面的上方，可以输入任何文本，Word 2016 可以实现奇数页和偶数页的页眉不同

B. 页脚位于页面的下方，可以输入文本，也可以在页脚位置插入页码

C. 每一页的页码需要用户手动逐个输入

D. 用户通过【插入】选项卡→【页码】选项插入页码后，每页的页码会根据前一页自动生成

8. 在插入图片后，如果希望图片与文字的环绕关系是图片会自动跟随文字的位置移动，在设置【格式】选项卡→【排列】组→【环绕文字】选项时，应该选择（　　　）。

A. 嵌入型　　　　　B. 四周型　　　　　C. 紧密型　　　　　D. 浮于文字上方

9. 在生成表格后，以下描述错误的是（　　　）。

A. 可以在表格中插入行　　　　　B. 可以调整表格的列宽

C. 可以设置表格的边框　　　　　D. 不能设置表格的底纹

10. 在 Word 2016 中，使用表格的自动计算功能，如果需要求上方单元格的平均值，需要填入的公式是（　　　）。

A. =SUM（LEFT）　　　　　B. =SUM（ABOVE）

C. =AVERAGE（LEFT）　　　　　D. =AVERAGE（ABOVE）

第5章

表格编辑软件Excel 2016

本章学习目标

　　Excel 2016是功能强大的电子表格处理软件,能够方便地制作出各种电子表格并进行格式设置;可以使用公式和函数对数据进行复杂的运算;提供了多种图表,使数据表示直观明了;提供了多种不同类型的函数对数据进行计算和分析;能够对工作表中的数据进行检索、排序、分类汇总、筛选、合并计算等操作;还可以创建超链接获取互联网上的共享数据。

　　本章学习的主要目标是掌握Excel 2016的基本操作、格式设置,理解并熟练运用Excel 2016的图表功能、函数,掌握Excel 2016的数据统计和分析功能。

本章思维导图

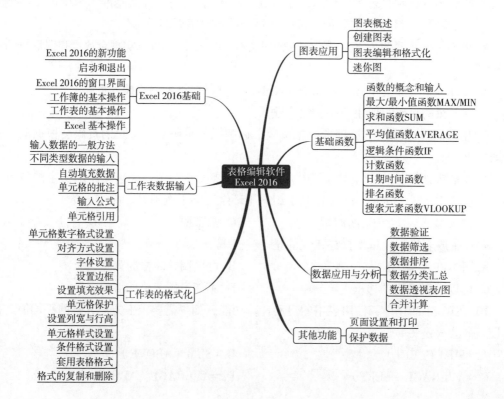

5.1　Excel 2016基础

5.1.1　Excel 2016的新功能

Excel 2016新增加了一些功能，主要表现在以下几个方面。

（1）新增"TellMe"功能助手

通过TellMe（"操作说明搜索"）功能，可以快速查找对应的功能选项，无须再到选项卡中寻找命令。Tellme对于Excel初学者，可以提高找到需要的操作选项的速度，加强对Excel的认识和学习。

（2）新增"智能查找"

Excel 2016在【审阅】选项卡新增【智能查找】功能选项，遇到不懂的问题，可以通过【智能查找】获得帮助。

（3）新增了多种图表

Excel 2016新增的图表类型有6个：瀑布图、直方图、排列图、箱形图、树状图、旭日图，图表的表示和统计分析功能更加强大。

（4）预测工作表

在Excel 2016 中，用户可以通过对一个时间段中的数据进行分析，预测出一组新的数据。如可以根据已知数据的平均值、最大值、最小值、统计和求和等数值来预测新数据。

（5）改进的透视表功能

在Excel 2016 中，数据透视表新增加分组功能，基于数据模型创建的数据透视表，可以自定义透视表的行、列标题名（可以与数据源字段名重复）；还可以对日期和时间型的字段创建组。创建好数据透视表后，自动会以组的形式显示出来，如果需要取消组合，可以在分组中进行操作，但是在操作之前要选中数据透视表中的某行，否则不能执行命令。

（6）数学公式输入功能升级

Excel 2016新增"墨迹公式"，支持用手写的方式来录入复杂的数学公式，公式输入更加灵活自由。

5.1.2　启动和退出

5.1.2.1　启动Excel 2016

按照以下步骤可以启动Excel 2016：

（1）鼠标左键单击屏幕左下角【开始】按钮，打开【开始】菜单。

（2）在【开始】菜单中选择【Excel 2016】选项，屏幕出现Excel 2016工作簿窗口，可以进行新建工作簿，打开已有工作簿等操作。

5.1.2.2 退出Excel 2016

用以下方法可以退出Excel 2016：

◆ 鼠标左键单击Excel 2016窗口右上角的【关闭】按钮⊠。

◆ 鼠标右键单击任务栏上的Excel 2016图标，在弹出的右键快捷菜单中选择【关闭窗口】选项即可关闭。

◆ 使用快捷键【Alt】+【F4】，同时按住【Alt】键和【F4】键即可。

注意：在退出Excel 2016时，如果文档没有保存，系统会弹出如图5-1所示的对话框，鼠标左键单击【保存】按钮，则保存文档（如果文档是第一次保存，则会弹出【另存为】对话框，选择保存位置、文件名后即可保存）；单击【不保存】按钮，则文档不保存退出；单击【取消】按钮，则取消本次退出操作。

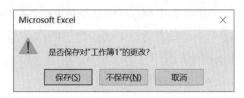

图5-1 退出时提示是否保存文档对话框

5.1.3 Excel 2016的窗口界面

Excel 2016的窗口界面由标题栏、快速访问工具栏、功能区选项卡、名称框、编辑栏、工作表标签和状态栏等组成，如图5-2所示。

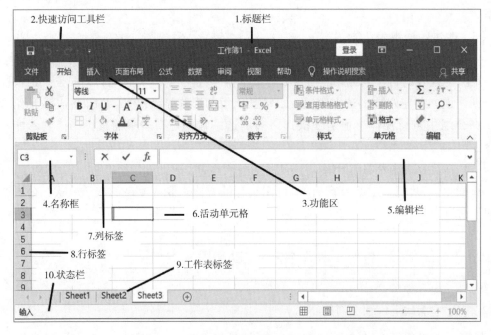

图5-2 Excel窗口界面

5.1.3.1 标题栏

标题栏在Excel 2016窗口界面最上面，当前工作簿的名称在标题栏中间显示，一般显示格式为"工作簿名称 - Excel"，右侧有【登录】【功能区显示选项】【最小化】【向下还原/最大化】【关闭】按钮。

5.1.3.2　快速访问工具栏

快速访问工具栏位于Excel 2016标题栏的最左边，用来显示常用命令按钮，便于用户快速使用，一般设置【保存】【撤销】【恢复】等功能按钮。用户可以根据需要自定义快速访问工具栏，有以下两种方法：鼠标左键单击快速访问工具栏右边的【自定义快速访问工具栏】下拉列表，在下拉列表中选中需要的功能选项；或者选择【文件】选项卡→【选项】命令，打开【Excel选项】对话框，在该对话框的【快速访问工具栏】选项中对快速访问工具栏的功能选项进行编辑。

5.1.3.3　功能区选项卡

如图5-2中3所示，功能区选项卡由【文件】【开始】【插入】【页面布局】【公式】【数据】【审阅】【视图】【帮助】和【操作说明搜索】组成，选择不同的功能选项卡对应不同的操作命令。可以在【Excel 选项】对话框的【自定义功能区】中对功能区的选项卡进行设置。

5.1.3.4　名称框

当前单元格（即活动单元格）的名称在名称框中显示，如图5-2中，显示的是活动单元格C3的名称，名称框也可以显示区域的名称。在名称框下拉列表中，可以显示已经定义的区域名称，用户可以选择区域名称快速定位到对应的区域。在输入公式时，【名称框】切换为【函数】下拉列表，用户可以根据需要选择功能函数。可根据实际应用需要调整【名称框】大小，鼠标选中【名称框】的右边缘，左右拖动即可调整大小。

5.1.3.5　编辑栏

编辑栏用来输入或者编辑活动单元格中的内容，给活动单元格更大的显示空间。当编辑公式时，一般情况下编辑栏显示公式，活动单元格中显示计算结果。

5.1.3.6　活动单元格

活动单元格指Excel 2016表格中处于激活状态、正在使用的单元格，在其外有一个粗线条的方框，如图5-2中的C3单元格。

5.1.3.7　行标签

Excel 2016中，行号从1开始编号，依次为1，2，3，…。在Excel 2016中，行号最大为1048576（2的20次方）。用户可以通过快捷键【Ctrl】+【↓】（向下键）查看最后一行。

5.1.3.8　列标签

Excel 2016中，列号从A开始编号，依次为A，B，C，…。在Excel 2016中，列号最大为XFD（16384，2的14次方）。用户可以通过快捷键【Ctrl】+【→】（向右键）查看最后一列。

5.1.3.9 工作表标签

工作表标签也就是工作表名称，默认的名称为【Sheet1】【Sheet2】等，可以为工作表标签取一些有意义的名称，便于查找工作表。

5.1.3.10 状态栏

如图5-2所示，状态栏位于Excel 2016窗口界面最下方，用来显示相关状态信息。初始默认为【就绪】状态，表示可以进行操作；在活动单元格中开始输入数据时，状态栏显示为【输入】状态；在活动单元格为【输入】状态时单击鼠标左键或者【编辑栏】输入数据时，状态栏显示为【编辑】；输入完成后，状态栏又显示为【就绪】状态。这是三种常见的状态，状态栏还可以显示其他内容，用户可以根据需要设置，将鼠标光标移动到状态栏上，单击鼠标右键弹出【自定义状态栏】快捷菜单，在该快捷菜单中选中需要显示的信息即可完成设置。

5.1.4 工作簿的基本操作

5.1.4.1 工作簿的概念

工作簿是Excel 2016的文档文件，其扩展名为.xlsx，一个工作簿中可以含有多张工作表，如学生基本信息表、学生出勤情况表、成绩表等可以同时放在一个工作簿中。工作簿的基本操作都可以通过【文件】选项卡来完成。选择【文件】选项卡→【信息】选项，可以显示当前工作簿的信息，如大小、标题、标记、类别、上次修改时间、创建时间、作者、上次修改者等信息。

5.1.4.2 创建工作簿

启动Excel 2016窗口界面后，选择【新建】选项；或者执行【文件】选项卡→【新建】选项，出现如图5-3所示的【新建】选项界面。如果只需要建立空白工作簿，选择【空白工作簿】，就可以新建默认名称为"工作簿1"的空白工作簿。也可以使用Excel 2016提供的模板来创建带有数据格式的工作簿，如图5-3所示的"账单（简洁版）""账单支付清单"模板。

如果当前工作的计算机是联网状态，用户还可以使用【搜索联机模板】在网络上搜索需要的模板。在【搜索联机模板】输入框中输入需要搜索的内容；或者按照【建议的搜索】选择某一个搜索条件（如选择"业务"），执行搜索，即可把相关的模板显示出来，用户选择自己需要的模板，即可按照模板创建工作簿。

还可以选择【文件】选项卡→【开始】选项→【新建】选项来创建工作簿。

5.1.4.3 保存工作簿

保存工作簿时，鼠标左键单击【文件】选项卡→【保存】选项；或者在键盘上同时按快捷键【Ctrl】+【S】；或者同时按快捷键【Shift】+【F12】，都可以将当前的工作簿保

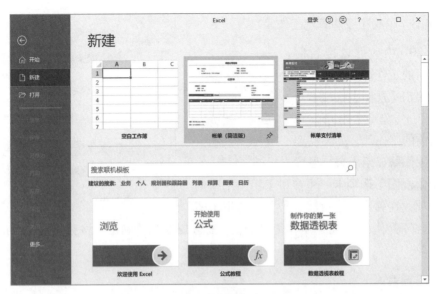

图5-3　【新建】选项

存在磁盘上。如果文件是新建的并且是第1次保存，选择【保存】选项会出现【另存为】选项（与Word里面类似），为工作簿选择保存位置后，会出现【另存为】对话框，在该对话框中，可以为文件选择保存位置、文件名和文件保存类型，选择完成后，鼠标左键单击【保存】按钮，即完成对于文件的保存。如果不是第1次保存该文档，则执行【保存】命令后，文件仍保存在原来位置。

如果希望将已保存的工作簿保存到不同的位置，选择【文件】选项卡→【另存为】选项，在【另存为】对话框中设置完成后保存即可。

5.1.4.4　打开现有工作簿

有以下方法打开工作簿：

◆ 鼠标左键双击需要打开的工作簿图标，即可打开该工作簿。

◆ 在Excel 2016窗口界面，鼠标左键单击【文件】选项卡→【打开】选项，在【打开】选项中，提供了【最近】选项，可以显示最近使用的工作簿和文件夹路径，用户可以快速找到最近使用的工作簿或文件夹；还可以通过OneDrive打开个人云存储的Excel文件；通过【这台电脑】或【浏览】选项，打开【打开】对话框，找到需要的文件后鼠标左键单击【打开】按钮即可。

5.1.4.5　关闭工作簿

有以下方法关闭工作簿：

◆ 同时按下快捷键【Ctrl】+【W】。

◆ 鼠标左键单击【文件】选项卡→【关闭】选项。

要关闭的工作簿如果修改后没有保存，关闭则会出现如图5-1所示的对话框，提示用户是否保存对于工作簿的修改，用户根据实际需要进行选择。

良好的操作习惯是，Excel工作簿编辑完成后，先保存，再执行关闭操作。

5.1.4.6 隐藏和取消隐藏工作簿

Excel 2016中，可以把暂时不需要显示的工作簿隐藏起来。鼠标左键单击【视图】选项卡→【窗口】组→【隐藏】选项，可以隐藏当前的工作簿。如果需要将隐藏的工作簿显示出来，鼠标左键单击【视图】选项卡→【窗口】组→【取消隐藏】选项，在弹出的【取消隐藏】对话框（图

工作簿的隐藏和取消隐藏

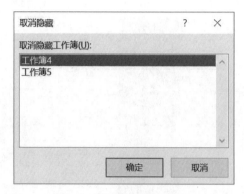

图5-4 【取消隐藏】对话框

5-4）中选择需要取消隐藏的工作簿名称，鼠标左键单击【确定】按钮，就可以把该工作簿显示出来。

5.1.4.7 共享

鼠标左键单击【文件】选项卡→【共享】选项，在【共享】选项中选择【与人共享】选项或者【电子邮件】选项，然后按照提示的步骤进行即可完成共享。

5.1.4.8 导出

选择【文件】选项卡→【导出】选项→【创建PDF或XPS】选项，鼠标左键单击【创建PDF或XPS】按钮，启动【发布为PDF或XPS】对话框，如图5-5所示，在该对话框中设置保存位置、文件名、保存类型等，设置完成后鼠标左键单击【发布】按钮，即可完成发布。

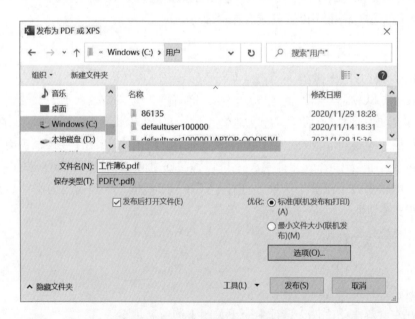

图5-5 【发布为PDF/XPS】对话框

选择【文件】选项卡→【导出】选项→【更改文件类型】选项，可以为工作簿文件重新选择文件类型。

5.1.4.9　发布

选择【文件】选项卡→【发布】选项→【发布到Power BI】选项，然后按照提示的步骤进行即可完成发布。

5.1.5　工作表的基本操作

工作表是Excel 2016完成一项工作的基本单位，工作表由行和列组成，Excel 2016的一张工作表有1048576行，有16384列。工作表的基本操作包括创建、选择、插入、删除、移动和复制、重命名等。

工作表的
基本操作

5.1.5.1　新建工作表

新建工作簿时，会新建工作表。默认情况下，新建的工作簿中包含有3张工作表，名称分别为Sheet1、Sheet2和Sheet3。用户可以根据需要设置新建的工作簿中所包含的工作表数量。鼠标左键单击【文件】选项卡→【选项】命令，在弹出的【Excel选项】对话框中选择【常规】选项（图5-6），在【新建工作簿时】组中有【包含的工作表数】选项，该值可以设置为1~255的任意数字，输入的数据大于255时，会提示"该条目必须小于或等于255"。

在【新建工作簿时】组中，还可以对默认字体、字号、新工作表的默认视图进行设置。

5.1.5.2　选择工作表

在对工作表进行操作时，首先需要选择相应的工作表，一般选择一张工作表，也可以根据应用需求同时选择多张工作表。

鼠标左键单击工作表标签，该工作表标签变成高亮度显示，表示该工作表为选中的工作表，此时可以对该工作表进行编辑。

选择连续的多张工作表时，首先鼠标左键单击第一张工作表标签，再按住【Shift】键后，同时用鼠标左键单击最后一张工作表标签，此时，这两张工作表中间的所有工作表（包括这两张表）都选中，它们的标签都变为高亮度显示，所有这些选中的工作表组成工作表组，在标题栏的工作簿名称后面会出现"[组]"字样。如果需要选择不连续的多张工作表，先按住【Ctrl】键后，再分别用鼠标左键单击需要选择的工作表标签，所有选中的工作表标签会高亮度显示，这些工作表也组成工作表组。

在工作表组中，对其中任意一张工作表进行的操作会在工作表组中的其他工作表的相同单元格中执行。因此，工作表组可用于同时向多张工作表的相同位置输入相同的数据或者设置相同的格式，提高效率。

取消工作表组可通过鼠标左键单击工作表组外的任意一个工作表标签来实现。如果工作簿中所有的工作表组成了一个工作表组，鼠标左键单击除了当前工作表之外的其他任何一个工作表都可以取消工作表组。

工作表的复制、移动、删除、重命名等操作都是基于选择工作表后进行的。

图5-6 【Excel选项】对话框【常规】选项卡

5.1.5.3 插入工作表

在某张工作表之前插入一张新的工作表，可以有以下方法：

①首先选中相应的工作表，选择【开始】选项卡→【单元格】组→【插入】下拉列表，鼠标左键单击【插入工作表】选项，如图5-7所示，就可以在选中的工作表之前插入一张新的空白工作表，新插入的工作表为当前活动工作表。

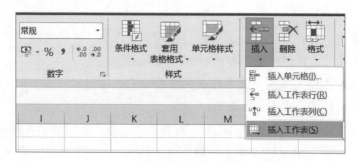

图5-7 【插入工作表】选项

②鼠标右键单击相应的工作表标签，在弹出的右键快捷菜单（图5-8）中选择【插入】选项，出现【插入】对话框（图5-9）。选择【插入】对话框→【常用】选项卡→【工作表】选项，然后鼠标左键单击【确定】按钮就可以插入一张新的空白工作表。还可以选择【图表】【MSExcel4.0宏表】【账单】等选项按照指定的模板来插入一张新的工作表；或者选择【电子表格方案】选项卡中的【贷款分期付款】【个人月预算】【考勤卡】【零用金报销单】等插入一些已经设定好格式的电子表格，这些类型的表格可以在【插入】对话框右侧的【预览】中看到相应的效果。用户还可以通过【office.com模板】在网上查找合适的模板来创建新的工作表。

如果需要同时插入多张新工作表，先在打开的工作簿中选择与要插入的工作表相同

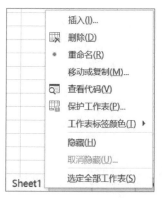

图5-8　工作表管理右键快捷菜单

图5-9　【插入】对话框

数目的工作表标签（选中的工作表标签要相邻），然后按照插入单张工作表的方法即可插入多张工作表，新插入的工作表会在所选工作表标签最左边，并按照现有工作表数目自动编号命名。

5.1.5.4　删除工作表

首先选择需要删除的一张或者多张工作表，然后选择【开始】选项卡→【单元格】组→【删除】下拉列表→【删除工作表】选项；或者鼠标右键单击需要删除的工作表标签，在弹出的右键快捷菜单中选择【删除】选项。如果将要删除的工作表中没有数据，则可以直接删除，如果有数据，则屏幕上会出现确认删除对话框，如图5-10所示，鼠标左键单击【删除】按钮就可以删除工作表。

注意：删除的工作表不能运用【快速访问工具栏】的【撤销】按钮来恢复，也就是说，执行了【删除工作表】命令后，该工作表完全被删除，无法再恢复，因此，删除之前要仔细检查，确定删除的工作表是不需要的。

图5-10　【确认删除工作表】对话框

5.1.5.5　工作表重命名

Excel 2016中，默认的工作表名称是Sheet1，Sheet2，…，按照建立的顺序以此类推。为了更好地表示工作表中的内容，和其他工作表进行区分，需要为工作表重新取一些有意义的名称，如存放学生信息的可以重命名为"学生信息表"。鼠标左键双击要重命名的工作表标签，该工作表标签会以灰色突出显示，输入新的工作表名称后按【Enter】键就可以。还可以用鼠标右键单击需要重命名的工作表标签，在弹出的右键快捷菜单中选择【重命名】选项进行。

注意：在同一个工作簿中，工作表名称不能重复。

5.1.5.6　工作表标签颜色

为工作表标签设置不同的颜色可以醒目地表示不同类型的工作表。鼠标右键单击需要设置颜色的工作表标签，在弹出的右键快捷菜单中选择【工作表标签颜色】子菜单，出现【主题颜色】【标准色】【无颜色】和【其他颜色】四个选项，如图5-11所示。鼠标光标移动到【主题颜色】或者【标准色】的颜色按钮上面，会显示颜色的名称，鼠标左键单击某个颜色即完成对工作表标签颜色的设置。如果这些颜色都不满足需要，可以选择【其他颜色】选项，打开【颜色】对话框，在【颜色】对话框中有【标准】选项卡和【自定义】选项卡，选择标准颜色或者自定义颜色的RGB值。

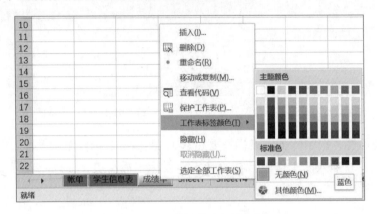

图5-11　设置工作表标签颜色

还可以选择【开始】选项卡→【单元格】组→【格式】下拉列表→【组织工作表】选项下拉列表→【工作表标签颜色】来设置工作表标签的颜色。

5.1.5.7　工作表的移动和复制

Excel 2016的工作表可以在当前工作簿或者另外的工作簿中移动或者复制。

如果在当前工作簿中移动或者复制工作表，鼠标右键单击需要移动或者复制的工作表标签，在弹出的右键快捷菜单中选择【移动或复制】选项，出现【移动或复制工作表】对话框，如图5-12所示，在该对话框的【下列选定工作表之前】列表框中选择移动后的工作表的放置位置，如果要放到最后面则选择【移至最后】选项，完成后鼠标左键单击【确定】按钮即可完成移动。如果要进行复制操作，则选择位置后，再选中【建立副本】复选框，然后鼠标左键单击【确定】按钮就可以完成工作表的复制。复制后的工作表Excel 2016会自动命名，例如Sheet1的副本默认名为Sheet1（2）。

也可以通过下面方式在当前工作簿中快速地移动或复制工作表：鼠标左键单击需要移动的工作表标签，按住鼠标左键不放，拖动到指定的工作表标签位置后释放鼠标左键，就可以实现该工作表的移动；如果在拖动的过程中同时按住【Ctrl】键就可以实现对该工作表的复制。

如果需要将工作表移动或者复制到不同的工作簿，首先同时打开这两个工作簿，然后在源工

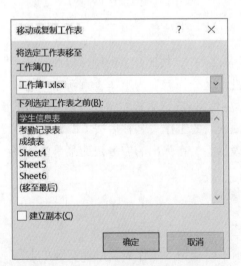

图5-12　【移动或复制工作表】对话框

作簿中选择需要移动或者复制的工作表，鼠标右键单击工作表标签，在弹出的右键快捷菜单中选择【移动或复制】选项（或者选择【开始】选项卡→【单元格】组→【格式】下拉列表→【组织工作表】选项→【移动或复制工作表】选项），打开【移动或复制工作表】对话框，如图5-12所示，在【工作簿】下拉列表框中选择要移动或复制到的目的工作簿（如果选择的仍是源工作簿，则移动或者复制在同一个工作簿中进行；如果下拉列表框中没有目的工作簿，说明目的工作簿没有打开，需要先打开目的工作簿）；在【下列选定工作表之前】列表框中选择插入的位置，如果是复制则还要选中【建立副本】复选框；最后，鼠标左键单击【确定】按钮就可以完成对工作表的移动或者复制。

5.1.5.8　工作表隐藏与取消隐藏

Excel 2016中可以将一些暂时不需要使用的工作表隐藏起来；在需要使用这些工作表时，通过"取消隐藏"功能将隐藏的工作表显示出来。

隐藏工作表时，先选择要隐藏的工作表，再选择【开始】选项卡→【单元格】组→【格式】下拉列表→【可见性】选项→【隐藏和取消隐藏】子菜

隐藏和取消
隐藏工作表

单（图5-13）→【隐藏工作表】选项，就可以将当前的工作表隐藏。如果要将隐藏的工作表显示出来，鼠标左键单击【取消隐藏工作表】选项，弹出【取消隐藏】对话框，在该对话框的【取消隐藏工作表】列表中选择要取消隐藏的工作表，鼠标左键单击【确定】按钮即可将隐藏的工作表显示出来。

还可以鼠标右键单击工作表标签，在弹出的右键快捷菜单中选择【隐藏】或【取消隐藏】选项来实现隐藏和取消隐藏操作。

工作表的行或列也可以隐藏，先选中需要隐藏的行或列，单击鼠标右键，在弹出的右键快捷菜单中选择【隐藏】选项，就可以将对应的行或列隐藏。要取消隐藏

图5-13　【隐藏和取消隐藏】选项

的行或者列，先选中含有隐藏的行、列的区域，在右键快捷菜单中选择【取消隐藏】选项，就可以实现。也可以利用【开始】选项卡→【单元格】组→【格式】下拉列表→【可见性】选项→【隐藏和取消隐藏】子菜单中的【隐藏行】【隐藏列】等选项来完成相应的操作。

隐藏的行实质上是高度为0的行，隐藏的列是宽度为0的列，因此，可以通过鼠标拖动调整行宽或列高的方式实现行、列的隐藏或取消隐藏。

5.1.5.9　工作表浏览

Excel 2016中，可以使用以下方法来快速浏览工作表的内容。

（1）使用键盘

可以通过键盘来查看工作表的内容，表5-1是一些常见的按键及其对应的功能。

表5-1　　　　　　　　　　　　　　按键及其功能

按键	操作	按键	操作
↑↓←→	向上、下、左、右移动一个单元格	Tab	向右移动一个单元格
Home	移至当前行的第A列	Shift + Tab	向左移动一个单元格
Ctrl + Home	移至A1单元格	Page Up	向上滚动一屏
Ctrl + End	移至工作表内容区的最后一个单元格	Page Down	向下滚动一屏
Enter	移至当前列的下一个单元格	Alt + Page Up	向左滚动一屏

（2）多窗口查看工作簿

如果需要同时查看Excel 2016中多张工作表数据，可以利用【新建窗口】功能来实现多窗口查看。新建窗口就是建立一个与当前的工作簿内容完全一样的工作簿窗口，相当于当前工作簿的镜像，方法如下：选择【视图】选项卡→【窗口】组→【新建窗口】选项，就可以为当前工作簿建立一个新窗口，对新窗口所做的修改也会在源工作簿中显示出来。Excel 2016对新建的窗口默认命名，例如工作簿1.xlsx执行【新建窗口】操作后，Excel 2016会自动将新建的窗口分别命名为"工作簿1.xlsx：1""工作簿1.xlsx：2"等。

（3）重排窗口

Excel 2016中，如果打开了多个窗口，可以运用"重排窗口"为窗口重新选择排列方式，方法如下：选择【视图】选项卡→【窗口】组→【全部重排】选项，弹出【重排窗口】对话框，如图5-14所示，在该对话框中可以选择排列方式，选择完成后，鼠标左键单击【确定】按钮即可实现窗口重排。Excel 2016中提供了平铺、水平并排、垂直并排和层叠四种窗口排列方式。

在【重排窗口】对话框中，如果选中【当前活动工作簿的窗口】复选框，则只重排当前活动工作簿的窗口；如果不选中，则重排所有打开工作簿的窗口。

图5-14 【重排窗口】对话框

（4）并排查看

并排查看可以轻松比较两个工作簿，只有打开两个或两个以上工作簿时该功能才可以使用。方法如下：选择【视图】选项卡→【窗口】组→【并排查看】选项，如果只打开了两个工作簿，则自动选择剩下的工作簿来并排查看；如果打开了两个以上的工作簿，会弹出【并排比较】对话框，如图5-15所示，在该对话框中选择需要比较的工作簿来进行并排查看。

并排查看时，还可以实现两个窗口一起同步滚动浏览内容，选择【视图】选项卡→【窗口】组→【同步滚动】选项即可。在并排查看或者同步滚动模式下，鼠标

图5-15 【并排比较】对话框

左键再次单击【同步滚动】选项或者【并排查看】选项即可取消这两种查看模式。

5.1.5.10　工作表拆分

工作表拆分就是将工作表窗口拆分为几个窗口，每个窗口都可以显示工作表的所有内容，便于用户查看和比较。

工作表有3种拆分形式：水平拆分、垂直拆分、水平垂直拆分。

水平拆分工作表时，先选择一行，再选择【视图】选项卡→【窗口】组→【拆分】选项，就可以将窗口拆分为水平两部分，每部分内容相同。

垂直拆分和水平垂直拆分方法与水平拆分类似，垂直拆分时，先选择一列，再进行拆分操作；水平垂直拆分时，先选中会出现水平和垂直拆分线交叉处的右下单元格再进行拆分操作，如图5-16为水平垂直拆分后的效果。

如果要取消拆分，可以在拆分状态下，再次选择【视图】选项卡→【窗口】组→【拆分】选项；或者鼠标左键双击拆分线，这两种方法都可以取消拆分。

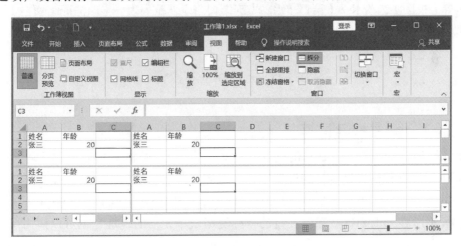

图5-16　水平垂直拆分后的工作表

5.1.5.11　工作表窗口的冻结

如果工作表中的数据量较大，需要滚动屏幕查看工作表数据，这时工作表的行标题或者列标题就会看不见。此时，可以使用冻结功能将行标题或者列标题冻结。这样，查看工作表数据时，冻结部分位置保持不变。

选择【视图】选项卡→【窗口】组→【冻结窗格】下拉列表，有下面三个选项：

冻结窗格：滚动工作表其余部分时，保持行和列可见。冻结前选中单元格的左上角区域可见，如图5-17为选择D4单元格，选择【冻结窗格】后的工作表，从图5-17中可以看出，冻结后，工作表窗口被冻结线（黑色细实线）分为4个部分。右上角在垂直滚动工作表过程中保持不动，左下角区域在水平滚动工作表过程中保持不动，而左上角的那块区域不管如何滚动工作表都会保持不动。

冻结首行：滚动工作表其余部分时，保持首行可见。

冻结首列：滚动工作表其余部分时，保持首列可见。

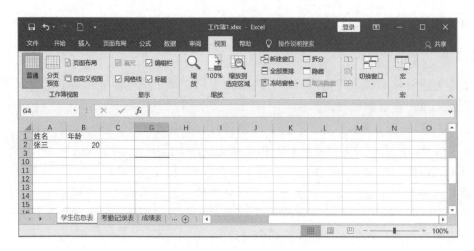

图5-17 水平垂直冻结后的工作表

选择【视图】选项卡→【窗口】组→【冻结窗格】下拉列表→【取消冻结窗格】选项，即可取消冻结的工作表。

5.1.6 Excel基本操作

5.1.6.1 选定单元格或区域

单元格是Excel工作表的基本组成单位，可以用来保存数据，如文字、图片、数值等；可以对单元格进行格式设置，如设置字体、对齐方式、边框等，不仅如此，还可以为单元格中的内容添加注释。一张Excel 2016工作表中有1048576（行）×16384（列）个单元格，单元格所在列的列标签和所在行的行标签组成单元格的地址，也可以作为单元格的名称，如图5-17所示，G4单元格表示第4行第7列的单元格；"姓名"所在的单元格为A1单元格，表示第1行第1列的单元格。

活动单元格：单元格外部被黑色的方框包围，则表示该单元格正在使用，称为活动单元格，如图5-16中的C3单元格。

区域由多个单元格组成，这些单元格不一定连续。在实际使用中，有时需要用到多个单元格，如果将这些单元格的地址都写出来就比较复杂，可以采取区域表示来简化。

如果是连续的区域，在区域的开始单元格（即最左上单元格）和结尾单元格（即最右下单元格）这两个单元格地址之间用冒号隔开就可以表示。如A1：A10表示第1列的第1行至第10行共10个单元格；A1：E1表示第1行的第1列至第5列共5个单元格；A1：E10表示A1和E10为对角线两端的矩形区域，5列10行共50个单元格，如图5-18所示为选定了A1：E10区域。

图5-18 选定A1：E10区域

对单元格或区域进行编辑时，首先必须选定单元格或者区域。

①选择单元格，有以下方法：

◆ 鼠标左键单击该单元格。

◆ 运用键盘上的4个方向键【↑】【↓】【←】【→】上下左右移动活动单元格实现。

◆ 输入单元格地址到【名称框】后按【Enter】键，即可定位到该单元格。

◆ 选择【开始】选项卡→【编辑】组→【查找和选择】下拉列表→【定位条件】选项，打开【定位条件】对话框（图5-19）。在【定位条件】对话框中，选择定位条件，设定完成后鼠标左键单击【确定】按钮，如果工作表中有数据符合条件，则会显示出来。如果没有，则提示"未找到单元格"。

②选择连续的矩形区域，如选择区域A1：C5，有以下方法：

图5-19 【定位条件】对话框

◆ 在A1单元格上单击鼠标左键，在鼠标指针呈空心十字状时，按住鼠标左键拖动至右下角单元格C5，释放鼠标左键即可。

◆ 在A1单元格上单击鼠标左键，按住【Shift】键后同时鼠标左键单击右下角单元格C5即可。

◆ 在【名称框】中输入区域地址A1：C5，完成后按【Enter】键即可。

如果需要选择不连续的区域，先选择某一块区域后，再按住【Ctrl】键选择其他区域即可，可以选择多块不连续的区域。

③特殊区域选择方法：

◆ 选择整行/列：鼠标左键单击对应的行号或者列号。

◆ 选择连续多行/列：选择第一行行号（或者第一列列号）后，按住鼠标左键后拖动至末行/列后释放鼠标左键即可。

◆ 选择整个工作表：使用快捷键【Ctrl】+【A】，或者鼠标左键单击工作表名称框下面（行号和列号的交叉处）按钮 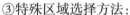。

5.1.6.2　重命名单元格或区域

定义名称

为了更好地描述单元格或区域中所包含的内容，可以对它们进行重命名操作，取一些有意义的名称，有如下方法：

◆ 选定单元格或区域后，鼠标左键单击【名称框】，输入新定义的名称，按【Enter】键即可。

◆ 在右键快捷菜单中选择【定义名称】选项，弹出【新建名称】对话框（图5-20），【名称】文本框中输入需要定义的名称；【范围】下拉列表选择区域所在的工作簿或者工作表；【批注】文本框添加说明性信息；【引用位置】文本框选择单元格或者区域的位置，设置完成后，鼠标左键单击【确定】按钮，即可完成设置。设置名称后，可以在【名称

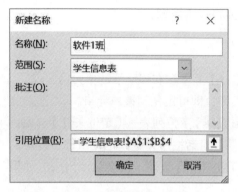

图5-20 【新建名称】对话框

框】下拉列表中选择名称快速定位到对应的区域。

定义名称后，在【名称框】中输入名称时，对应的单元格或者区域会高亮度显示。

已经定义好的名称，可以选择【公式】选项卡→【定义的名称】组→【名称管理器】选项，在弹出的【名称管理器】对话框中进行管理，主要包括新建、编辑、删除名称和筛选等功能。

注意：名称中的第一个字符必须是字母、下划线或者反斜杠，其余字符可以是字母（不区分大小写）、数字、句点或下划线；不能使用单元格的引用、大小写字母C、c、R、r和空格定义名称；名称的最大长度是255个字符。同一工作簿或者工作表中的名称不能相同。

5.1.6.3 移动、复制单元格

移动、复制单元格就是将单元格或者区域中的内容移动或者复制到其他的位置，可以利用鼠标拖动或者剪贴板来实现。

（1）鼠标拖动方法

鼠标拖动方法适合于短距离小范围的数据的移动或者复制。移动时，首先将鼠标光标放到所选区域的边框线上，在光标变为类似"梅花"形状有指向四个方向的箭头后，按住鼠标左键拖动到目的位置后释放鼠标左键即可完成移动操作。复制时，选定区域后，按住【Ctrl】键，再将鼠标光标移动到所选区域，在光标的右上角出现一个小的【+】号后，按住鼠标左键到指定的位置释放即可完成复制操作。

（2）使用剪贴板

首先选择移动或者复制的一个单元格或者一块连续的区域（不能对不连续的区域使用此操作，如果选择不连续区域，【剪切】操作时会出现如图5-21所示的提示信息），单击鼠标右键，在弹出的右键快捷菜单中选择【剪切】（或【复制】）选项，接着选择移动到（或复制）的位置，再从右键快捷菜单中选择【粘贴选项】的合适选项，或者【选择性粘贴】子菜单，打开【选择性粘贴】选项（图5-22），再选择合适的粘贴选项即可完成。

图5-21 选择多个区域【剪切】操作提示信息

图5-22 【选择性粘贴】选项

在【选择性粘贴】选项中，有下面选项（内容不同时出现的粘贴选项可能会有所差别），鼠标停留在某选项上时，可以预览粘贴后的效果。

◆ 粘贴：将源区域中的所有内容、条件格式、格式、批注、数据有效性等全部粘贴到目

标区域。

◆ 公式：仅粘贴源区域中的数值、文本、日期、公式等内容。

◆ 公式和数字格式：除粘贴源区域内容外，还可以包含源区域的数字格式。

◆ 保存源格式：复制源区域的所有内容和格式。当源区域中包含用公式设置的条件格式时，在同一工作簿的不同工作表之间用这种方式粘贴后，目的区域条件格式中的公式会引用源工作表中对应的单元格区域。

◆ 无边框：粘贴去掉源区域中的边框全部内容。

◆ 保留源列宽：与保留源格式选项类似，同时复制源区域中的列宽，与【选择性粘贴】对话框中的【列宽】选项不同，【选择性粘贴】对话框中的【列宽】选项仅复制列宽而不粘贴内容。

◆ 转置：粘贴时行和列互换，如选择的源数据是一行，转置后将以一列的形式存放。

◆ 合并条件格式：当源区域包含条件格式时，粘贴时将源区域与目标区域中的条件格式合并。源区域如果不包含条件格式，则该选项不可见。

◆ 值：将文本、数值、日期及公式结果粘贴到目标区域。

◆ 值和数字格式：将公式结果和数字格式粘贴到目标区域。

◆ 值和源格式：粘贴时将公式结果粘贴到目标区域，同时复制源区域中的格式，与保留源格式选项类似。

◆ 格式：仅复制源区域中的格式，不复制内容。

◆ 粘贴链接：在目标区域创建引用源区域的公式，源区域数据发生修改，目标区域数据同步改变。

◆ 图片：将源区域作为图片进行粘贴，源区域发生改变时目标区域不改变。

◆ 链接的图片：将源区域粘贴为图片，但图片内容会根据源区域数据的变化而变化。

◆ 选择性粘贴：如果上述选项都不能满足要求，还可以在【选择性粘贴】对话框中进行设置。【选择性粘贴】对话框（图5-23）可以通过单击鼠标右键，在右键快捷菜单的【选择性粘贴】子菜单中选择【选择性粘贴】选项调出；也可以通过选择【开始】选项卡→【剪贴板】组→【粘贴】下拉列表→【选择性粘贴】选项调出。在【选择性粘贴】对话框中，根据实际情况选择需要粘贴的内容，完成后按【确定】按钮即可。

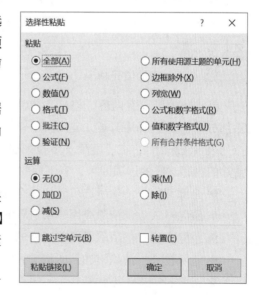

还可以使用【开始】选项卡→【剪贴板】组的【剪切】【复制】【粘贴】等选项，或者快捷键【Ctrl】+【X】、【Ctrl】+【C】、【Ctrl】+【V】来实现移动和复制，其用法和功能与右键快捷菜单中的一致。

注意：只有先剪切或者复制了内容，才可以使用【粘贴】功能。

图5-23　【选择性粘贴】对话框

5.1.6.4 插入和删除单元格

可以采取下面步骤插入单元格：

①鼠标左键单击单元格，选择插入位置。

②单击鼠标右键，在右键快捷菜单中选择【插入】选项，弹出【插入】对话框，如图5-24所示。

单元格插入
和删除

③在【插入】对话框中选择插入方式（有四种方式可以选择）后，鼠标左键击该对话框的【确定】按钮，插入过程完成。

◆ 活动单元格右移：当前单元格及同一行中右侧的单元格都右移一个单元格。

◆ 活动单元格下移：当前单元格及同一列中下侧的单元格都下移一个单元格。

图5-24 【插入】对话框

◆ 整行：在当前单元格所在行上面增加一行。

◆ 整列：在当前单元格所在列左侧增加一列。

删除单元格的过程与插入单元格类似，不同之处是在右键快捷菜单中选择【删除】选项时，弹出【删除】对话框（图5-25），该对话框中各选项表示的意义如下：

◆ 右侧单元格左移：当前单元格右侧的单元格都向左移动一个单元格。

◆ 下方单元格上移：当前单元格下方的单元格都向上移动一个单元格。

图5-25 【删除】对话框

◆ 整行：删除当前单元格所在行。

◆ 整列：删除当前单元格所在列。

还可以选择【开始】选项卡→【单元格】组，【插入】下拉列表中的【插入单元格】选项打开【插入】对话框，【删除】下拉列表中的【删除单元格】选项打开【删除】对话框。

注意：插入或者删除操作，都可以通过【快速访问工具栏】的【撤销】选项撤销、【恢复】选项恢复。

5.1.6.5 清除单元格

单元格中可以有内容、格式、批注、超链接等，实际应用中，可以根据具体情况清除部分信息。选择【开始】选项卡→【编辑】组→【清除】下拉列表（图5-26）；在【清除】下拉列表中根据实际需要选择要清除的内容对应的选项即可。有下面的【清除】选项可以选择：

◆ 全部清除：清除所选单元格的全部内容。

◆ 清除格式：仅清除应用于所选单元格的格式。

◆ 清除内容：仅清除所选单元格的内容。

◆ 清除批注：清除附加到所选单元格的任何批注。

◆ 清除超链接（不含格式）：清除所选单元格的超链接，格式未清除。

图5-26 【清除】下拉列表

◆ 删除超链接：删除所选单元格中的超链接及格式。

如果只需要清除单元格的内容，可以选中单元格后在右键关联的快捷菜单中选择【清除内容】选项，或者按【Delete】删除。

注意：清除单元格只是对于单元格的内容、格式等进行清除，并不会删除单元格，对其后面和下面的单元格不会产生影响。

5.1.6.6　行、列的插入或删除

行、列的插入或删除可以通过"5.1.6.4 插入和删除单元格"的方法来实现，也可以采取下面的方法实现：

在某行的上面插入一行时，先选中该行（或者该行中的某个单元格），然后选择【开始】选项卡→【单元格】组→【插入】下拉列表→【插入工作表行】选项即可。删除某行时，先选中该行，然后选择【开始】选项卡→【单元格】组→【删除】下拉列表中→【删除工作表行】选项即可。

还可以先选中某行，然后单击鼠标右键，在关联的右键快捷菜单中选择【插入】选项，直接在该行上面增加一行，选择【删除】选项删除该行。

对于列进行插入或者删除方法与行类似，区别是操作的前提是选中列。

【例 5-1】对图 5-27 中的数据，进行下面操作：

（1）将第 2 行和第 11 行内容交换；

（2）将 B 列和 F 列内容交换。

可以采取如下操作过程实现：

① 首先选中第 11 行，在右键快捷菜单中选择【剪切】选项；然后选中第 2 行，在关联的右键快捷菜单中选择【插入剪切的单元格】选项，即可实现把第 11 行移到第 2 行，此时原来的第 2 行变为第 3 行；再选中第 3 行，在关联的右键快捷菜单中选择【剪切】选项，然后选中第 12 行，再到关联的右键快捷菜单中选择【插入剪切的单元格】选项，即可把第 3 行移至最后，也就是实现了第 2 行和第 11 行内容交换。

	A	B	C	D	E	F	G
1	学号	大学物理	英语	高数	计算方法	政治	
2	92013	85	69	70	79	91	
3	92022	69	70	70	69	94	
4	92040	88	83	71	84	95	
5	92068	41	75	67	72	90	
6	92105	29	80	73	53	89	
7	92114	63	65	78	72	95	
8	92123	80	78	61	89	91	
9	92132	77	84	72	88	93	
10	92141	82	73	65	81	91	
11	92150	45	66	77	77	94	
12							

图 5-27　【例 5-1】原始数据

② 首先选中"大学物理"所在列，在右键关联的快捷菜单中选择【剪切】选项，然后选中 G 列，在右键快捷菜单中选择【插入剪切的单元格】选项；选中"政治"所在列，在右键关联的快捷菜单中选择【剪切】选项，然后选择第 B 列，在关联的右键快捷菜单中选择【插入剪切的单元格】选项，即可实现 B 列和 F 列内容交换。

操作完成后如图 5-28 所示。

	A	B	C	D	E	F	G
1	学号	政治	英语	高数	计算方法	大学物理	
2	92150	94	66	77	77	45	
3	92022	94	70	70	69	69	
4	92040	95	83	71	84	88	
5	92068	90	75	67	72	41	
6	92105	89	80	73	53	29	
7	92114	95	65	78	72	63	
8	92123	91	78	61	89	80	
9	92132	93	84	72	88	77	
10	92141	91	73	65	81	82	
11	92013	91	69	70	79	85	
12							

图 5-28　【例 5-1】设置后效果图

5.1.6.7 查找和替换

查找和替换

（1）查找

查找过程如下：选择【开始】选项卡→【编辑】组→【查找和选择】下拉列表→【查找】选项，弹出【查找和替换】对话框，在【查找】选项卡中用鼠标左键单击【选项】按钮，就可以显示明细的设置项，如图5-29所示。

【查找】选项卡中可进行如下设置：

◆ 查找内容：输入要查找的内容，可以使用通配符。其中，"?"表示任意一个字符；"*"表示任意多个连续的字符，可以是0个字符。如果要查找的是"*"本身，则在查找的内容中输入"*"；如果是查找"?"，则需要输入"\?"。如查找以"学"开头的两个字的文字，则设置为"学?"；如果是查找以"学"开头，后面不限制字数的文本，则设置为"学*"。注意"?"必须是在英文状态下输入。

图5-29 【查找】选项卡

◆ 格式：鼠标左键单击【格式】按钮，会出现【查找格式】对话框，可以在该对话框中对查找的格式进行设置。

◆ 范围：下拉列表有【工作表】选项（表示查找在当前工作表中进行）和【工作簿】选项（查找在当前工作簿中进行）。

◆ 搜索：【按行】【按列】两种方式，分别表示行优先或者列优先搜索。

◆ 查找范围：下拉框中有【公式】【值】和【批注】三个选项，根据实际情况进行设置。

◆ 若选中【区分大小写】【单元格匹配】【区分全/半角】复选框，则对查找的内容进行相应的匹配。

◆ 查找全部：鼠标左键单击【查找全部】按钮，可以将当前范围内所有相关的内容信息查找出来。

◆ 查找下一个：鼠标左键单击【查找下一个】按钮，则从当前单元格开始查找，找到第一个满足条件的单元格后停止下来，查找到的单元格成为新的当前单元格。

（2）替换

替换用于将当前工作表（或工作簿）相同数据改为另一批数据，过程如下：选择【开始】选项卡→【编辑】组→【查找和选择】下拉列表→【替换】选项，如图5-30所示，该选项卡中对查找内容、替换内容、范围、格式等的设置方法与查找

图5-30 【替换】选项卡

中的一致。如图5-30所示，能实现将工作表中的"94"替换为"85"。

设置完成后，鼠标左键单击【全部替换】按钮或者【替换】按钮就可以实现替换操作。【全部替换】会把找到的所有符合条件的数据都替换掉，【替换】则只把当前单元格中符合条件的数据替换掉。

5.2　工作表数据输入

5.2.1　输入数据的一般方法

在Excel 2016中，数据输入的过程一般如下：

①选择输入数据的工作表，首先打开对应工作簿，鼠标左键单击要处理的工作表标签即可。

②选择活动单元格，鼠标左键单击要输入数据的单元格即可，此时，在名称框中会显示该单元格的地址，在活动单元格中输入信息，输入的信息会在编辑栏显示。

③输入完成后，按【Enter】键就可以将输入的内容保存到当前单元格，同时，该单元格下面的单元格成为新的活动单元格。

活动单元格可以通过键盘上的方向键【↑】【↓】【←】【→】上下左右移动来重新选择，也可以使用鼠标左键单击其他单元格来选择；还可以按【Tab】键将活动单元格移到当前活动单元格的右侧。

注意：在活动单元格中输入数据或编辑时，编辑栏上的三个按钮【×】【√】和【fx】，分别表示取消、输入和插入函数三个功能，也可以使用键盘上的【Esc】键取消操作，【Enter】键确认输入。

5.2.2　不同类型数据的输入

Excel 2016中有多种不同类型的数据，如数值、货币、日期、时间等，不同类型的数据输入和显示也有差别，下面是一些常用数据类型的输入技巧。

5.2.2.1　字符和字符串

Excel 2016中的字符包括汉字、英文大小写字母、数字字符、空格和其他特殊符号。字符串由多个字符组成。字符和字符串在单元格中默认为左对齐。

输入字符和字符串时，注意以下情况：

◆ 输入数字字符或数字字符串（全部由数字字符组成，如学号、身份证号等）：Excel 2016中，直接输入的数字默认为数据，如果数据过大单元格不能完全显示时会自动以科学计数的形式显示，这不符合数字字符串的定义；因此，可以在输入时先输入"'"号，表示输入的是字符串，如输入"'123456"，则在单元格中将以文本的形式显示

123456，自动左对齐。

◆ 输入长字符串：因为单元格宽度有限，当输入的字符串过长时，默认状况下如果右侧单元格中没有数据，则超宽部分延伸到右侧单元格显示；如果右侧单元格有内容，则超宽部分自动隐藏。

5.2.2.2　数值

数值数据在单元格中默认为右对齐。如果输入的数据宽度超过单元格默认宽度，则自动转换为科学计数法。例如，输入200920124786，可能会自动转化成2.009E+11（或者2.01E+11等其他形式），转换为的科学计数小数位数与单元格宽度相关。

输入数据时，除了0～9、正负号、小数点以外，还可以运用下面的符号：

◆ 圆括号表示负数，如输入（123），单元格中显示为-123。

◆ 以【$】（英文状态下按快捷键【Shift】+【4】）或者【￥】（中文状态下按快捷键【Shift】+【4】）开始的数据表示为货币。

◆【%】表示输入百分数，如输入"%10"，单元格中显示为"10%"。

◆【,】表示分节符，如1,234,456。

◆ 输入带分数时，整数和小数部分要分别输入，中间以空格间隔，如输入"2 1/2"，单元格中显示分数形式"2 1/2"，编辑栏显示小数形式"2.5"。注意整数和分数之间只能有一个英文空格，如果有两个或者两个以上英文空格则当成字符串处理。直接输入分数时，要先输入0，如输入"0 1/3"、"0 4/3"（假分数自动转换为带分数显示）；如果不先输入0，Excel 2016如果可以识别为日期类型则显示为日期，如输入"1/3"显示为1月3号；如果不能识别为日期类型则按照字符串处理。

5.2.2.3　日期和时间

日期和时间在单元格中默认为右对齐方式。

日期输入有多种形式，如输入"2021/1/1""2021-1-1""21/1/1"等形式，单元中均显示为"2021/1/1"。输入的数据如果符合日期格式，表格会自动按照日期形式存储。

注意：直接输入分数形式时，系统如果可以按照规则转换为日期则显示为日期，如输入"28/12"，则单元格显示为"12月28日"；输入的年份如果只有两位数字，大于等于30则系统会自动添加上"19"，如35表示的是1935年；小于30时系统会自动在其前面加上"20"，如29表示的是2029年。

输入时间时，时、分、秒之间用英文冒号"："隔开。如果按12小时制输入时间，则在时间数字后空一格，并键入字母a（或者A、am、AM，与大小写无关，表示上午）或p（或者P、pm、PM，与大小写无关，表示下午）。

输入时，如果同时按快捷键【Ctrl】+【Shift】+【:】（冒号），可以将系统的当前时间输入到单元格中。

5.2.2.4　逻辑型

逻辑型只有两个值，TRUE（真）和FALSE（假），输入时不区分大小写，在单元格中默认显示为大写，居中对齐。

5.2.3 自动填充数据

序列填充

使用自动填充数据可以快速在单元格中输入相同的数据，或是具有某种规律的数据，如等差数列、等比数列等。

5.2.3.1 相同的数据

在连续的单元格中如果要输入相同的数据，先在第一个单元格中输入数据，然后选中该单元格，移动鼠标光标到该单元格右下角，当鼠标光标变成黑色实心【+】（填充柄状态）后，按住鼠标左键向下、向上、向右，或者向左拖动，则拖动所经过之处的所有单元格都填充了该单元格的内容。这种方式下，也可以先选中多个连续的单元格然后再在"填充柄"状态下进行填充。这种方式可以快速填充数据。

输入相同数据时，还可以在第一个单元格输入数据后，再选中要填充的区域（包含输入数据的单元格），然后选择【开始】选项卡→【编辑】组→【填充】 🔽·下拉列表（图5-31），根据输入数据的单元格和待填充单元格的位置关系选择【向下】【向右】【向上】或者【向左】选项进行填充，也可以使用【快速填充】选项进行填充。

还可以选择【开始】选项卡→【编辑】组→【填充】下拉列表→【序列】选项，打开【序列】对话框（图5-32），在【类型】中选择【自动填充】选项进行自动填充。

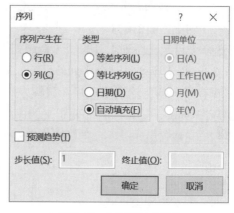

图5-31 【填充】下拉列表　　　　　　图5-32 【序列】对话框

如果需要在不连续的单元格或区域中输入相同的数据时，先选中需要输入数据的所有区域（按住【Ctrl】键可选择不连续区域），然后输入数据，再同时按下快捷键【Ctrl】+【Enter】，则所选中区域的所有单元格都会填入输入的数据。

5.2.3.2 有序数据

待输入的数据如果具有某种规律，如要在A1~A10单元格中输入2~20的偶数，可以采取以下方法进行：

方法一：先在A1单元格输入数字2，再选择【开始】选项卡→【编辑】组→【填充】下拉列表→【序列】选项，在弹出的【序列】对话框（图5-32）中进行编辑：由于是在列中产生数据，因此【序列产生在】选择【列】选项；填入的是等差数据，【类型】选择

【等差序列】选项；根据实际情况，【步长值】设置为"2"，【终止值】设置为"20"，设置完成后，鼠标左键单击【确定】按钮，就可以完成数据序列输入。

在这种方法下，可以根据实际选择序列产生在行或者产生在列、类型（如果序列类型为日期，则需要选择日期的单位）、步长值和终止值。

方法二：先在A1和A2单元格分别输入数据2和4，再选中这两个单元格，将鼠标光标移动到A2单元格的右下角，光标变成黑色实心【+】后，按住鼠标左键向下拖动至A10单元格后释放，即可完成序列的输入。注意：在这种方法下，只能输入等差数列。

5.2.3.3 有序文字

输入有序文字时，有时可以采取"填充柄"方法来输入。如输入"星期一"后，在鼠标光标为填充柄状态时按住鼠标左键拖动（上、下、左、右四个方向可选），则所经过区域自动填充星期二、星期三等，如果序列的数据用完，则从序列的开始数据继续填充，如填充到星期日后，会从星期一再开始。所填入的序列必须在Excel 2016中已定义才能用这种方式进行填充。

自定义序列

如果填充的序列在Excel 2016中没有定义，用户可以自定义新序列，过程如下：

（1）选择【文件】选项卡→【选项】选项，在弹出的【Excel选项】对话框中选择【高级】选项→【常规】选项→单击【编辑自定义列表】按钮，打开【自定义序列】对话框，如图5-33所示，在该对话框的左边是【自定义序列】列表，显示已经定义好的序列；右边是【输入序列】，可用来自定义序列。

（2）选择【自定义序列】列表→【新序列】选项，右边的【输入序列】中输入新的序列（图5-33），输入序列时一个序列条目输入完成后按【Enter】键，换行后输入下一个序列条目，所有序列条目输入完成后，鼠标左键单击【添加】按钮就可以将新序列添加到【自定义序列】列表。还可以将需要定义的序列数据输入Excel的单元格（一个单元格一项序列条目，单元格连续），然后在【从单元格中导入序列】文本框中输入对应的地址，鼠标左键单击【导入】按钮，就可以将单元格中的内容导入建立新序列。

如果在【自定义序列】列表选中已经定义好的序列，【输入序列】文本框中会显示序列的内容。对于Excel 2016预定义的序列，【添加】和【删除】功能不可用；对于用户自定义序列，可以使用【添加】和【删除】功能。

注意：在单元格中输入自定义序列中的任一序列条目，鼠标光标为填充柄状态时按住鼠标左键拖动，可以按照定义的顺序自动填充数据。

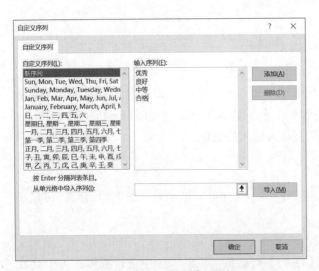

图5-33 【自定义序列】对话框

5.2.3.4　填充右键快捷菜单

自动填充数据还可以采用鼠标右键拖动的方法进行，方法如下：首先在单元格中输入起始值，然后在鼠标光标变为"填充柄"状态时，按住鼠标右键拖动到最后一个单元格后释放鼠标右键，出现如图5-34所示的右键快捷菜单，可以根据所需填充的数据特点在该菜单中选择最合适的填充方式，如【填充序列】【等差序列】【等比序列】等，也可以利用【序列】选项打开【序列】对话框进行设置。

5.2.3.5　记忆式输入

记忆式输入可以在同一列中快速输入前面已经输入的内容。有以下两种方法：

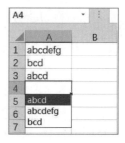

图5-34　填充右键快捷菜单

记忆式输入

自动重复法：选择【文件】选项卡→【选项】选项，在弹出的【Excel选项】对话框中选择【高级】选项→【编辑选项】选项，选中【为单元格值启动记忆式键入】复选框。设置完成后，输入的字符如果与该列上面行的字符相匹配时，则会自动显示剩余字符，如图5-35所示，在A2单元格中，白色底的"a"字符为输入字符，灰色底的"bcdefg"为Excel记忆的剩余字符。如果要输入这些字符，鼠标左键单击【√】按钮或按【Enter】键就可以输入。

下拉列表选择法：选中活动单元格后，同时按住快捷键【Alt】和【↓】键，则在下拉列表中显示同列上面行已经输入的所有项，如图5-36所示，可从下拉列表中选择选项输入到活动单元格中。

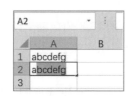

图5-35　【记忆式键入】实例

图5-36　【下拉列表选择法】实例

5.2.4　单元格的批注

单元格的批注就是为单元格添加的注释。

5.2.4.1　插入批注

单元格批注

下面以为B1单元格添加批注来说明插入批注的过程。

①首先选中需要添加批注的单元格B1，在关联的右键快捷菜单中选择【插入批注】选项（或者选择【审阅】选项卡→【批注】组→【新建批注】选项），出现批注编辑框，

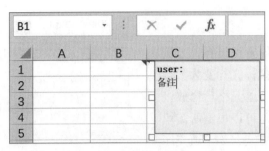

图5-37　批注编辑框

如图5-37所示，B1单元格的右上角会出现红色小三角，有一个带箭头的文本指向B1单元格。

②在编辑框中输入批注的内容。批注的编辑者会获取一个系统的默认值，如图5-37中的"user"，也可以对此项进行编辑。输入完成后，鼠标左键单击编辑框外的任意区域即可。

5.2.4.2　批注的管理

批注的操作主要有编辑、删除、隐藏、取消隐藏、浏览等。

编辑批注时，先选中要编辑批注的单元格，再单击鼠标右键，在弹出的右键快捷菜单中选择【编辑批注】选项即可对批注进行编辑。

删除批注、显示/隐藏批注与编辑批注类似，不同为在右键快捷菜单中选择【删除批注】【显示/隐藏批注】选项。

图5-38　【批注】组

还可以利用【审阅】选项卡→【批注】组（图5-38）的【编辑批注】【删除】实现编辑和删除操作，【上一条】和【下一条】选项实现批注之间的切换，【显示/隐藏批注】选项将批注显示或隐藏，【显示所有批注】选项显示所有批注。

5.2.4.3　设置批注显示形式

Excel 2016提供了三种批注的显示形式，分别如下：

◆ 无批注或标识符：批注和标识符都不显示。

◆ 仅显示标识符，悬停时加显批注：在批注单元格的右上角，有一个红色的小三角，只有当鼠标停留在添加批注的单元格中时，批注才会显示出来。

◆ 批注和标识符：同时显示批注和标识符，如图5-37所示。

批注的内容和标识符是否在工作表中显示出来，取决于对批注选项的设置，设置批注显示形式的方法如下：选择【文件】选项卡→【选项】选项，在弹出的【Excel选项】对话框中选择【高级】选项→【显示】选项→【对于带批注的单元格，显示:】选项，在对应的单选框中选择批注的显示情况，设置完成后，鼠标左键单击【确定】按钮，即可实现批注选项的显示效果设置。

5.2.5　输入公式

Excel 2016的公式是对指定的数据进行数据计算或其他的一些操作的计算表达式，可以返回一个或多个结果，返回信息、操作其他单元格的内容，返回测试条件等。Excel

2016公式一般以"="开始，可以对一个或多个值进行运算，简单的公式有加、减、乘、除等计算；复杂一些的公式可能包含函数（函数是预先编写的公式），如"=3*5+2"返回3和5相乘，再加2的结果；"=A1+A2"返回 A1 单元格和A2单元格中数值相加的结果。

5.2.5.1　公式的组成

公式实质上就是一个等式，可以包含以下任意一个或全部对象：函数，单元格引用，运算符和常量，如图5-39所示。公式写法与数学中表达式类似，也可以使用括号来改变运算符的优先级。

函数：Excel 2016内置函数或用户自定义函数，函数可以简化和缩短工作表中的公式。

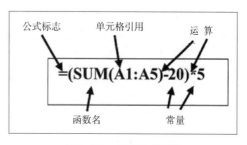

图5-39　公式组成示例

单元格引用：单元格或区域。单元格值发生改变时，公式值会重新计算。例：A1和A2单元格分别输入10和20，A3单元格输入公式"=A1+A2"，输入完成后，A3单元格显示为30；如果A1单元格值改变了为20，则Excel 2016会自动更新A3单元格的值为40。

运算符：Excel 2016中可以使用的运算符类型和作用如表5-2所示。

表5-2　　　　　　　　　　运算符的类型和作用

运算符类型	运算符	作用	示例
算术运算符	+	加法	10+20或者A1+A2
	−	减法	10−20或者A1−A2或−A1
	*	乘法	10*20或者A1*A2
	/	除法	10/20或者A1/A2
	%	百分比运算	20%
	^	乘幂运算	2^3
比较运算符	=	等于运算	A1=A2
	>	大于运算	A1>A2
	<	小于运算	A1<A2
	>=	大于等于运算	A1>=A2
	<=	小于等于运算	A1<=A2
	<>	不等于运算	A1<>A2
文本连接运算符	&	连接多个单元格中的文本字符串	A1&A2
引用运算符	:（冒号）	特定区域引用运算	A1：A2
	,（逗号）	联合多个特定区域引用运算	SUM（A1：A2，B2：B10）
	（空格）	交叉运算，对两个引用区域中共有的单元格进行运算	A1：B5 B1：D5 取两个区域共同的区域B1：B5

算术运算符除"%"和作为负号使用的"-"外，其他为双目运算符，要求参加运算的数据是数值类型，结果也是数值类型。

比较运算符都是双目运算符，要求运算符两侧数据类型相同，比较运算的结果为"True"或"False"，如"=2>1"的结果为"True"，"=2<1"的结果为"False"。

文字连接运算符"&"也是双目运算符，如"abc"&"def"的值为"abcdef"。

引用运算符两侧是单元格名称或者是区域的名称。

公式中如果有多个运算符，则按照运算符优先级进行计算。这些运算符的优先级由高到低依次为：引用运算符、%、^、（*、/）、（+、-）、&、比较运算符；如果优先级相同，则按照从左到右的顺序计算；如果有括号，则括号优先级最高。

5.2.5.2 公式的输入

输入公式，就是把等式中参与运算的各组成部分和运算符正确地输入。输入公式时，首先选择要输入公式的单元格，再输入"="，然后输入公式各组成部分，如图5-40所示。输入过程中如果需要引用单元格或区域，鼠标左键选择即可。

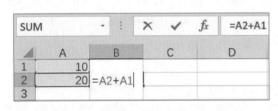

图5-40　输入公式

输入完成后，默认情况下单元格显示公式计算结果，编辑栏显示公式。如果需要单元格中也显示公式，选择【文件】选项卡→【选项】选项→【Excel选项】对话框→【高级】选项→【此工作表的显示选项】，选中【在单元格中显示公式而非其计算结果】复选框即可。

公式中如果含有函数，可以直接在单元格（或者编辑栏）输入函数及其参数；还可以通过【函数】下拉列表（输入公式时，名称框变为函数）进行选择，在下拉列表中选择了某个函数后，会出现【函数参数】对话框，在该对话框中可以对函数参数进行设置，具体设置参考"5.5基础函数"部分。

如果需要修改公式，可以在编辑栏进行，具体操作如下：选中需要修改的公式所在单元格，编辑栏会显示已经输入的公式；再将鼠标光标定位到要修改的位置就可以进行增、删、改等工作；修改完成后，按【Enter】键或者鼠标左键单击【√】即可。

5.2.5.3 输入数组公式

Excel 2016中单元格的集合或者一组数据的集合称为数组，区域的引用也称为区域数组，如A1：C3表示的就是一个3行3列的数组。

Excel 2016公式中可以使用数组常量代替多个单元格引用。数组常量可以包含数字、文本、逻辑值、#N/A错误值等数值，同一个数组常量中还可以包含不同类型的数据。数组常量的值必须写在{}中，逗号将不同列的值隔开，分号将不同行的值隔开。例如：数组常量{1，2；TRUE，FALSE}既包含数字，又包含逻辑值，一共有2行，第一行有2个数字1、2，第二行有两个逻辑值TRUE和FALSE；数组常量中的数字可以使用整数、小数或科学记数格式；文本必须包含在半角的双引号内，例如"one"；数组常量不包含单元格引用、公式或者特殊字符（$、括号或%）。

数组公式用来对两组及以上被称为数组参数的数值进行计算，每个数组参数必须有相同数量的行和列。数组公式可以同时进行多个计算并返回一种或者多种结果。Excel 2016的一些内置函数就是数组公式，必须将其作为数组输入才可以得到正确的结果。

输入数组公式时，先选定存储计算结果的区域，再输入公式，然后同时按下组合键【Shift】+【Ctrl】+【Enter】或者组合键【Shift】+【Ctrl】+【✔】，释放后，Excel 2016会自动在输入的公式外添加"{}"。

如图5-41所示，已知单价（A2：A4）和数量（B2：B4），计算C2：C4区域单元格的金额。先选中C2：C4区域，输入=A2：A4*B2：B4，同时按下组合键【Shift】+【Ctrl】+【Enter】后，公式自动添加{}，同时C2：C4区域填充计算结果，依次为C2=A2*B2，C3=A3*B3，C4=A4*B4。

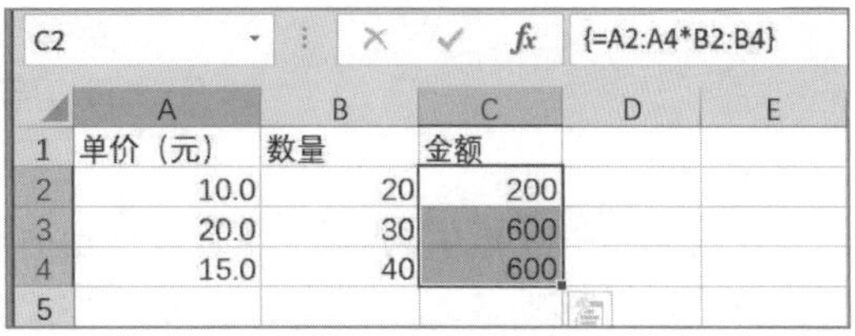

图5-41　数组公式的应用

如果要删除数组公式，先选择整个公式（例如，=A2：A4*B2：B4），按【Delete】键，再同时按下组合键【Shift】+【Ctrl】+【Enter】即可删除；或者选择全部数组公式区域后，按【Delete】键删除，注意数组公式不能部分删除。

注意：如果手动键入{}，公式将转换为文本字符串，并且不起作用。

5.2.5.4　公式计算中的常见错误信息

单元格中输入公式后，如果不能正确计算结果，Excel 2016会显示出错信息，常见的错误信息及其原因如表5-3所示。

表5-3　　　　　　　　　Excel 2016公式中的常见错误信息

错误信息	原因及解决方法
#####	列宽不足以显示包含的内容：解决方法加宽列宽 日期和时间减法时出现负值：解决方法为检查改正
#DIV/0!	公式中包含被零除，如=5/0；引用空白单元格或包含零的单元格作除数：解决方法为修改除数0、做除数的单元格中数值不为0或者空白
#N/A	在公式中使用查找工作的函数时，找不到匹配的值：解决方法为输入数值或参数
#NAME?	使用不存在的名称或者名称无法识别，如名称拼写错误，使用没有允许使用的名称等：解决方法为把名称拼写正确即可
#NULL!	使用了不正确的区域运算符；为两个不相交的区域指定交叉点：解决方法为修改区域
#NUM!	公式或者函数中出现无法接受的参数；输入的公式或者函数产生的数字太大或太小，无法在Excel 2016中表示：解决方法为修改参数为合适类型
#REF!	单元格的引用无效，如删除了被公式引用的单元格，把公式复制到含有引用自身的单元格等：解决方法为修改单元格引用
#VALUE!	需要数字或逻辑值时输入了文本，或者需要赋单一数据的运算符或函数时却赋给了数值区域；解决方法为修改为正确的类型

公式中如果出现了错误，可以检查下面几项，找出错误：

◆ 查看所有的圆括号是否成对出现。

◆ 检查是否已经输入了所有必选的乘数。

◆ 函数嵌套时是否超过等级。

◆ 引用的工作簿或工作表名称中包含非字母字符时是否用单引号引起来。

◆ 每一个外部引用包含的工作簿名称及路径是否正确。

◆ 输入数字时是否设置格式等。

5.2.6 单元格引用

单元格引用

公式中，单元格引用实质上是对单元格地址的引用。对含有单元格引用的公式进行移动或者复制时，会发现公式在经过复制和移动后，公式中所引用的单元格可能会发生改变。这主要是单元格引用有相对引用、绝对引用和混合引用所导致的。

5.2.6.1 相对引用

如果公式中的单元格是相对引用，对公式进行移动或者复制时，公式中单元格引用的行号、列号会根据目标单元格所在的行号、列号的变化进行自动调整。单元格相对引用的表示方法是直接使用单元格地址，即表示为"列号行号"的形式，如单元格A1、区域A2：D2都是相对引用地址。

5.2.6.2 绝对引用

如果公式中的单元格是绝对引用，对公式进行移动或者复制过程中，不管目标单元格在什么位置，公式中所引用的单元格的行号列号均不发生变化。单元格绝对引用的表示方法是在单元格地址的行号和列号前面分别加上一个"$"符号，即表示为"$列号$行号"的形式，如单元格$A$1、区域$A$2：$D$2都是绝对引用。

5.2.6.3 混合引用

如果单元格引用一部分为绝对引用，另一部分为相对引用，则把这类形式称为混合引用。混合引用有两种表示方式，即固定行号（如：A$1）或者固定列（如：$A1）。"$"如果在列号前面，在公式移动或者复制过程中，行号随着目标的行号相应变化，而列号保持不变；如果"$"在行号前面，则在公式移动或者复制过程中，列号随着目标的列号相应变化，而该行号保持不变。

5.2.6.4 相对、绝对和混合引用的区别

下面以具体的例子来看一下相对、绝对和混合地址引用之间的区别。

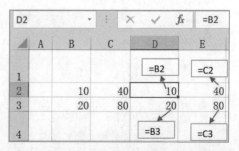

图5-42 相对、绝对和混合引用地址的区别

在一个工作表中，B2、B3、C2、C3中存放的数据分别为10、20、40、80，如图5-42所示。

D2单元格中如果输入"=B2"，则将D2向右复制到E2时，E2中的公式为"=C2"（相对向右移动了一列）；将D2向下复制到D3时，D3中的公式为"=B3"（相对向下移动了一行）；而将D2复制到E3时，E3中的公式为"=C3"（相对右移一列、下移一行）。

D2单元格中如果输入"=$B$2"，则无论将公式移动或者复制到哪个位置，目标单元格中的公式还是为"=$B$2"。

D2单元格中如果输入"=$B2"，则移动或复制公式的过程中，列号保持固定不变；如果将公式向右复制到E2单元格，E2单元格中的公式仍为"=$B2"；但是将公式向下复制到D3单元格，则D3中的公式为"=$B3"，列号保持不变，相对下移了一行；将公式复制到E3时，E3中的公式为"=$B3"，列号保持不变，相对下移了一行。

D2单元格中如果输入"=B$2"，则移动或复制公式的过程中，行号保持固定不变；如果将公式向右复制到E2单元格，则该单元格中的公式为"=C$2"，行号不变，列号相对右移了一列；但是将公式向下复制到D3单元格，则D3中的公式为"=B$2"，没有变化；而将公式复制到E3时，E3中的公式为"=C$2"，行号保持固定不变，列号相对右移了一列。

公式中单元格引用有3种方式，共4种表示方法，这4种表示方法在输入时可以相互转换。在公式是编辑状态时，把鼠标光标移动到需要转换表示方式的单元格地址上，反复按【F4】键，就可以在这几种方式之间转换，如在公式中引用B2单元格，反复按【F4】键时，引用方式按照以下顺序变化：B2→$B$2→B$2→$B2，最后又回到B2。

5.2.6.5　引用其他工作表中的单元格

引用同一个工作簿中其他工作表的单元格或区域时，需要在单元格地址之前说明该单元格所在的工作表，表示形式如下：

工作表名!单元格地址

可以用如下方法引用同一个工作簿的单元格：直接在公式中指定的位置输入该单元格的地址；或者先利用鼠标左键选择指定的工作表，再选择工作表中对应的单元格，则所引用的单元格地址也会自动添加到公式中。

如果要引用其他工作簿的工作表的单元格，则应在工作表名前面说明该工作表所在的工作簿的名称，表示形式如下：

[工作簿文件名.xlsx]工作表名!单元格地址

5.3　工作表的格式化

工作表格式化，就是对工作表中的数据设置数字类型、对齐方式、字体，为工作表设置边框、填充效果、列宽、行高、样式、条件格式等，通过这些设置，不仅可以美化工作表的外观，还可以提高工作表的可读性。

5.3.1 单元格数字格式设置

单元格格式设置

Excel 2016提供常规、数值、货币、会计专用、日期、时间、百分比等大量数字显示格式，如果这些格式都不满足要求，用户还可以自行定义数字格式。输入数据时，默认使用【常规】数字格式。

5.3.1.1 使用【设置单元格格式】对话框

首先选中要设置数字格式的单元格或者区域，选择【开始】选项卡→【数字】组，鼠标左键单击【数字】组右下角【数字格式】对话框启动器；也可以选择【开始】选项卡→【单元格】组→【格式】下拉列表→【设置单元格格式】选项；或者在选中的单元格（或者区域）上单击鼠标右键，在弹出的右键快捷菜单中选择【设置单元格格式】选项，这三种方式都可以打开【设置单元格格式】对话框。

选择【设置单元格格式】对话框→【数字】选项（图5-43），在【分类】列表框中可以看到Excel 2016提供了12种不同分类的数据格式，每选择一种格式，该对话框的右边出现该类型数据的示例，如数字分类选择数值，可以设置小数位数；对话框下面会显示对于该类型数据的简单描述。同一个单元格中的内容选择不同的【分类】时，输出显示的内容会不一样。例如，某单元格中输入

图5-43 【数字】选项卡

1234.567，表5-4中列出了不同分类时的显示。

表5-4　　　　　　　　　　同一数据在不同分类时的显示

分类	显示形式	说明
常规	1234.567	输入时的默认格式
数值	1234.57	2位小数
货币	￥1,234.57	人民币样式符号￥
会计专用	￥1,23457	可以对一系列数据进行货币符号和小数点对齐
百分数	123456.70%	百分数形式，2位小数
分数	12344/7	分母为1位数
科学记数	1.23E+03	2位小数
文本	1234.567	左对齐
特殊	一千二百三十四.五六七	中文小写
自定义	1，235	自定义格式为#，##0表示以整数方式显示

5.3.1.2　使用【数字】组进行设置

使用【开始】选项卡→【数字】组的选项可以对数据格式进行快速简单的设置，如图5-44所示，图中的选项按从上到下、从左到右依次为【数字格式】【会计数字格式】【百分比样式】【千位分隔样式】【增加小数位数】【减少小数位数】。【数字格式】下拉列表中有11种常见的数字格式可供选择，也可以选择【其他数字格式】选项打开【设置单元格格式】对话框进行设置。【会计数字格式】下拉列表提供4钟常见的货币格式，也可以选择【其他会计格式】选项打开【设置单元格格式】设置。【百分比样式】将数据以百分数形式显示，如1.1显示为110%。【千位分隔样式】将数据的整数部分从个位开始向左每3位进行一次分割，如1234576显示为1234，576.00的形式。【增加小数位数】每次增加一位小数，【减少小数位数】每次减少一位小数。

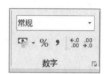

图5-44　【数字】组

5.3.2　对齐方式设置

Excel 2016中不同分类的数据在单元格中会以默认的方式对齐，如文本左对齐、数字右对齐等。如果要设置不同的对齐方式，可以通过【设置单元格格式】对话框中的【对齐】选项卡来实现。如图5-45所示，【对齐】选项卡包含了4个部分：【文本对齐方式】【文本控制】【从右到左】和【方向】。

5.3.2.1　文本对齐方式

文本对齐方式可以通过【水平对齐】和【垂直对齐】下拉列表框来设置，其中【水平对齐】下拉列表框中包含下面选项：常规、靠左（缩进）、居中、靠右（缩进）、填充、两端对齐、跨列居中、分散对齐（缩进）；【垂直对齐】下拉列表框中包含靠上、居中、靠下、两端对齐、分散对齐。

注意：如果选择的【水平对齐】方式中含有"缩进"，【缩进】文本框可以使用，输入需要缩进的字符或者通过微调按钮增加或者减少缩进字符即可。如果选择【水平对齐】为【分散对齐】选项，【缩进】设置为0，则可以选中【两端分散对齐】复选框设置这种对齐方式。

图5-45　【对齐】选项卡

5.3.2.2　文本控制

文本控制由3个复选项组成，其含义分别如下：

【自动换行】：选中该项，当输入的内容超过单元格的列宽时自动换行。

【缩小字体填充】：选中该项，自动缩小单元格中字符字体大小，使数据的宽度与单元格的列宽相同，数据全部一行显示。注意：选中【自动换行】后，该功能不可使用。

【合并单元格】：用于将多个连续的单元格合并为一个单元格。使用过程中，如果选中的单元格中有多个单元格含有数据，则合并后只保留最左上角的单元格数据，合并后的单元格的地址为最左上角的单元格地址。

如果要拆分已经合并的单元格，选中该单元格后，在【对齐】选项卡，取消选中的【合并单元格】复选框即可，拆分后原单元格中的数据会保存在该区域最左上角的单元格中。

合并单元格

5.3.2.3 从右到左

【从右到左】用于对文字方向进行设置，有三种文字方向可供选择：根据内容、总是从左到右、总是从右到左。

5.3.2.4 方向

在Excel 2016中，【方向】用于设置单元格中文本的显示角度，角度值的范围为-90°～90°，可以采取以下方法设置角度值：

◆ 在半圆周上要设置的角度位置处单击鼠标左键。

◆ 鼠标左键单击【文本—】后，按住鼠标左键拖动到指定的角度后释放即可。

◆ 在文本框中输入角度值或者使用微调按钮 来调整角度值。

如果选中【方向】右侧的【文本】框，显示为黑色时，单元格中的文字竖排显示。

如果只需要对单元格中的内容设置简单的对齐方式，使用【开始】选项卡→【对齐方式】组就可以快速实现，如图5-46所示。在【对齐方式】组中提供了6种对齐方式：顶端对齐、垂直居中、底端对齐、左对齐、居中、右对齐。【方向】下拉列表提供了5种不同的文字方向：逆时针角度、顺时针角度、竖排文字、向上旋转文字和向下旋转文字。【合并后居中】下拉列表提供了合并后居中、跨越合并、合并单元格和取消单元格合并四种方式。

图5-46 【对齐方式】组

注意：在使用【合并后居中】按钮时，如果选中的区域中有多个单元格有数据，那么执行该操作后只保留该区域最左上角的数据。

5.3.3 字体设置

可以利用【开始】选项卡→【字体】组的选项（图5-47）来快速设置字体，【字体组】中主要有下列选项：【字体】下拉列表、【字号】下拉列表、【增大字号】【减小字号】【加粗】【倾斜】【下划线】下拉列表等选项。也可以通过【设置单元格格式】对话框→【字

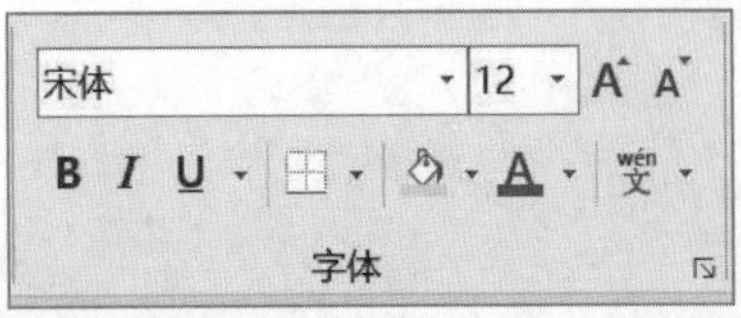

图5-47 【字体】组

体】选项卡来设置复杂的字体，该选项卡中包括字体、字形、字号、下划线、颜色、特殊效果等的设置，设置后可以通过右下侧的【预览】查看设置的效果。具体的设置方式与Word 2016中字体的设置类似，此处不再赘述。

5.3.4　设置边框

工作表的表格线默认状况下是浅灰色的网格线，打印时是不显示的。通过为工作表设置边框，不仅使工作表数据看起来更加美观清晰，而且设置的边框线可以打印出来，这样打印的文本更加清晰易读。

【设置单元格格式】的【边框】选项卡如图5-48所示，由下面4部分组成：

直线：包括【样式】列表框和【颜色】下拉列表，其中【样式】包括虚线、实线、细线、粗实线等线条样式，默认为【无】。【颜色】下拉列表用来设置边框线的颜色，有【主题色】【标准色】【其他颜色】三个选项，鼠标光标移动到颜色按钮时，会显示颜色名称，用户可以根据实际情况选择颜色，默认为【自动】，也可以通过【其他颜色】选项来自己定义颜色。

预置：包括【无】（取消对所选区域边框的设置）、【外边框】（为所选区域增加外边框）和【内部】（为所选区域增加内边框）三个按钮选项。

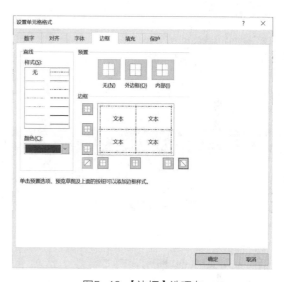

图5-48　【边框】选项卡

边框：包括上边框、内部水平线、下边框、左斜线、左边框、内部垂直线、右边框、右斜线8个不同位置的边框线形式。

预览草图：显示设置的边框线的位置、线条的样式和颜色。

在实际操作过程中，如果要取消对边框的设置，直接用鼠标左键单击【预置】选项的【无】按钮；如果需要设置不同样式、颜色的边框线，则先选择线条的样式和颜色，再使用【预置】选项的【外边框】【内边框】或者【边框】的8个边框按钮来添加边框线，添加的边框线的位置、线条的样式和颜色会在【预览草图】上显示出来，也可以使用鼠标左键单击【预览草图】中边框线的位置实现添加或删除边框线。如图5-48的【预览草图】所示，为【样式】选择【虚线】，颜色选择【标准色】→【深红】，添加外边框和内部边框后的显示效果。

如果只需要添加简单的边框，还可以使用【文件】选项卡→【字体】组→【边框】下拉列表中的选项来实现，这与Word 2016中添加表格边框的方式相似。

5.3.5　设置填充效果

单元格默认状况下是没有背景色和填充效果的，为单元格设置背景色和填充效果，不仅可以突出强调显示数据，将不同类型的数据进行区分，还可以美化工作表。

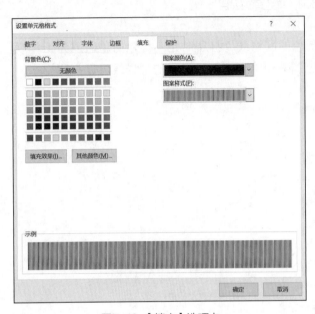

图5-49　【填充】选项卡

设置格式时，先选中要设置的单元格或区域，在【设置单元格格式】对话框中，选择【填充】选项卡（图5-49），该选项卡中包含【背景色】【填充效果】按钮、【其他颜色】按钮、【图案颜色】下拉列表、【图案样式】下拉列表和【示例】选项，用户可以根据实际需要进行设置，设置完成后，可以通过【示例】框预览效果。如图5-49所示，选择【图案颜色】下拉列表→【主题颜色】选项→【黑色，文字1】按钮，【图案样式】下拉列表→【垂直条纹】，则【示例】中会显示设置的效果。鼠标左键单击【确定】按钮，即可把设置的格式应用于所选单元格。

在【填充】选项卡中，还可以用鼠标左键单击【填充效果】选项，打开【填充效果】对话框，如图5-50所示，在【渐变】选项卡中设置【颜色】和【底纹样式】选项。【颜色】可以选择【单色】【双色】和【预设】，【预设】为Excel 2016内置的填充效果，如图5-50所示【示例】为【颜色1】选择【主题颜色】→【白色，背景1，深色5%】，【颜色2】选择【主题颜色】→【深蓝，文字2，淡色40%】，底纹样式选择【角部辐射】的效果。

选定的单元格或者区域如果只需添加简单的背景颜色，可以选择【开始】选项卡→【字体】组→【填充颜色】 下拉列表来完成。

5.3.6　单元格保护

对单元格进行保护，实质上是对单元格设定锁定。保护单元格时先使工作表处于非保护状态，然后选择要设置锁定的单元格或区域，再单击鼠标右键，在弹出的右键快捷菜单中选择【设

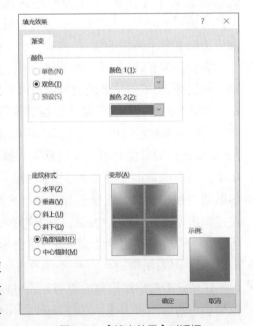

图5-50　【填充效果】对话框

置单元格格式】选项，在弹出的【设置单元格格式】对话框中选择【保护】选项卡，【保护】选项卡有【锁定】和【隐藏】两个复选框，可以根据需要选择其中的一项或者两项都选中。在执行保护工作表（选择【审阅】选项卡→【保护】组→【保护工作表】按钮）操作后，设定的锁定单元格或隐藏公式才有效，否则设定的单元格保护不起作用。

5.3.7　设置列宽与行高

设置列宽和行高

工作表中单元格默认情况下具有相同的行高和列宽，可以根据实际需要对单元格的行高或列宽进行设置。

设置具体数值的行高或者列宽的方法如下：选择【开始】选项卡→【单元格】组→【格式】下拉列表→【单元格大小】选项→【行高】选项或【列宽】选项，则会出现相应的【行高】（图5-51）或【列宽】（图5-52）对话框，在对话框中输入具体数据后，鼠标左键单击【确定】按钮就可以实现对行高或者列宽的精确设置。

图5-51　【行高】对话框

自动调整行高和列宽的方法如下：选择【开始】选项卡→【单元格】组→【格式】下拉列表→【单元格大小】选项→【自动调整行高】选项或者【自动调整列宽】选项，就可以根据内容自动对行高或者列宽进行调整。

图5-52　【列宽】对话框

设置标准列宽的方法如下：选择【开始】选项卡→【单元格】组→【格式】下拉列表→【单元格大小】选项→【默认列宽】选项，弹出【标准列宽】对话框，如图5-53所示，在该对话框中输入标准列宽的值，鼠标左键单击【确定】按钮即可。

图5-53　【标准列宽】对话框

Excel 2016中，还可以运用鼠标调整行高或者列宽：调整行高时，将鼠标移到调整行的行号下方，在光标变成上下双向箭头后，按住鼠标左键拖动至指定的高度后释放鼠标左键即可。在拖动鼠标的过程中，调整行的高度值会显示出来。如果需要同时设置多行行高，则选中多行后按照上面操作即可。列宽调整与行高类似，只不过初始鼠标移到调整列的列号右侧。

5.3.8　单元格样式设置

单元格样式设置

Excel 2016中提供了大量设定好的单元格样式，用户可以根据实际情况选择恰当的样式。设置单元格样式方法如下：选中需要设置的单元格或区域，选择【开始】选项卡→【样式】组→【单元格样式】下拉列表，出现如图5-54所示的下拉列表，当鼠标光标移动到某个样式按钮上方时，会显示该样式的名称，选定的单元格可以预览该样式的效果，选中某样式后鼠标左键单击该样式按钮即可完成对该样式的设置。

如果设定好的样式不满足需求，用户可以自定义样式。选择【开始】选项卡→【样

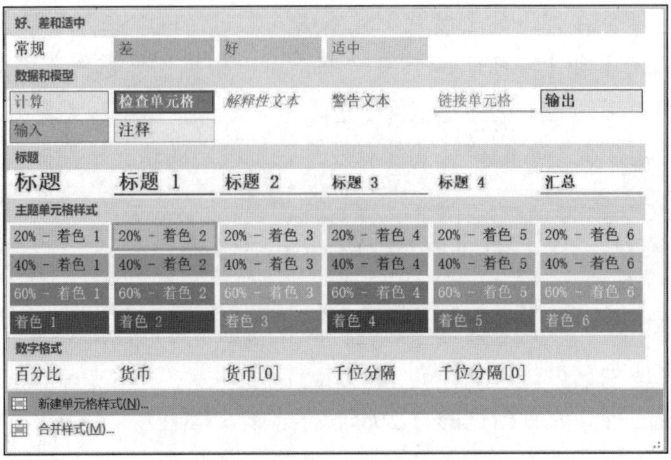

图5-54 【单元格样式】下拉列表

式】组→【单元格样式】下拉列表→【新建单元格样式】选项，打开【样式】对话框，如图5-55所示。新样式默认命名为"样式1"，可以在【样式名】文本框中输入其他的名称；鼠标左键单击【格式】按钮，可以打开【设置单元格格式】对话框，可以对样式的数字、字体、边框、填充等进行设置；【样式包括（举例）】选项中，有【数字】【对齐】【字体】【边框】【填充】【保护】选项，选中样式需要包含的选项所对应的复选框即可。设置完成后，鼠标左键单击【确定】按钮即可把新样式添加到【单元格样式】下拉列表，在【单元格样式】下拉列表的最上面会出现【自定义】选项和【样式1】按钮，鼠标左键单击【样式1】按钮即可对选定的区域按照样式1设置格式。

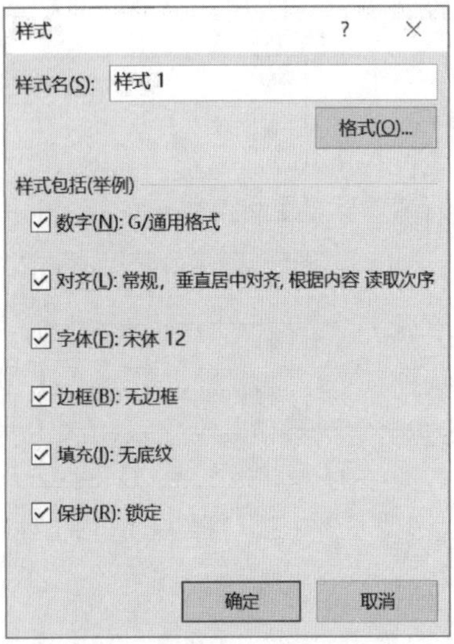

图5-55 【样式】对话框

Excel 2016中还可以把其他工作簿的样式合并到当前工作簿中。选择【开始】选项卡→【样式】组→【单元格样式】下拉列表→【合并样式】选项，打开【合并样式】对话框，如图5-56所示，选择【合并样式来源】的工作簿（该工作簿必须是打开状态的）后，鼠标左键单击【确定】按钮即可将该工作簿中单元格样式复制到当前的工作簿中。

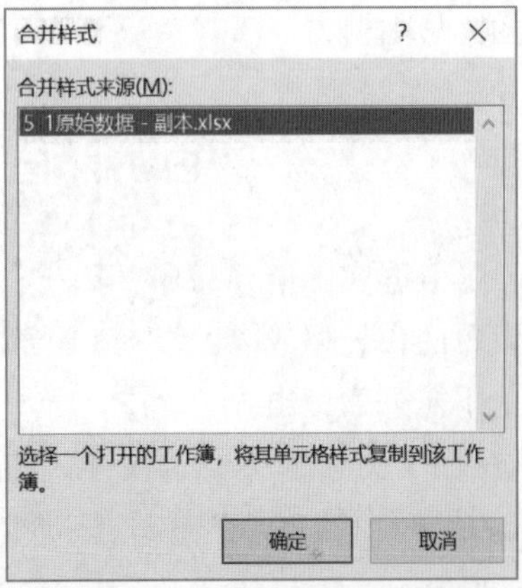

5.3.9 条件格式设置

图5-56 【合并样式】对话框

在查看数据时，有时需要突出显示满足一定条件的数据，如学生成绩信息表中，成绩大于90分的学生和科目有哪

条件格式设置

些，不及格的学生有哪些等。Excel 2016中，运用条件格式可以很方便地解决这些问题。通过设置条件格式，可以将符合设置条件的数据显示出特别的颜色和格式，改变单元格的外观，实现突出显示所关注的单元格区域，强调异常值。通过这种方式可以更加直观地观察和分析数据、发现问题以及识别问题的模式和趋势。

下面以【例5-2】为基础讲解如何设置条件格式。

【例5-2】对图5-27【例5-1】原始数据设置如下条件格式：（1）成绩表中大于90分的单元格数字设置为"数值，1位小数"，字体设置为"加粗倾斜"，填充图案颜色为"深蓝，文字2，淡色80%"、图案样式为"垂直条纹"；（2）成绩表中60~70分的成绩单元格设置为"绿填充色深绿色文本"。

设置过程如下：

①选中成绩表中成绩数据区域B2：F11。注意，只选择成绩数据区域，第1列和第1行不选中。

②选择【开始】选项卡→【样式】组→【条件格式】下拉列表（图5-57）→【突出显示单元格规则】选项→【大于】选项，出现如图5-58所示的【大于】对话框。在【大于】对话框的【为大于以下值的单元格设置格式】文本框中输入"90"，从【设置为】下拉列表中选择【自定义格式】，打开【设置单元格格式】对话框：在【数字】选项卡中设置【分类】为"数值"，【小数位数】设置为"1"；在【字体】选项卡中设置【字形】为"加粗倾斜"，在【填充】选项卡中设置【图案颜色】为"深蓝，文字2，淡色80%"、【图案样式】为"垂直条纹"；设置完成后，鼠标左键单击【确定】按钮即可。

图5-57 【条件格式】下拉列表

③选择【开始】选项卡→【样式】组→【条件格式】下拉列表→【突出显示单元格规则】选项→【介于】选项，打开【介于】对话框（与【大于】对话框类似），在【为介于以下值之间的单元格设置格式】文本框中分别输入60和70，【设置为】下拉列表中选择【绿填充色深绿色文本】，选择完成后鼠标左键单击【确定】即可。设置完成后的效果如图5-59所示。

图5-58 【大于】对话框

对于不需要的条件格式，可以删除，选择【开始】选项卡→【样式】组→【条件格式】下拉列表→【清除规则】选项，有四个选项：【清除所选单元格的规则】【清除整个工作表的规则】【清除此表的规则】【清除此数据透视表中的规】

	A	B	C	D	E	F
1	学号	大学物理	英语	高数	计算方法	政治
2	92013	85	69	70	79	91.0
3	92022	69	70	70	69	94.0
4	92040	88	83	71	84	95.0
5	92068	41	75	67	72	90
6	92105	29	80	73	53	89
7	92114	63	65	78	72	95.0
8	92123	80	78	61	89	91.0
9	92132	77	84	72	88	93.0
10	92141	82	73	65	81	91.0
11	92150	45	66	77	77	94.0
12						

图5-59 设置【条件格式】后的学生工作表

则】；根据实际情况，选择其中的某一选项即可删除对应的条件格式。

还可以使用【条件规则管理器】对条件规则进行管理，选择【条件格式】下拉列表→【管理规则】选项，出现如图5-60所示的【条件格式规则管理器】对话框，该对话框中有【显示其格式规则】下拉列表、【新建规则】【编辑规则】【删除规则】【上移】【下移】按钮，列表显示规则、格式、应用于范围等项。选中列表中某一项规则后，可以通过【上移】【下移】按钮改变规则的顺序；对于不需要的规则，选中后鼠标左键单击【删除规则】按钮或者按【Delete】键删除该规则。如果需重新编辑规则，鼠标左键单击【编辑规则】按钮，打开【编辑格式规则】对话框，在该对话框中可以对规则类型、条件和格式等进行编辑。鼠标左键单击【新建规则】按钮，打开【新建格式规则】对话框（如图5-61所示，还可以选择【条件格式】下拉列表→【新建规则】选项打开该对话框），在该对话框中可以选择规则类型和编辑规则，选择【选择规则类型】列表框中的不同选项时，【编辑规则说明】会不一样，如图5-61显示的是【基于各自值设置所有单元格的格式】所对应的【编辑规则说明】，可以对【格式样式】【类型】【值】【颜色】等进行设置。

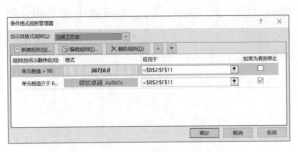

图5-60 【条件格式规则管理器】对话框

图5-61 【新建格式规则】对话框

条件格式中常用的还有【最前/最后规则】选项，可以选择【前10项】【前10%】【最后10项】【最后10%】【高于平均值】【低于平均值】等选项；利用颜色和图标集显示的【数据条】【色阶】和【图标集】选项，通过颜色填充、颜色变化和颜色图标反映单元格数据关系，使用方法与使用【突出显示单元格规则】类似。

注意：设置条件格式过程中，可以使用当前工作表中其他单元格（如【$E$5】引用当前工作表的E5单元格），当前工作簿、非当前工作表中的单元格（如【Sheet2!$B$2】表示Sheet2中的B2单元格）等，但是不能引用其他工作簿的单元格。

5.3.10 套用表格格式

"套用表格格式"是指使用Excel 2016预设的工作表样式，快速设置一组单元格的格式，并使其转换为表格，使用户可以更加省时省力地完成表

套用表格格式

格格式的设置，主要作用如下：

◆ 快速设置美观大方的格式。

◆ Excel 2016会自动将数据区域转换为表格块。

◆ 方便在这个表格块中添加自动汇总，高效完成数据的统计工作。

◆ 可以在该区域选中一个单元格后按快捷键【Ctrl】+【A】快速选择该区域。

使用【套用表格格式】的过程如下：选中要设置格式的区域，选择【开始】选项卡→【样式】组→【套用表格格式】下拉列表，出现如图5-62所示的表格格式选项，包含有【浅色】【中等色】和【深色】三种不同类型的表格格式，鼠标光标移动到样式按钮上面时，会显示样式的名称，同时选中的数据区域可以预览显示效果；选中某一表格格式后，鼠标左键单击对应的按钮即可完成设置。

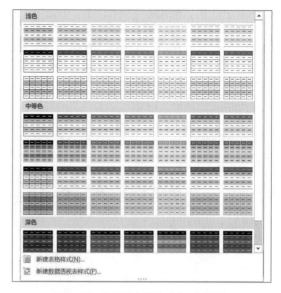

图5-62 【套用表格格式】下拉列表

如果是第一次对该区域使用【套用表格格式】，会出现如图5-63所示的【套用表格式】对话框，在该对话框中可使用

图5-63 【套用表格式】对话框

【表数据的来源】设置数据区域，还可以选择表是否包含标题；如果选中【表包含标题】复选框，则选中数据区域的第一行为标题行，如果不选中该复选框，则自动添加一行作为标题行，列号默认为"列1""列2"等，设置完成后，鼠标左键单击【确定】按钮即可完成对该区域格式的设置。

运用【套用表格格式】后，在Excel 2016的功能区最后会出现【表格工具】→【设计】选项卡，如图5-64和图5-65所示。在【属性】组中，可以设置【表名称】和【调整表格大小】，默认的表名称按照"表1""表2"等进行命名，用户可以输入有意义的表名称。【工具】组中，【通过数据透视表汇总】选项可以使用数据透视表汇总选定表中的数据；【删除重复值】选项删除工作表中的每一列的重复值；【转换为区域】将选定表转换为普通的单元格区域；【插入切片器】可以使用切片器直观地筛选数据；【外部表数据】组主要功能是将表格中的数据导出和刷新；【表格样式选项】组中有标题行、第一列、筛选按钮、汇总行、最后一列、镶嵌边、镶嵌列7个复选框，选中某项后，选定的表格中会出现对应的效果；注意选中【汇总行】复选框后，表格最下面会增加一行"汇总"，"汇总"行单元格下拉列表中有"计算""平均值""最大值""最小值"等汇总函数，可以根据需要选择某一汇总函数，单元格会显示这一列上面的单元格使用汇总函数的计算结果。【表格样式】组的内容和运用与【套用表格格式】下拉列表一致。

如果对所提供的样式不满意，可以自定义新样式，选择【开始】选项卡→【样式】

图5-64 【设计】选项卡一

图5-65 【设计】选项卡二

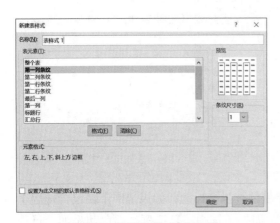

图5-66 【新建表样式】对话框

组→【套用表格格式】下拉列表→【新建表格样式】选项，打开【新建表样式】对话框（图5-66），在该对话框中可以对名称和表元素格式进行设置。【名称】文本框输入有意义的名称，如"表样式1"；【表元素】的每一个选项，选中后单击【格式】按钮，打开【设置单元格格式】对话框，可以进行字体、边框和填充的设置，在右侧的【预览】中可以预览设置的效果；设置完成后，鼠标左键单击【确定】按钮即可把该样式添加到【表格样式】组的【自定义】样式中，使用方法与预定义格式使用方法一致。

可以使用下面方法清除表格格式：使用【表格工具】→【设计】选项卡→【表格样式】组→【清除】选项来完成；也可以使用【快速访问工具栏】→【撤销】按钮来撤销设置的格式；或者使用【开始】选项卡→【编辑】组→【清除】下拉列表→【清除格式】选项来清除设置的格式。

5.3.11 格式的复制和删除

如果工作表中有些内容需要设置相同的格式，可以先对其中一部分内容设置格式，剩下的内容可以使用复制格式的方法快速实现格式化，这样可以提高工作效率，节省时间。同时，对于不需要的格式也可以删除。

5.3.11.1 格式的复制

运用格式刷可以快速地实现格式的设置，具体操作过程如下：首先选择已经设置好格式的单元格或者区域；鼠标左键单击【开始】选项卡→【剪贴板】组→【格式刷】选项，此时，鼠标光标带有一个小刷子；鼠标光标移动到需要设置格式的区域，按住鼠标左键后拖动覆盖所有要设置格式的区域即可。

注意：这种方式只能对一块目标区域设置格式。如果需要对若干个不相邻的位置区域设置相同格式，则鼠标左键双击【格式刷】按钮，就可以进行多次格式的复制；复制全部完成后，再用鼠标左键单击【格式刷】按钮结束。

5.3.11.2　格式的删除

如果不需要已经设置好的格式，选中需要清除格式的区域，使用【开始】选项卡→【编辑】组→【清除】下拉列表→【清除格式】选项就可以清除格式。清除格式后，单元格中的数据将会以默认的格式进行显示。

5.4　图表应用

5.4.1　图表概述

图表是以图形的形式反映数据之间的关系，将数据可视化，突出数据的主要特点，使数据的显示更加直观、清晰。用户只需要输入原始数据就能利用Excel 2016的图表功能创建美观的图表，还可以进一步编辑图表元素、设置图表格式，使图表的显示更符合用户的需求。不仅如此，当图表对应的工作表中的数据发生改变时，图表会随着数据的变化自动更新。

5.4.1.1　Excel 2016图表类型

Excel 2016一共提供了15种标准类型的图表，每种图表类型又包含了若干种子图表类型，下面对常用的图表类型做简单介绍：

柱形图：Excel 2016默认的图表类型，用长方形或者长方体显示数据点的值，通常横轴为分类项，纵轴为数值项。适用于显示数据的变化或者各组数据之间的比较关系。

折线图：将同一系列的数据在图中表示成点并用直线连接起来，适用于随时间或有序类别而变化的趋势，可以显示数据点以表示单个数据值。

饼图：显示数据系列中每一项占该系列数值总和的比例关系，适用于单个数据系列间各数据的比较。

条形图：类似于柱形图，用宽度相同的条形的高度或长短来表示数据多少的图形，强调各个数据项之间的差别情况，纵轴为分类项，横轴为数值项，这样可以突出数值的比较。

面积图：又称区域图，将每一系列数据用直线段连接起来，并将每条线以下的区域用不同颜色填充，强调数量随时间而变化的程度，也可用于引起人们对总值趋势的注意。

XY散点图：用于比较几个数据系列中的数值，或者将两组数值显示为XY坐标系中的一个系列，可按不等间距显示出数据，常用于显示和比较数值、科学数据分析等。

股价图：通常用来显示股票价格走势，股价图数据在工作表中的组织方式非常重要，必须按照特定顺序组织数据才可以绘制到股价图中。

曲面图：类别和数据系列都是数值时可使用曲面图，颜色和图案表示具有相同数值范围的区域，适用于查找两组数据之间的最佳组合。

雷达图：每个分类拥有自己的数值坐标轴，这些坐标轴由中点向四周辐射，并用折线将同一系列中的值连接起来，主要应用于企业经营状况——收益性、生产性、流动性、安全性和成长性等的评价。

树状图：提供数据的分层视图树，分支表示为矩形，每个子分支显示为更小的矩形，用于展示有结构关系的数据直接的比例分布情况，通过矩形的面积、颜色和排列可以轻松显示大量数据的数据层级和占比关系，适合比较层次结构内的比例。

旭日图：也称为太阳图，是一种圆环镶嵌图，每个级别的比例通过1个圆环表示，离原点越近代表圆环级别越高，最内层的圆表示层次结构的顶级，一层一层查看数据的占比情况，适用于显示多层级数据之间的占比及对比关系。

直方图：展示一组数据的分布情况，便于查看数据的分类情况和各类别之间的差异，为分析和判断数据提供依据，是常用的数据统计报告图表。

箱形图：显示数据到四分位点的分布，突出显示平均值和离群值。箱形可能具有可垂直延长的名为"须线"的线条，用来指示超出四分位点上限和下限的变化程度，处于这些线条之外的任何点都被视为离群值，适用于表示多个数据集以某种方式彼此相关。

瀑布图：表现一系列数据的增减变化情况以及数据之间的差异对比，列采用彩色编码，可以快速将正数与负数区分开来，适用于一系列正值和负值对初始值的影响的分析，如加上（或减去）值时的财务数据累计汇总。

组合图：将两种或两种以上的图表类型组合在一起，让数据更容易理解。在组合图中，可以为每一个数据系列选择图表类型，一共有柱形、条形、折线、面积、饼图、XY散点图和雷达图七种类型的图可以选择。

5.4.1.2　图表组成元素

Excel 2016图表由图表区、绘图区、标题、数据系统、网格线、坐标抽等元素组成（图5-67），可以根据实际情况对其中的某些组成元素进行编辑，常用图表元素说明如下：

图表区：包括整个图表及全部元素，可以根据实际情况调整图表区位置和大小。

绘图区：通过横坐标轴和纵坐标抽界定的区域，包括数据系列、坐标轴、坐标轴标题等图表元素。

图表标题：说明性文本，一般显示在绘图区上方，也可以放置到图表区的其他位置。

数据系列：表示工作表中一组相关的数据，来源于工作表中的一行或者一列数据。通常一个图表中可以绘制多个数据系列，每一组数据系列以相同的形状、图案和颜色表示，如图5-67中有"大学物理"和"英语"两个数据系列，标注蓝色的数据系列为"大学物理"成绩。注意：饼图中只能有一个数据系列。

主要横网格线：显示刻度单位的横网格线，对应的还有主要纵网格线。

图例：数据系列名称的集合，用于标识图表中的数据系列名称或者分类制定的图案和颜色，可以对图例的字体、填充、颜色和位置等进行设置。

坐标轴：界定图表绘图区域的线条，包括主要横坐标轴和主要纵坐标轴，一般横坐标作为分类轴，即X轴；纵坐标作为数值轴，即Y轴。

坐标轴标题：坐标轴的名称，如图5-67中的"学号"（横坐标轴标题）和"成绩"（纵坐标轴标题）。

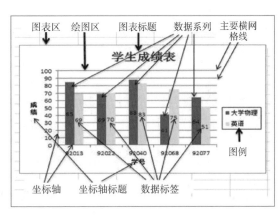

图5-67　图表元素

数据标签：为数据标记提供附加信息，数据标签数据来源于数据表单元格的单个数据点或值。

5.4.2　创建图表

Excel 2016中，主要通过【插入】选项卡→【图表】组，在该组中选择合适的图表类型选项后即可创建图表，下面以【例5-3】为例说明建立图表的具体过程。

【例5-3】对图5-68所示的"某公园植树情况统计表"中的数据，选择2018年和2020年的数据，创建簇状柱形图。

创建图表的具体操作过程如下：

（1）选择数据区域

创建图表时，首先需要选择数据区域，数据区域可以是连续的，也可能不连续，

	A	B	C	D
1	某公园植树情况统计表			
2	树种	2018年	2019年	2020年
3	杨树	100	130	110
4	松树	80	90	70
5	桂花树	60	75	50

图5-68　某公园植树情况统计表

如【例5-3】的数据区域就是不连续的，按住【Ctrl】键选择不连续的区域。如果只选中数据区域的某一个单元格，Excel 2016会自动识别该单元格所在的区域，并按照该数据区域创建图表。如果选择的数据区内有文字，则应在区域的最上行或者最左列，如图5-68中的第2行和第A列，用以表示图表中数据的含义。按照题目要求，同时选中A2：B5和D2：D5区域。

（2）插入图表

选择【插入】选项卡→【图表】组→【插入柱形图或条形图】下拉列表→【二维柱形图】选项→【簇状柱形图】即可创建簇状柱形图，如图5-69所示。

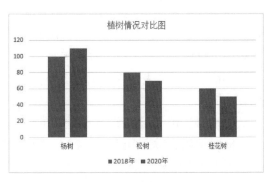

图5-69　簇状柱形图

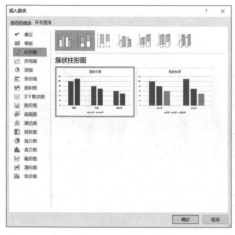

图5-70 【插入图表】对话框

在【插入柱形图或条形图】下拉列表中，提供了四种不同类型的图表选项：二维柱形图、三维柱形图、二维条形图、三维条形图，每一类型下有多种不同类型的子图表，将鼠标光标移动到图表类型（或图表子类型）时，会显示相应的图表类型名称和主要应用。

Excel 2016中提供了15种不同类型的图表，可以通过【更多柱形图】选项，打开【插入图表】对话框→【所有图表】选项卡，如图5-70所示，在该对话框根据需要选择合适的图表类型。还可以使用【图表】组右下角的【查看所有图表】对话框启动器打开【插入图表】对话框，或者使用【图表】组→【推荐的图表】选项，打开【插入图表】对话框→【推荐的图表】选项卡，浏览选择需要的图表类型来创建图表。

（3）确定图表位置

Excel 2016中，图表位置有嵌入图表和图表工作表两种方式。

嵌入图表为插入到工作表中的图表，要在一个工作表中查看图表、打印图表、查看数据透视图及其源数据或其他信息选择这种类型。默认情况下，创建的图表作为嵌入图表插入到工作表中。

图表工作表是只包含图表的工作表，一般在单独查看图表或者数据透视图时使用。

图5-71 【移动图表】对话框

如果需要使用图表工作表，先选中图表，再选择【图表设计】选项卡→【位置】组→【移动图表】选项，弹出【移动图表】对话框，如图5-71所示，在【选择放置图表的位置】中，选中【新工作表】选项，在文本框中输入新工作表名称，鼠标左键单击【确定】按钮即可创建一张新的图表工作表。注意：默认的图表工作表名称是Chart1、Chart2等，也可以根据实际情况输入有意义的图表名称。

如果图表要显示为嵌入图表，在【选择放置图表的位置】中选择【对象位于】，然后在【对象位于】下拉列表框中选择需要插入图表的工作表即可。注意：【对象位于】下拉列表中可以显示当前工作簿的所有工作表。

注意：如果图表嵌入到工作表中，一般以图表所在区域的最左上位置作为图表插入位置。

Excel 2016中，还可以基于默认的图表类型快速创建图表，选中需要创建图表的数据，同时按组合键【Alt】+【F1】，则在当前工作表中创建图表；如果按【F11】键，则在当前工作簿中插入一张图表工作表。

如果需要删除图表，选中后按【Delete】键就可以实现。

5.4.3　图表编辑和格式化

图表编辑

编辑图表指对整个图表或者图表元素进行增加、删除等操作，如添加图表元素、修改图表样式、重新选择源数据、更改图表类型等。格式化指对图表中的字体、字号等进行设计，还可以插入形状、艺术字等到图表中，使图表更加美观。选中图表后，功能区增加了【图表设计】和【格式】两个选项，运用这两个选项的功能可以对图表进行编辑和格式化。

5.4.3.1　图表布局

Excel 2016中，用户可以根据实际情况自定义图表布局，也可以选择已经设定好的布局，主要运用【图表设计】选项卡→【图表布局】组实现。注意：在实际使用过程中，不同类型图表的图表元素和快速布局类型会有所不同。这里主要以"簇状柱形图"为例进行介绍。

自定义布局方法如下：选择【图表布局】选项卡→【添加图表元素】下拉列表（图5-72），该下拉列表显示所有与选中的图表类型相关的图表元素，可以选择其中某一项进行编辑。如图5-72中选择【图表标题】选项，选择【无】选项则删除图表标题，选择【图表上方】选项则图表标题位于绘图区上方，选择【居中覆盖】则图表标题位于绘图区，选择【更多标题选项】打开【设计图表标题格式】功能区，可以对标题的填充、线条、效果、文本等进行设置。还可以使用左键双击要修改的图表元素，打开对应的设置格式功能区进行设置。

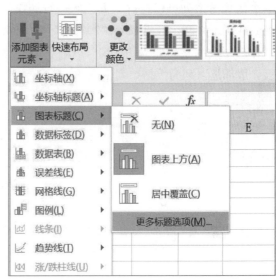

图5-72　【添加图表元素】下拉列表

其他图表元素的设置与图表标题设置类似。对于不需要的图表元素，在图表区选中后按【Delete】键即可以删除。

应用预定义的图表布局方法如下：选择【图表设计】→【图表布局】选项卡→【快速布局】下拉列表，会显示所有与选中图表类型相关的预定义图表布局，鼠标光标停留在某个布局上显示布局名称和布局显示的图表元素，选择某个布局后，鼠标左键单击该布局图标就可以对图表的布局重新进行设置。

5.4.3.2　图表样式

重新设计图表样式主要运用【图表设计】选项卡→【图表样式】组（图5-73）实现，可以更改样式颜色和重新选择图表样式。【更改颜色】下拉列表提供【彩色】和【单色】两种不同类型的调色板，鼠标光标放到调色板选项时会显示调色板名称和颜色组成，选中后即可将该调色板应用于选中的图表。使用【快速样式】时，选中需要设置的图表区的任意位置，鼠标左键单击选择要使用的样式即可。

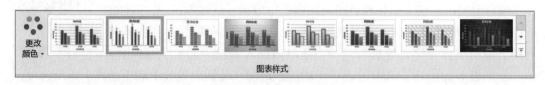

图5-73 【图表样式】组

5.4.3.3 图表数据

创建图表后，图表和创建图表的数据之间建立了联系，当创建图表的数据发生改变时，图表会自动更新。

选中图表后，选择【图表设计】选项卡→【数据】组→【切换行/列】选项，图表中的数据系列可以在行、列之间进行切换，也就是标在 X 轴上的数据将移到 Y 轴上，如图5-69所示有两个数据系列"2018年"和"2020年"，系列产生在列；执行【切换行/列】操作后，数据系列变为"杨树""松树"和"桂花树"，系列产生在行。默认情况下，图表一般都是以列为数据系列生成的。

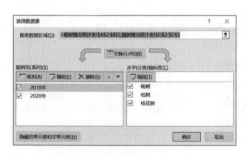

图5-74 【选择数据源】对话框

如要修改图表引用的数据区，选择【图表设计】选项卡→【数据】组→【选择数据】选项，弹出如图5-74所示【选择数据源】对话框。在该对话框的【图表数据区域】重新选择图表数据区域，选择完成后，鼠标左键单击【确定】按钮，即可以完成对图表源数据区域的更改。

【选择数据源】对话框中还有如下功能选项：【切换行/列】按钮可以使数据系列在行列间互换，【编辑】按钮可以对选中的数据系列重新编辑，【删除】按钮可以删除选定的数据系列，【上移】或是【下移】调整系列的顺序，【水平（分类）轴标签】的【编辑】按钮可以打开【轴标签】对话框，对【轴标签区域】重新进行设置；【隐藏的单元格和空单元格】按钮可以打开【隐藏和空单元格设置】对话框进行空单元格显示形式设置和是否显示隐藏行列中的数据。

如果需要新增数据系列，选择【选择数据源】对话框→【图例项（系列）】→【添加】选项，打开【编辑数据系列】对话框，如图5-75所示，在对话框中输入【系列名称】和【系列值】，再用鼠标左键单击【确定】按钮，即可以为图表添加一个新的数据系列。

工作表的数据如果删除了，图表中对应的数据系列也会被删除。如果只需要删除图表中的数据系列，可以在图表中要删除的数据系列上单击鼠标右键，在弹出的右键快捷菜单中选择【删除】命令；或者在图

图5-75 【编辑数据系列】对话框

表中选定要删除的数据系列后，按【Delete】键删除。

5.4.3.4　修饰图表

Excel 2016中还可以对图表进行图形化修饰，如在图表中添加一些说明性的文字、添加艺术字等，可以利用【格式】选项卡来实现，如图5-76所示，在该选项卡下有【插入形状】组，可以在图表中插入文本框、线条、矩形、箭头的形状，插入的形状可以运用【绘图】工具的【格式】选项卡进行编辑；【形状样式】组可以为图表形状的填充、轮廓效果进行设置；【艺术字样式】组可以为图表中的文字设置艺术字样式。通过这些设置，可以使图表更加清晰和美观。

图5-76　【格式】选项卡

5.4.4　迷你图

迷你图

迷你图是放入单个单元格中的小型图表，每个迷你图代表所选内容中的一行数据。在工作表中的数据旁插入迷你图，可以直观地反映数据系列的变化趋势，同时迷你图不会占用工作表大量的空间。迷你图可以通过不同颜色吸引对重要项目（如季节性变化或经济周期）的注意，并突出显示最大值和最小值。

Excel 2016中提供了三种形式的迷你图：折线迷你图、柱形迷你图和盈亏迷你图。

5.4.4.1　创建迷你图

Excel 2016中，可以为一行或者一列数据创建一个迷你图，还可以通过选择与基本数据相对应的多个单元格来同时创建多个迷你图，下面以【例5-4】为基础讲解迷你图的创建过程。

【例5-4】为图5-68中的B3：D5区域的数据创建迷你折线图，存放到E3：E5区域。

具体操作过程如下：首先选择需要存放迷你图的一个或者一组单元格，该题中是E3：E5区域，选择【插入】选项卡→【迷你图】组→【折线迷你图】选项，打开【创建迷你图】对话框（图5-77），在该对话框中设置迷你图的【数据范围】和【位置范围】，这里【数据范围】设置为"B3：D5"，【位置范围】设置为"$E$3：$E$5"，设置完成后鼠标左键单击【确定】按钮，即可实现在E2到E5单元格创建迷你图，如图5-78所示。

也可以先在E3单元格中创建一个迷你图，然后使用填充柄（与复制公式方法相同）为后面相邻的单元

图5-77　【创建迷你图】对话框

图5-78　迷你图

格创建迷你图。

5.4.4.2 迷你图的编辑

创建迷你图后，还可以根据需要对迷你图进行设置，如高亮显示最大值和最小值、调整迷你图颜色等。在工作表上选择一个或多个迷你图时，会出现【迷你图】选项卡，如图5-79所示。在【迷你图】选项卡中有【迷你图】组、【类型】组、【显示】组、【样式】组和【组合】组等功能组。使用这些功能组可以创建新的迷你图、更改其类型、显示或隐藏迷你图上的数据点、设置其样式和格式，或者设置迷你图组中的坐标轴的格式等。

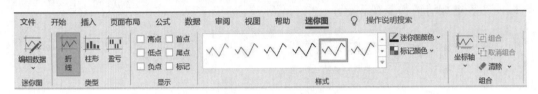

图5-79　迷你图工具

【设计】选项卡主要功能描述如下：

编辑数据：可以编辑所选迷你图组的位置和数据源。

类型：更改迷你图的类型，有【转换为折线迷你图】【转换为柱形迷你图】【转换为盈亏迷你图】三个选项。

显示：选择在迷你图中要标识的特殊数据，如高点，低点等。

样式：为迷你图应用预定义样式，显示的样式与迷你图类型相关，还可以利用【迷你图颜色】下拉列表和【标记颜色】下拉列表设置迷你图和标记的显示颜色。

坐标轴：更改所选迷你图组中每个坐标轴的缩放比例和可见性。

组合：将多个不同的迷你图组合成一组。

取消组合：将迷你图组进行拆分。

清除：清除所选迷你图或者迷你图组。

还可以选中迷你图所在单元格后单击鼠标右键，在弹出的右键快捷菜单中选择【迷你图】选项的子菜单中【编辑组位置和数据】【组合】等功能选项实现对迷你图的快速编辑。

5.4.4.3 迷你图与图表

单元格是Excel 2016平时操作最频繁的对象，经常会在图表、文本框、图片等的功能中大量引用，迷你图存在于单元格上，但是迷你图并不是真正存在于单元格内的内容，它可以被看作是覆盖在单元格上方的图层，不能通过直接引用的方式来引用它，例如图5-78中，如果在F3单元格中输入"=E3"，则显示的值为0。如果需要在其他位置引用迷你图，需要将迷你图转换为图片。具体方法如下：先在含有迷你图的单元格中单击鼠标右键，在弹出的右键快捷菜单中选择【复制】选项；再选择需要存放图片的单元格，单击鼠标右键，在弹出的右键快捷菜单中选择【选择性粘贴】选项→【其他粘贴选项】→【图片】，即可以把迷你图转换为图片粘贴到单元格中。

迷你图转换为图片后，就可以利用【图片工具】→【格式】选项进行相关设置。

5.5　基础函数

Excel 2016提供了财务、日期与时间、数学与三角函数、统计、查找与引用、数据库、文本、逻辑、信息、工程、多维数据集、兼容性、Web一共13类不同的函数，运用函数，可以快速实现数据的计算和统计等功能。函数可以是公式的一部分，也可以当成公式使用，因此，利用函数处理数据和运用公式处理数据的方法是相同的。例如，计算区域A2：A5的数据和，使用函数"=SUM（A2：A5）"与使用公式"=A2+A3+A4+A5"作用是相同的。在参数比较多的情况下，使用函数来实现要简单得多。运用函数不仅可以减少人工输入的工作量，提高工作效率，还可以降低输入时出错的概率。

5.5.1　函数的概念和输入

5.5.1.1　函数概念

Excel 2016函数的一般形式如下：

函数名（参数1，参数2，…）

函数名是Excel 2016定义的名称，表示该函数具有的功能，如MAX表示求最大值，MIN表示求最小值等。

函数参数放在圆括号中，如果有多个参数，参数之间用逗号隔开，如果没有参数［如NOW（）］，函数后面的圆括号也不能省略。函数参数可以是数字、文本、逻辑值、单元格地址等，用户只有输入符合函数要求的参数时才能产生有效的数值，如SUM（A1：A8）要求A1：A8区域存放的是数值数据。

5.5.1.2　函数的输入

Excel 2016中函数可以通过【插入函数】对话框选择函数、设置参数来实现输入，也可以直接在编辑栏输入。

（1）【插入函数】对话框输入

【插入函数】对话框是Excel 2016提供的辅助输入公式的重要工具，下面以输入函数【=SUM（Sheet1!B2：B7，Sheet2!C2：C7）】为例，说明Excel 2016中输入函数的过程：

首先选中需要存放计算结果的单元格，打开【插入函数】对话框（图5-80），可以采取下面方法打开该对话框：选择【公式】选项卡→【函数库】组→【插入函数】选项；鼠标左键单击编辑栏右边的【插入函数】（ _fx_ ）按钮；或者同时按住快捷键【Shift】+【F3】。

【插入函数】对话框由以下几部分组成：

图5-80　【插入函数】对话框

◆【搜索函数】：输入一条简短的说明目的的语句后，鼠标左键单击【转到】按钮，就可以搜索到实现目的的函数，运用该功能可以快速找到所需函数。

◆【或选择类别】：下拉列表框中显示了所有的函数类别，包括常用函数、财务、日期和时间、统计、文本等，选择某个类别后，【选择函数】列表框中会显示该类别的所有函数。

◆【选择函数】：显示可使用的函数。鼠标左键单击选择某个函数名称后，【选择函数】列表框下方会显示对于该函数功能的描述。如图5-80所示，【选择函数】列表框中选择【IF】选项，下面显示IF函数的形式和功能描述。

接着根据需要，在【插入函数】对话框中选择函数。这里是进行求和运算，在【或选择类别】下拉列表框中选择【数学与三角函数】选项，在【选择函数】列表框中选择【SUM】选项，然后鼠标左键单击【确定】按钮，出现SUM函数的【函数参数】对话框，如图5-81所示。

在【函数参数】对话框引用单元格的方法如下：首先把光标移动到【Number1】对应的文本框，可以直接输入所要计算的数据区域，如在Number1文本框中输入"Sheet1!B2：B7"，Number2文本框中输入"Sheet2!C2：C7"，输入后，会在【=】的右边以数组的形式引用单元格内的数据。也可以使用鼠标左键选择参数文本框中所引用的单元格区域，先选择引用的工作表，再选择工作表中对应的区域，如输入参数

图5-81 SUM函数的【函数参数】对话框

【Number1】时，先单击工作表名称【Sheet1】，再选择工作表"Sheet1"中的B2：B7区域，则文本框中出现Sheet1!B2：B7。

如果参数是常量型数据，直接在参数文本框中输入即可。

在输入参数过程中，SUM函数的【插入函数】对话框会显示已有参数的计算结果。所有参数都输入完成后，鼠标左键单击【确定】按钮，此时会在初始选定的单元格中显示计算的结果。

注意：在使用鼠标选择的过程中，如果工作表被【函数参数】对话框遮住，可以使用鼠标左键单击该对话框中的按钮 ⬆ 来折叠对话框，使工作表全部显示，输入完成后，用鼠标左键单击折叠后的输入框右侧按钮 ▣，就可以恢复输入参数的对话框。

运用【插入函数】对话框方式输入函数的最大优点是准确引用区域，特别是三维引用时不易发生工作表或工作簿名称输入错误的问题。

（2）编辑栏输入

如果要套用某个现成公式，或者输入一些嵌套关系复杂的公式，使用编辑栏输入就更加简便快捷。

采取编辑栏输入时，首先选中存放计算结果的单元格；输入"="后再按照公式的组

成顺序依次输入各个部分及其参数，输入完成后，鼠标左键单击编辑栏中的【输入】（即【√】）按钮，或者按【Enter】键即可。输入过程中中文的符号会自动转换为英文符号。

注意：编辑栏输入时，只有对公式及其参数非常熟悉才能准确进行输入。

5.5.2　最大/最小值函数MAX/MIN

常用函数

Excel 2016中提供了最大/最小值函数返回一组数值中的最大/最小值，函数参数及描述如下：

最大值函数：MAX（number1，number2，…）

该函数返回一组数值中的最大值，忽略逻辑值和文本，可以有1~255个参数。

最小值函数：MIN（number1，number2，…）

该函数返回一组数值中的最小值，忽略逻辑值和文本，可以有1~255个参数。

【例5-5】对图5-27【例5-1】原始数据求各科成绩的最高分和最低分，分别存放到B12：F12和B13：F13区域中。

计算最高分过程如下：首先选中B12单元格，选择【公式】选项卡→【函数库】组→【插入函数】选项，打开【插入函数】对话框，在【插入函数】对话框中的【或选择类别】下拉列表中选择【统计】，【选择函数】列表中选择【MAX】选项，打开MAX函数的【函数参数】对话框（图5-82），在【Number1】文本框中输入区域B2：B11，鼠标左键单击【确定】按钮即可把"大学物理"成绩的最高分填入B12单元格；再选中B12单元格，在鼠标光标变为填充柄状态时按住鼠标左键拖动至F12单元格释放，即可求出剩余科目的最高分并填入对应的单元格，如图5-83中B12：F12区域所示。

计算最低分操作过程与最高分类似，不同为在【插入函数】对话框的【选择函数】列表中选择【MIN】选项，打开MIN函数的【函数参数】进行设置。

图5-82　MAX函数的【函数参数】对话框

图5-83　函数计算后的结果显示

5.5.3　求和函数SUM

Excel 2016中SUM函数参数及描述如下：

SUM（number1，number2，…）

该函数计算单元格区域中所有数值的和，可以有1~255个参数，参数可以是数值或者是含有数值的单元格（或者区域），单元格中的逻辑值和文本会被忽略。但作为参数键入时，逻辑值和文本有效。

【例5-6】对图5-27【例5-1】原始数据求各学生的总分，存放在到G2：G11区域。

计算总分过程如下：首先选中G2单元格，选择【公式】选项卡→【函数库】组→【插入函数】选项，打开【插入函数】对话框，在该对话框的【或选择类别】下拉列表框中选择【数学与三角函数】选项，【选择函数】列表中选择【SUM】选项，打开SUM函数的【函数参数】对话框（图5-81），在【Number1】文本框中输入B2：F2，鼠标左键单击【确定】按钮即可计算"学号为92013"的学生总分并填入G2单元格，再将G2单元格复制到G3：G11区域，即可计算剩下学生的总成绩。最后显示如图5-83中G2：G11区域所示。

5.5.4 平均值函数AVERAGE

Excel 2016中AVERAGE函数参数及描述如下：

AVERAGE（number1，number2，…）

该函数返回其参数的算术平均值，参数可以是数值或者包含数值的名称、数组和引用，可以有1~255个参数。

【例5-7】对图5-27【例5-1】原始数据求各学生的平均分，存放在到H2：H11区域。

计算平均分过程如下：首先选中H2单元格，选择【公式】选项卡→【函数库】组→【插入函数】选项，打开【插入函数】对话框，在该对话框的【选择函数】列表中选择【AVERAGE】选项，打开AVERAGE函数的【函数参数】对话框（与SUM函数的【函数参数】对话框类似），在【Number1】文本框中输入区域B2：F2，鼠标左键单击【确定】按钮即可计算"学号为92013"的学生平均分并填入H2单元格，再将H2单元格复制到H3：H11区域，即可计算剩下学生的平均分。计算结果如图5-83中H2：H11区域所示。

也可以在H2单元格直接输入"=G2/5"来计算平均分。

Excel还提供如下求平均值函数：

AVERAGEA（value1，value2，…）

该函数返回所有参数的平均值，字符串和FALSE相当于0，TRUE值为1。

AVERAGEIF（range，criteria，average_range）

该函数查找给定条件指定的单元格的平均值。参数range是要求值的单元格区域，criteria参数用于定义查找平均值的单元格范围，可以是数字、表达式或文本形式的条件，参数average_range用于指定查找平均值的实际单元格，缺省时使用区域中的单元格。

5.5.5 逻辑条件函数IF

Excel 2016中逻辑条件函数IF的函数参数及描述如下：

IF（logical_test，value_if_true，value_if_false）

该函数判断某个条件是否被满足，如果满足返回一个值，如果不满足

条件函数

返回另一个值。各参数表示的意义：Logical_test，任何一个可判断为TRUE或FALSE的数值或者表达式；Value_if_true，满足条件时的返回值；Value_if_false，不满足条件时的返回值。

例如，IF（1>2，"x"，"y"）的结果为y。

例如，如果B2中学生成绩">=60"分则为及格，否则为不及格，则可以表示为IF（B2>=60，"及格"，"不及格"）。

【例5-8】对图5-27【例5-1】原始数据求各学生平均分的等级，存放在到J2：J11区域，要求平均分大于等于80为良好，平均分大于等于70小于80为中等，平均分大于等于60小于70为合格，平均分低于60分为不合格。

计算平均分等级过程如下：首先选中J2单元格，选择【公式】选项卡→【函数库】组→【插入函数】选项，打开【插入函数】对话框，在该对话框的【选择函数】列表中选择【IF】选项，打开IF函数的【函数参数】对话框（图5-84），在【Logical_test】文本框中输入"H2>=80"；在【Value_if_true】文本框中输入"良好"；在【Logical_test】值为false时需要继续插入条件进行判断，此时将鼠标光标放到【Value_if_false】文本框，鼠标左键单击【函数】下拉列表的"IF"选项，可以重新打开一个IF函数的【函数参数】对话框，按照上面过程输入对应条件、条件为真和为假的取值；IF函数可以多层嵌套，最底层设置完成后，确定即可返回上一层。全部设置完成后，J2单元格中显示的公式如下所示：=IF（H2>=80，"良　好"，IF（H2>=70，"中等"，IF（H2>=60，"合格"，"不合格"）)），这里一共嵌套了三层。运用公式复制的方法计算区域J3：J11的平均分等级。计算结果如图5-83中J2：J11区域所示。

注意：IF函数最多可以嵌套64层。

图5-84　IF函数的【函数参数】对话框

5.5.6　计数函数

Excel 2016中常用的计算函数及其参数描述如下：

COUNT（value1，value2，…）

该函数的功能是计算区域中所包含数字的单元格数目，可以有1~255个参数，可以包含或者引用不同类型的数据，但是只对数字型数据进行计数。如图5-83函数计算后的结果显示中，B14单元格计算"大学物理"物理成绩的总数时，输入"=COUNT（B1：B11）"或者"=COUNT（B2：B11）"，计算结果都是10，因为"大学物理"是非数字型数据，用COUNT函数计数时没有统计进来。

如果计数时需要把非数字型数据统计进来，可以使用COUNTA函数，该函数及其参数描述如下：

COUNTA（value1，value2，…）

该函数的功能是计算区域中非空单元格数目，如图5-83中，B14单元格输入"=COUNTA（B1：B11）"，则显示计算结果为11。

如果要计算某区域中满足给定条件的单元格数目，使用COUNTIF函数，该函数形式及参数描述如下：

COUNTIF（range，criteria）

range表示要计算其中非空单元格数目的区域，criteria表示条件，可以以数字、表达式或文本形式定义。例如COUNTIF（B2：B10，>60），表示计算B2：B10区域中"">60""的单元格数目。criteria中可以直接输入条件，也可以引用单元格数据。如图5-83函数计算后的结果显示中B15：F15区域，计算各科不及格人数，需要在COUNTIF【函数参数】对话框中进行如下设置：在【Range】文本框中输入区域B2：B11，在【Criteria】文本框中输入""<60""，如图5-85所示。

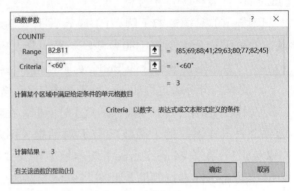

图5-85　COUNTIF【函数参数】对话框

Excel 2016中还提供了COUNTIFS统计一组给定条件所指定的单元格数，COUNTBLANK函数计算某个区域中空单元格的数目。

5.5.7　日期时间函数

Excel 2016中提供了大量的日期时间函数，下面对常用的日期时间函数进行介绍：

DATE（year，month，day）

该函数返回在Microsoft Excel日期时间代码中代表日期的数字。各参数表示的意义如下：year是介于1900或1904（取决于工作簿的日期系统）到9999之间的数字；month代表每年中月份的数字，如果所输入的月份大于12，将从指定年份的一月份执行加法运算；day代表在该月份中第几天的数字，如果 day 大于该月份的最大天数时，将从指定月份的第一天开始往上累加。例，单元格输入公式"=DATE（2000，13，32）"则显示为"2001/2/1"。

注意：如果输入的年份小于工作簿日期系统指定的年份，则自动加上工作簿系统指定的年份。

DAY（serial_number）

该函数返回一个月中的第几天数值，介于1到31。"serial_number"是Excel 2016进行日期及时间计算的日期，参数是字符串形式，如单元格中输入"=DAY（"2001/1/3"）"，则计算结果为3。

TODAY（）

该函数返回日期格式的当前日期，不需要参数。如今天是2021年9月1号，单元格输入"=TODAY（）"，显示为"2021/9/1"。

DAYS（end_date，start_date）

该函数返回两个日期之间的天数，如单元格输入"=DAYS（"2001-2-2"，"2001-1-1"）"，则显示计算结果为32。

5.5.8　排名函数

Excel 2016中提供了以下排名函数：

RANK（number, ref, order）

该函数返回某数字在一列数字中相对于其他数值的大小排名。

RANK.AVG（number, ref, order）

该函数功能与RANK函数类似，不同为如果多个数值排名相同，则返回平均值排名。

RANK.EQ（number, ref, order）

该函数功能与RANK函数类似，不同为如果多个数值排名相同，则返回该组数值的最佳排名。

　　这三个函数参数意义一样，number表示要查找排名的数字；ref是一组数或对一个数据列表的引用，非数字值将被忽略；order指定排名的方式，如果为0或忽略则表示降序，非零值表示升序。

　　这三个函数用法类似，下面以Rank函数为例说明用法，如图5-83函数计算后的结果显示中I2：I11区域计算学生总分的排名，计算I2单元格数值时，RANK函数的【函数参数】对话框设置如图5-86所示：【Number】文本框中输入"G2"，【Ref】文本框中输入"G$2：G$11"，表示计算"G2"单元格中数据在"G$2：G$11"这组数据中的排名，

【Order】文本框中输入"0"，表示降序排列，即学生总分按照从高到低排名，设置完成后，该对话框显示"计算结果=4"，鼠标左键单击【确定】按钮后，I2单元格显示数字4。

　　复制含有RANK函数的公式时，注意参数Ref数据列表的引用，这里是计算G2：G11区域中某个单元格在该区域的排名，公式复制过程中，区域保持不变，因此Ref参数需要使用绝对应用"$G$2：$G$11"。

图5-86　RANK函数的【函数参数】对话框

5.5.9　搜索元素函数VLOOKUP

VLOOKUP函数

搜索元素函数VLOOKUP的形式及参数描述如下：

VLOOKUP（lookup_value, table_array, col_index_num, range_lookup）

该函数搜索单元格区域首列满足条件的元素，确定待检索单元格在区域中的行序号，再进一步返回选定单元格的值。其中，lookup_value是要查询的值；value，table是需要查询的单元格区域，这个区域中的首列必须要包含查询值，否则公式将返回错误值，如果查询区域中包含多个符合条件的查询值，VLOOKUP函数只能返回第一个查找到的结果；col_index_num用于指定返回查询区域中的列序号，搜索单元格区域的首列的列序号为1；range_lookup决定函数的查找方式，如果为0或FALSE，用精确匹配方式，而且支持无序查找；如果为TRUE或被省略，则使用近似匹配方式，同时要求查询区域的首列按升

N	O	P	Q
学号	总分	平均分	排名
92013	394	78.8	4
92105	324	64.8	10
92132	414	82.8	2
92150	359	71.8	8

图5-87 搜索结果显示

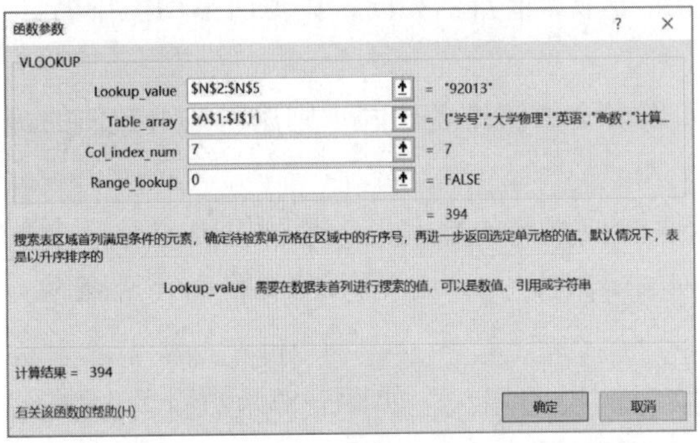

图5-88 VLOOKUP函数的【函数参数】对话框

序排序。

【例5-9】对图5-83函数计算后的结果显示的数据，要求查找出学号为92013、92105、92132和92150的学生的总分、平均分和排名，显示结果如图5-87所示。

操作过程如下：首先输入要检索的数据，在N1：N5区域输入"学号，92013，92105、92132，92150"，注意输入的查询值类型必须与查找单元格区域中的类型一致，这里都是文本类型。接着选中O2单元格，打开VLOOKUP函数的【函数参数】对话框，如图5-88所示，【Lookup_value】文本框中输入"$N$2：$N$5"（主要是为了后面的公式复制，公式复制过程中搜索区域不变，使用单元格绝对引用）；【Table_array】文本框输入"$A$1：$J$11"；【Col_index_num】输入"7"，因为"总分"是"学生成绩表"的第7列；【Range_lookup】文本框输入"0"，表示使用精确匹配方式。设置完成后，确定即可计算结果填入O2单元格，运用公式复制的方法计算O3：O5区域的数值。同样的方法计算平均分和排名，完成后效果如图5-87所示。

5.6 数据应用与分析

Excel 2016的数据管理采取数据库方式。数据库方式主要是指工作表中数据组织的方式与关系型数据库中的二维表类似，即信息按照记录进行存储，每个记录中包含信息内容的各项称为字段，如学生成绩表中，一条学生成绩信息就是一个记录，学生记录中"学号"就是一个字段。这种方式下，一般数据表的第一行存放字段名称，也称为列标题，第二行开始是具体的记录，如图5-87所示。这种数据组织形式也称为数据列表或者数据清单。

使用Excel 2016的数据统计分析功能时，首先必须将表格创建为数据清单的形式，即每一个表格要包括列标题和记录（列标题对应的数据），Excel 2016根据列标题对数据进行筛选、排序、分类汇总等操作，记录则是Excel 2016实施管理功能的对象，该部分不允许有非法的内容出现。要正确地创建数据清单，要遵守下面的规则：

◆ 尽量在一张工作表上建立一个数据清单，避免在一张工作表上建立多个数据清单，如果工作表中还有其他数据，则这些数据要与数据清单之间留出空行、空列。

◆ 避免在数据清单中放置空白行和列，这将有利于检测和选定数据清单。

◆ 避免将关键数据放到数据清单的左右两侧，因为在筛选数据清单时这些数据可能会被隐藏。

◆ 列标志应位于数据清单的第一行，Excel 2016使用这些标志创建报告并查找和组织数据。

◆ 同一列中各行数据项的类型和格式应当完全相同。

◆ 在单元格的开始处不要插入多余的空格，因为多余的空格影响排序和查找。

5.6.1　数据验证

数据验证设置又称为数据有效性设置，指对一个或者多个单元格中输入的数据类型和数据范围进行预先设置，保证输入的数据在有效的范围内，同时还可以设置输入提示信息，出错警告等。设置数据验证，不仅可以节约数据录入的时间，还可以提高数据录入的准确性。

数据验证设置

【例5-10】设置区域A1：A5的数据范围为0~100的整数，输入提示信息为【0~100之间的整数】，出错提示信息为【输入的数据不在有效范围内，请重新输入】。

具体的操作过程如下：

（1）选定需要设置的区域A1：A5。

（2）选择【数据】选项卡→【数据工具】组→【数据验证】选项，弹出【数据验证】对话框，如图5-89所示。在【数据验证】对话框中，选择【设置】选项卡，进行如下设置：【允许】下拉列表中选择【整数】，【数据】下拉列表中选择【介于】，【最小值】文本框中输入0，【最大值】文本框中输入100（【最小值】和【最大值】也可以引用单元格中的数据）。

（3）选择【数据验证】对话框→【输入信息】选项卡，进行如下设置：【标题】文本框中输入【分数】，【输入信息】文本框中输入【0~100之间的整数】。

（4）选择【数据验证】对话框→【出错警告】选项卡，进行如下设置：在【样式】下拉列表中选择【停止】，【标题】文本框中输入【错误】，【错误信息】文本中输入【输入的数据不在有效范围内，请重新输入】。

（5）鼠标左键单击【确定】按钮，即可完成对数据验证的设置。

图5-89　【数据验证】对话框

设置数据验证后，选中区域A1：A5的任意一个单元格，屏幕上都会出现提示信息，如图5-90中A1单元格下方显示的提示框所示。如果输入的数据不在指定的范围内，如A1单元输入了-1，确认输入后，会出现【错误】对话框，显示错误信息，如图5-90所示。

实际处理时，有时候输入的数据需要从几个选项中进行选择，例如，采取5分制评价学生成

图5-90　输入提示和错误警告

绩，成绩有5种状态：优秀、良好、中等、合格、不合格。这种状况下，也可以通过设置数据有效性来完成。这种方式也称为设置数据输入帮手。

【例5-11】学生成绩采取5分制评价，成绩有5种状态：优秀、良好、中等、合格、不合格，为学生成绩（B2：B6区域）设置数据输入帮手。

数据输入
帮手设置

具体操作过程如下：

（1）选定需要设置的区域B2：B6。

（2）选择【数据】选项卡→【数据工具】组→【数据验证】选项，弹出【数据验证】对话框，如图5-89所示。在【数据有效性】对话框中，选择【设置】选项卡，进行如下设置：【允许】下拉列表中选择【序列】，【来源】文本框中输入序列的值（人工输入时，不同的序列值之间用英文状态下的"，"隔开），也可以先将序列值输入到工作表单元格中（如图5-91中的D1：D5区域），然后引用序列值所在的区域。【输入信息】和【出错信息】选项卡的设置与【例5-10】类似。输入完成后，鼠标左键单击【确定】按钮即可完成设定。

（3）设置完成后，选择区域B2：B6中的任意一个单元格，该单元格的右侧会出现下拉按钮，可以通过下拉按钮在下拉列表中选择成绩等级，如图5-91所示。

设置数据输入帮手，可以减少人工输入的错误，节省数据输入的时间，但这只适用于数据是少量的固定值。

Excel 2016中，如果没有进行有效性设置，则默认为【任何值】。用户可以使用整数、小数、序列、日期、时间、文本长度、自定义（使用公式计算有效性）来设置数据的有效性，具体的操作方法与【例5-10】和【例5-11】类似。

图5-91　数据输入帮手

5.6.2　数据筛选

数据筛选是指显示数据清单中满足一定条件的数据，不满足指定条件的数据暂时被隐藏（没有被删除）。如果取消筛选条件，则隐藏的数据又会显示出来。Excel 2016的筛选功能，可以缩小查找范围，提高查找速度。

数据筛选后，对筛选后的数据子集，不需要重新排列或者移动就可以进行复制、查找、编辑、设计格式、制作图表、打印等操作。

Excel 2016筛选过程中，还可以使用通配符进行模糊匹配，通配符"*"代表任意多个字符，包括空字符；通配符"?"代表任意一个字符，通配符必须在英文状态下输入。

Excel 2016提供了"自动筛选"和"高级筛选"两种筛选方法。

5.6.2.1　自动筛选

Excel 2016的自动筛选支持下面四种条件：按颜色筛选、日期筛选、文本筛选和数字筛选，对于每个单元格区域，这四种条件是互斥的，即每

自动筛选

次只能选一个条件进行筛选。下面以【例5-12】为基础说明自动筛选的应用。

【例5-12】找出图5-92中满足以下条件的数据，销售方式为零售且销售金额大于等于200小于400。

操作过程如下：

（1）首先在数据列表中单击选择任何一个单元格，选择【开始】选项卡→【编辑】组→【排序和筛选】下拉列表→【筛选】选项（或者选择【数据】选项卡→【排序和筛选】组→【筛选】选项），选择完成后，可以看到数据区域中每一列的列标题右边都出现了自动筛选按钮，如图5-93第1行所示。

	A	B	C	D	E
1	分店	商品名称	销售方式	销售数量	销售金额
2	第1分店	牛奶	零售	60	360
3	第3分店	可乐	零售	50	100
4	第1分店	牛奶	批发	80	400
5	第1分店	可乐	零售	100	300
6	第3分店	牛奶	零售	78	468
7	第2分店	可乐	批发	105	210
8	第3分店	可乐	批发	120	240
9	第2分店	牛奶	批发	140	700
10					

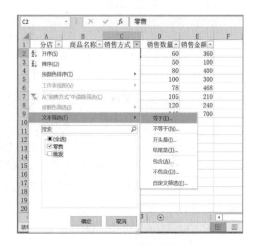

图5-92　数据筛选原始数据

图5-93　自动筛选

（2）在列标题对应的下拉列表中选择需要进行筛选的条件。先筛选出“销售方式”为“零售”的数据，在【销售方式】下拉列表中选中【零售】复选框即可，选择完成后鼠标左键单击【确定】按钮即可显示所有销售方式为零售的数据记录；再选择【销售金额】下拉列表→【数字筛选】选项→【自定义筛选】选项，打开【自定义自动筛选方式】对话框，设置如图5-94所示，设置完成后，鼠标左键单击【确定】按钮即可。此时显示的数据为满足条件“销售方式为零售且销售金额大于等于200小于400”的数据，如图5-95所示。

图5-94　【自定义自动筛选方式】对话框

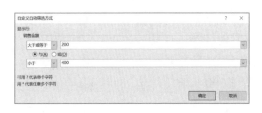

	A	B	C	D	E
1	分店	商品名称	销售方式	销售数量	销售金额
2	第1分店	牛奶	零售	60	360
5	第1分店	可乐	零售	100	300

图5-95　自动筛选后的数据

某列数据如有设置筛选，列标题右侧的下拉按钮变成了筛选图标，如图5-95中的【销售方式】和【销售金额】。

自动筛选时，可以同时对多列数据设定筛选条件，这些筛选条件之间是【逻辑与】的关系，如【例5-12】中，先设置“销售方式”是“零售”的筛选条件，再设置“销售金额大于等于200小于400”的筛选条件，则只有同时满足这两个条件的数据记录才会显示出来。

使用自动筛选时，不同的数据类型对应的自动筛选下拉列表会有所不同，如【例5-12】中，“销售方式”为文本数据，因此对应的下拉列表中有“文本筛选”选项；“销售金额”为数字数据，因此对应的下拉列表中有“数字筛选”选项。类似地，筛选的数据是日期类型时，对应的下拉列表中有“日期筛选”选项；筛选的数据设置了字体颜色、填充颜色等颜色时，下拉列表中的“按颜色筛选”选项才可用。

如果要取消某一个筛选条件，鼠标左键单击对应的下拉列表，然后选择【从"列名称"中清除筛选】选项（如图5-93中的【从"销售方式"中清除筛选】），就可以取消这个筛选条件。注意：只有设置了筛选条件后，该功能选项才可用。如图5-93中，设置筛选条件前，该选项是灰色不可用状态。

如果要取消全部自动筛选，选择【开始】选项卡→【编辑】组→【排序和筛选】下拉列表→【筛选】选项（或者选择【数据】选项卡→【排序和筛选】组→【筛选】选项），则所有列标题右侧的自动筛选箭头消失，数据全部显示出来。

5.6.2.2 高级筛选

高级筛选

对于比较简单的筛选条件，可以使用自动筛选快速方便地完成。但是，如果筛选条件较为复杂，如有多个筛选条件并且涉及多个列字段，采用自动筛选需要经过多次筛选才能实现，有些情况还不能直接用自动筛选实现（如筛选过程涉及的列之间是逻辑或的关系），而采用高级筛选可以一次就完成。

高级筛选过程中涉及3个数据区域：数据列表区域、条件区域和筛选结果存放区域。

数据列表区域就是要筛选的数据列表所在的区域。

条件区域用来存放筛选条件，是高级筛选的最关键区域，设置方法如下：在工作表中根据具体情况选择若干空行作为条件区域（条件区域与原始数据列表区域之间至少间隔一个空行、一个空列），然后根据筛选条件在选中区域的首行输入对应的列名称，在列名称下方输入对应的筛选条件。输入条件时应注意以下事项：

◆【逻辑与】关系的条件出现在同一行。

◆【逻辑或】关系的条件不能出现在同一行。

◆ 条件区域中的内容格式必须与原始数据列表中的内容格式完全一致，列名称必须与原始数据列表中的列名称完全一致。

◆ 如果是空白单元格，表示允许任意值。

筛选结果区域用来存放筛选结果。默认状况下，在原来的数据列表区域显示筛选结果，也可以将筛选结果放到其他区域。

【例5-13】对图5-92中的数据列表，筛选出满足以下条件的数据，销售方式为零售或者销售金额大于等于200小于400，筛选结果存放到以单元格A11开始的区域。

H	I	J
销售方式	销售金额	销售金额
零售		
	>=200	<400

图5-96　自动筛选条件区域

具体操作过程如下：

（1）首先设置条件区域，如图5-96所示，"销售方式"和"销售金额"之间是或的关系，因此必须设置在不同行，"销售金额"同时满足两个条件，设置在同一行。注意条件区域的格式必须与原始数据列表的格式一致；如出现空白行，则所有的数据都满足条件。

（2）选中数据列表区域中的任意单元格，选择【数据】选项卡→【排序和筛选】组→【高级】选项，出现【高级筛选】对话框，如图5-97所示。

图5-97　【高级筛选】对话框

该对话框中各选项的具体含义如下：

◆方式：有两个选项，【在原有区域显示筛选结果】和【将筛选结果复制到其他位置】。如选择第一个，则【复制到】文本框为不可用状态，直接在原有区域显示结果；如选择第二个，则【复制到】文本框中输入新区域的位置，只需输入新区域的第一个单元格即可。

◆列表区域：绝对地址引用筛选的数据列表区域。

◆条件区域：绝对地址引用筛选的条件区域。

◆复制到：存放筛选后数据的新区域位置。

在【高级筛选】对话框中设置完成后，鼠标左键单击【确定】按钮，显示筛选结果如图5-98所示。

如果要取消高级筛选，直接鼠标左键单击【数据】选项卡【排序和筛选】组的【筛选】选项，则显示所有的数据。

分店	商品名称	销售方式	销售数量	销售金额
第1分店	牛奶	零售	60	360
第3分店	可乐	零售	50	100
第1分店	可乐	零售	100	300
第3分店	牛奶	零售	78	468
第2分店	可乐	批发	105	210
第3分店	可乐	批发	120	240

图5-98　高级筛选后的数据

5.6.3　数据排序

排序是指根据指定的字段值重新排列记录的顺序，指定的字段称为排序关键字。按照排序关键字从高到低的排序称为降序或者递减序列，反之，按照排序关键字从低到高的排序称为升序或递增排序。依据排序关键字的数据类型，排序可以按照字母顺序、数值大小和时间先后等进行。运用排序，可以快速找到数据的最大值，最小值，便于查看数据。

排序

5.6.3.1　简单排序

对于数据列表中的数据如果只需要按照单一关键字（即只按照某一列的数据）进行排序，则只需选中此列中的任一单元格，然后选择【开始】选项卡→【编辑】组→【排序和筛选】下拉列表，在此下拉列表中选择【升序】选项或者【降序】选项即可实现将数据列表中的数据按照选定的关键字排序。也可以选择【数据】选项卡→【排序和筛选】组的 （升序排序）或者 （降序排序）选项来实现。

注意：在简单排序的过程中，如果选中排序关键字所在列的所有数据，排序时会出现【排序提醒】对话框，如图5-99所示。【排序提醒】对话框中有【给出排序依据】单选按钮，【扩展选定区域】会对整张数据列表中的数据按照选定的关键字排序；【以当前选定区域排序】则只对选定的区域中的数据进行排序，其他数据不参与排序，这种方式下，会破坏原有数据列表中记录值的结构。因此，一般情况下，选择第一个选项【扩展选定区域】。

图5-99　【排序提醒】对话框

5.6.3.2　多条件排序

简单排序只能对单一条件进行排序，如果需要对多条件进行排序，则需要使用【排序】对话框进行。选择要排序的数据列表中任意一个单元格，再选择【开始】选项卡→【编辑】组→【排序和筛选】下拉列表→【自定义排序】选项（或者选择【数据】选项卡→【排序和筛选】组→【排序】选项）打开【排序】对话框，如图5-100所示。

图5-100　【排序】对话框

【排序】对话框中的主要选项描述如下：

【添加条件】即添加排序条件，排序过程中如果依赖于多个关键字，使用鼠标左键单击【添加条件】按钮，就可以添加一个新的排序条件，显示为【次要关键字】，可以添加多个次要关键字。排序时按照关键字列表中的顺序依次排序，即先按照主要关键字排序，主要关键字相同时就按照次要关键字排序，以此类推。

【删除条件】即删除选中的排序条件，如果删除的是【主要关键字】，则其下方的第一个【次要关键字】自动变为【主要关键字】。

【复制条件】即复制选中的排序条件。

【上移】▲和【下移】▼按钮，用于调整排序的关键字顺序。

【选项】设置排序选项。鼠标左键单击【选项】按钮，打开【排序选项】对话框，如图5-101所示。【排序选项】对话框中包括三个选项：【区分大小写】【方向】和【方法】。【区分大小写】主要是对于英文字母而言，不选中该复选框则不区分大小写，【方向】可以选择【按列排序】和【按行排序】，【方法】可以选择【字母排序】或者【笔画排序】。根据需要选择是否区分大小写、方向和方法，默认是【按列排序】和【字母排序】。

图5-101　【排序选项】对话框

【数据包含标题】排序的数据列表中如果有标题行，选中此复选框后标题不参与排序；如果不选中，则数据列表中的标题行也参与排序。

【主要关键字】下拉列表显示数据列表中所有的列名称，选择作为排序依据的列名称即可。如果待排序选中的数据列表中不包含标题，则自动以列A、列B、列C等作为列名称。

【排序依据】下拉列表中，有以下四种排序依据可以选择：【单元格值】【单元格颜色】【字体颜色】或【条件格式图标】。

【次序】下拉列表中，选择排序操作应用的顺序——升序（对于文本从 A 到 Z；对于数字从较小到大）或降序（对于文本从 Z 到 A；对于数字从较大到小）；也可以选择【自定义序列】来自行定义排序序列。

　　注意：对数据列表排序后，空格总是排在最后面。

　　单一排序条件不会随工作表保存而保存，即数据排序后，数据列表中的内容如果发生了改变不会自动重新排序。运用【排序】对话框定义的多个排序条件，保存后，每次重新打开工作簿时，都会重新应用已经定义好的条件对数据列表重新排序。重新排序时，可能由于以下原因而显示不同的结果：已在单元格区域或列表中修改、添加或删除数据；或者公式返回的值已改变，已重新计算工作表。

　　【例5-14】对图5-92所示的数据列表进行排序，要求先按照分店升序排序，分店相同时再按照销售方式升序排序，如果销售方式相同，则按照销售金额降序排序。

　　主要操作过程如下：

　　（1）鼠标左键单击选择【数据】选项卡→【排序和筛选】组→【排序】选项，打开【排序】对话框，如图5-100所示。

　　（2）在【排序】对话框中根据题目的要求进行如下设置：【主要关键字】下拉列表中选择【分店】选项，【排序依据】选择【单元格值】选项，【次序】选择【升序】选项；单击【添加条件】，添加次要关键字，依次在下拉列表中选择【销售方式】【单元格值】和【升序】；再次添加次要关键词，依次在下拉列表中选择【销售金额】【单元格值】和【降序】；选中【数据包含标题】复选框。设置完成后，鼠标左键单击【确定】按钮即可完成排序，排序后的结果如图5-102所示。

　　如果待排序的数据列表中含有文本格式的数字，并且文本格式的数据作为排序关键字，排序过程中会出现如图5-103所示的【排序提醒】对话框，一般选择【分别将数字和以文本形式存储的数字排序】选项。

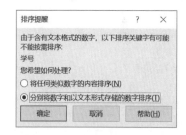

图5-102　排序后的数据　　　　　　　　　　图5-103　【排序提醒】对话框2

5.6.4　数据分类汇总

分类汇总

　　分类汇总，顾名思义就是按照某一分类对数据进行汇总。因此，在进行分类汇总前先要对数据按照要分类的字段进行分类，再对各类别相关数据进行汇总统计，如求和、求最大值、求最小值、求平均数、求个数。在 Excel 2016中，数据分类是通过对数据按分类字段进行排序实现的。

　　Excel 2016中，分类汇总主要是通过使用SUBTOTAL函数和汇总函数（如sum、count和average）一起计算得到的，可以同时为某一类别的数据设置多个汇总函数。分类汇总时，会为选定的汇总数据自动创建公式、插入分类汇总。例如，对图5-92中的数据，如果按照【分店】进行分类，然后再分别计算每个分店的销售总量、销售金额等，这就需要利用分类汇总的方法，其中【分店】为分类字段，销售总量、销售金额则为汇总项，求和、求平均值等则称为汇总方式。

分类汇总前，数据区域要满足下面两个条件：

◆ 进行分类汇总计算数据区域，每个列的第一行用作标签，每个列中都包含类似的数据，并且该区域不包含任何空白行或空白列。

◆ 分类汇总前，要按照分类字段进行排序，如果有多个分类字段，先按照第一分类字段排序，再按照第二分类字段排序……依次类推。

【例5-15】对图5-92中的数据，分别计算每个分店的销售总数量和销售总金额。

具体操作过程如下：

（1）先按照分类字段【分店】对数据列表进行排序。

（2）选择【数据】选项卡→【分级显示】组→【分类汇总】选项，出现【分类汇总】对话框，如图5-104所示。在该对话框中进行如下的设置：选择【分类字段】下拉列表→【分店】选项；选择【汇总方式】下拉列表→【求和】选项；选中【选定汇总项】列表框→【销售数量】【销售金额】复选框。最下面的三个复选框【替换当前分类汇总】【每组数组分页】【汇总结果显示在数据下方】是用来设置分类汇总的显示格式的，这里全部选中。如果以前已有分类汇总，则替换原来的分类汇总；不选中【替换当前分类汇总】，则在原有分类汇总的基础上再次进行分类汇总。【每组数据分页】如果选中，则每一组数据会以一页显示。【汇总结果显示在数据下方】如果不选中，则汇总结果显示在数据上方。

注意：【分类字段】和【选定汇总项】是Excel 2016根据数据列表中的数据生成的；【汇总方式】根据实际要求进行选择，有求和、计数、平均值、最大值、最小值等。

（3）设置完成后，鼠标左键单击【确定】按钮，完成分类汇总，结果如图5-105所示。

从图5-105中可以看出，分类汇总后的数据按照三级显示，可以通过分级显示区上面的三个数字按钮来控制显示哪一级别的数据。鼠标左键单击

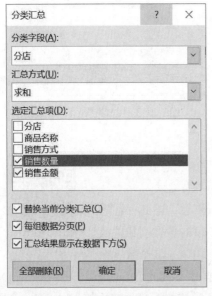

图5-104 【分类汇总】对话框

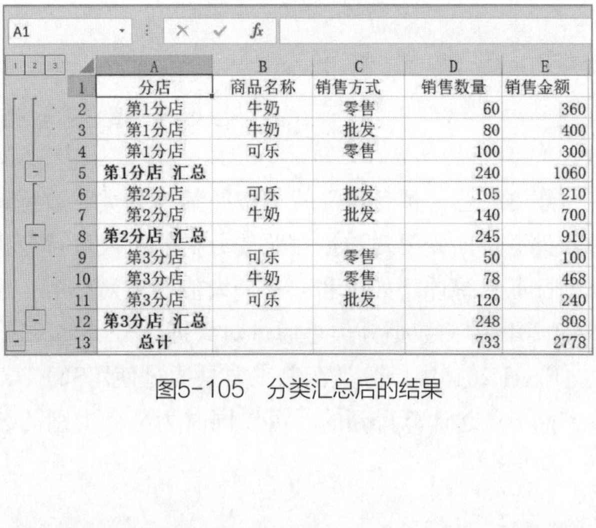

图5-105 分类汇总后的结果

【1】，只显示数据列表中的列标题和总的汇总结果，即图5-105中第1行和第13行数据；鼠标左键单击【2】，显示列标题和各个分类汇总结果和总的汇总结果，即图5-105中第5、8、12、13行数据；鼠标左键单击【3】，显示数据列表的全部数据和所有的汇总结果，如图5-105所示。同时，在数据列表的左侧，有【+】（显示明细数据符号）和【-】（隐藏明细数据符号）。【+】表示该层明细数据没有展开，鼠标左键单击【+】可以显示明细数据，同时，【+】变成为【-】；鼠标左键单击【-】可隐藏该层所指定的明细数据，同时，【-】变成为【+】。也可以选择【数据】选项卡→【分级显示】组→【显示明细数据】和【隐藏明细数据】选项来实现显示或者隐藏明细数据。

如果要清除分类汇总，选择【数据】选项卡→【分级显示】组→【分类汇总】选项，在出现的【分类汇总】对话框中，使用鼠标左键单击【全部删除】按钮即可。

如果要按照多个字段进行分类汇总，即嵌套分类汇总，如在【例5-15】的基础上，再按照【销售方式】字段对销售金额进行汇总，操程过程与上面过程类似，只不过要注意以下几点：

● 第（1）步排序时，按照【分店】为主关键字，【销售方式】为次关键字排序。
● 执行完【例5-15】的后面步骤后（也就是完成第一层的分类汇总后），再次执行【例5-15】的第二步，在设置【分类汇总】对话框时，【分类字段】选择为"销售方式"，【汇总方式】选择为"求和"，【选定汇总项】选择为"销售金额"，特别要注意此时【替换当前分类汇总】不要选中。设置完成后，鼠标左键单击【确定】按钮即可嵌套多一层分类汇总。

在Excel 2016中，可以嵌套多层分类汇总，每嵌套多一层，分类汇总后的级别也多一级，如对于【例5-15】在按照"销售方式"分类，"销售金额"汇总后，嵌套的层数变为4层。

5.6.5　数据透视表/图

数据透视表是一种可以快速汇总大量数据的交互式动态表格，能帮助用户更好地分析和组织数据。它可以动态地设置版面布置，方便按不同方式查看和分析数据，也可以重新设置行标签、列标签和页字段。每一次重新设置版面布置时，数据透视表会立即按照新的布置重新计算数据。此外，如果原始数据区域发生改变，数据透视表会同步更新。

数据透视表

数据透视图是一种提供交互式数据查看和分析的图表，与数据透视表类似。它可以更改数据的视图，查看不同级别的明细数据，还可以通过拖动字段、显示或隐藏字段中的项来重新组织图表的布局，帮助用户更好地对比分析数据。

数据透视表和数据透视图都可以使用多种不同的数据源（用于创建数据透视表或数据透视图的数据清单或表）。数据源可以来自 Excel 2016数据清单或区域、外部数据库或多维数据集，或者另一张数据透视表。

5.6.5.1　数据透视表

数据透视表提供多种对用户友好的方式查询大量数据，主要有以下优点：

◆ 可以按类别和子类别对数据进行汇总，还可以创建自定义计算和公式，便于多角度查看数据。

◆ 可以对数据级别展开和折叠，便于深入查看感兴趣区域的汇总数据的详细信息，关注重点数据。

◆ 可以对数据透视表中的数据进行筛选、排序、条件格式设置等操作，重点关注所需信息。

◆ 提供简明、有吸引力并且带有批注的联机报表或打印报表。

【例5-16】图5-92中的数据，先按照分店进行分类，然后按照销售方式分别统计每一种商品的总销售金额。

主要操作过程如下：

（1）首先单击数据列表中的任意一个单元格，选择【插入】选项卡→【表格】组→【数据透视表】选项，显示【创建数据透视表】对话框，如图5-106所示。

图5-106 【创建数据透视表】对话框

在【创建数据透视表】对话框中，选择要分析的数据和放置数据透视表的位置。其中，【请选择要分析的数据】可以【选择一个表或区域】或者选择【使用外部数据源】；【选择放置数据透视表的位置】可以选择【新工作表】（插入一张新工作表）或者是【现有工作表】（需指定数据透视表在现有工作表中放置区域的第一个单元格），然后鼠标左键单击【确定】按钮，出现空白数据透视表。Excel 2016会根据数据源显示数据透视表字段列表（图5-107），用户可以根据实际需要添加字段、创建布局和自定义数据透视表。

选中空白数据透视的任意区域，在功能区出现【数据透视表工具】，包括【分析】和【设计】选项卡，用来对数据透视表进行编辑和格式化。

当前工作簿中建立的第一张数据透视表默认名称为【数据透视表1】（以此类推，第二张为【数据透视表2】……），可以在【数据透视表工具】→【分析】选项卡→【数据透视表】组→【数据透视表名称】选项中修改名称。

在图5-107的右侧【选择要添加到报表的字段】列表框中，会获取数据源区域中所有的字段名称，需要设置【筛选】【列】【行】【值】四项分类：

◆ 筛选：该区域中的字段作为数据透视表的分页符。

◆ 列：该区域中的字段作为数据透视表的列标题。

◆ 行：该区域中的字段作为数据透视表的行标题。

◆ 值：该区域中的字段作为数据透视表用于汇总的数据。

（2）根据题目要求，这里分别将【选择要添加到报表的字段】的【分店】字段拖动到【筛选】列表，将【商品名称】字段拖动到【行】列表，将【销售方式】字段拖动到【列】列表，将【销售金额】字段拖动到【值】列表，也可以选中需要添加的字段，单击鼠标右键，在弹出的右键快捷菜单中选择字段要添加的区域。选择完成后，【数据透视表】区域就生成相应的数据透视表，如图5-107所示。建立数据透视表后，单击页字段、行标签和列标签右侧的向下箭头，可以选择要显示的数据项。

图5-107　数据透视表

如果要删除数据透视表，先选中数据透视表中的任意位置，再选择【数据透视表工具】→【分析】选项卡→【操作】组→【清除】下拉列表→【全部清除】选项即可。也可以选中整个数据透视表后，按【Delete】键或者在右键快捷菜单中选择【删除】选项。

注意：删除数据透视表，建立数据透视表的数据源保持不变。

建立数据透视表时，还可以使用【插入】选项卡→【表格】组→【推荐的数据透视表】选项，在打开的【推荐的数据透视表】对话框中选择某一推荐的数据透视表，这种方式下筛选、行、列、值字段已经设置好，不需用户另行设置。

5.6.5.2　数据透视图

数据透视图是数据透视表中的汇总数据的图形表示，便于用户轻松查看比较模式和趋势。为数据透视图提供数据源的数据透视表称为相关联的数据透视表，如果更改其中一个的布局，另外一个也随之更改。在新建数据透视图时，会自动创建数据透视表。创建数据透视图后，报表筛选、行标签、列标签会显示在图表区（如图5-108中的"分店""商品名称"和"销售方式"），便于排序和筛选数据透视图中的数据。

创建数据透视图的方法与创建数据透视表的方法类似，选择【插入】选项卡→【图表】组→【数据透视图】选项，出现【创

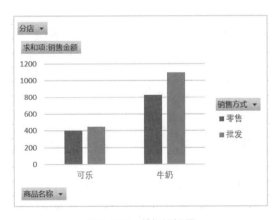

图5-108　数据透视图

建数据透视图】对话框，具体设置与【创建数据透视表】类似，设置完成后即可生成如图5-108所示的数据透视图。

选中【数据透视图】后，功能区出现【数据透视图工具】，主要包括【分析】【设计】和【格式】三个选项。

数据透视图与标准图表一样显示数据系列、数据标记、坐标轴等，可以更改图表类型和图表选项，如标题、图例、数据标签、图表位置等。数据透视表中可以按照分类字段进行筛选，如图5-108中的【分店】【商品名称】和【销售方式】都有下拉列表，鼠标左键单击打开下拉列表后可以进行筛选，筛选的条件改变后，数据透视图和数据透视表都会发生改变。

5.6.5.3　切片器

在Excel 2016中，可以使用切片器来快速筛选数据透视表中的数据。切片器可以显示当前的筛选状态，便于轻松、准确地了解数据透视表中所显示的内容。

为数据透视表创建切片器过程如下：选择要创建切片器的数据透视表中的任意位置，再选择【数据透视表工具】→【分析】选项卡→【筛选】组→【插入切片器】选项，弹出【插入切片器】对话框（图5-109），在该对话框中选择要创建切片器的字段复选框，如选中【分店】和【商品名称】复选框，单击【确定】按钮，选中的每一个字段都会创建一个切片器，如图5-110所示。

图5-109　【插入切片器】对话框

图5-110　【分店】和【商品名称】切片器

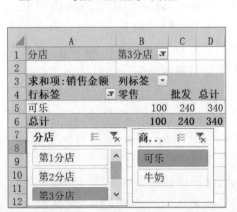

图5-111　使用切片器筛选数据

创建切片器后，在【分店】切片器中选择【第3分店】选项，在【商品名称】切片器中选择【可乐】选项，即可得到"第3分店可乐"的销售金额的数据透视表，如图5-111所示。

如果要清除筛选，可以单击【切片器】对话框右上角的【清除筛选器】按钮或者同时按住【Alt】+【C】。

如果要对切片器的格式、位置等进行设置，鼠标左键单击要设置格式的切片器，将显示【切片器工具】，同时出现【选项】选项卡；在【选项】选项卡中，有【切片器】【切片器样式】【排列】【按钮】等功能组，可以对其进行设置。

如果需要断开切片器与数据透视表的连接，单击切片器对应的数据透视表中的任意位置，选择【数据透视表工具】→【分析】选项卡→【筛选】组→【筛选连接器】选项，弹出【筛选连接器】对话框，如图5-112所示，在该对话框中取消选中切片器字段对应的复选框，再单击【确定】按钮，即可断开该字段与切片器的连接。断开连接后，对这个切片器再进行任何操作都不会影响原来数据透视表显示的内容。

图5-112　【筛选器连接】对话框

如果不再需要某个切片器，可以选择切片器后按【Delete】键；或者右键单击切片器，在弹出的右键快捷菜单中选择【删除<切片器名称>】，均可实现删除切片器。

数据透视图也可以建立切片器，其操作过程与数据透视表类似。

5.6.6　合并计算

合并计算是汇总单独区域中的数据，在单个输出区域中显示合并计算的结果。合并计算能够帮助用户将指定的单元格区域中的数据，按照项目的匹配，对同类数据进行汇总。数据汇总的方式包括求和、计数、平均值、最大值、最小值等。合并计算可以将多个不同工作表（这些工作表可以位于不同的工作簿）的数据合并到一个工作表中。例如，公司的每一个

合并计算

办事处都有一个用于记录开支数据的工作表，则可使用合并计算将这些开支数据合并到公司的总开支工作表中。

合并计算可以按位置进行和按分类进行。如果多个源区域中的数据是按照相同的顺序排列并使用相同的行和列标签时，可以使用按位置进行合并计算，如一系列从同一个模板创建的公司开支情况记录工作表。如果多个源区域中的数据以不同的方式排列，但却使用相同的行和列标签时，则使用按分类进行合并计算。例如，每个月生成布局相同的一系列库存工作表，但每个工作表包含不同的项目或不同数量的项目，此时，就应该使用按分类进行合并计算。

【例5-17】对于图5-113中的"第一季度销售金额"和"第二季度销售金额"中的数据汇总求和。

操作过程如下：首先选择要存放合并计算结果的工作表，选择显示合并计算结果的单元格区域中最左上单元格（为避免原有数据被覆盖，确保在此单元格的右侧和下面为合并计算后的数据留出足够多的空白单元格）；选择【数据】选项卡→【数据工具】

	A	B	C	D	E	F	G
1	第一季度销售金额				第二季度销售金额		
2	分店	销售金额	销售数量		分店	销售数量	销售金额
3	第1分店	3600	360		第1分店	320	3200
4	第2分店	4000	400		第2分店	350	3500
5	第3分店	3000	300		第3分店	280	2800
6	第4分店	2500	250		第4分店	300	3700
7	第5分店	3100	310		第6分店	340	3400

图5-113　销售金额数据表

组的【合并计算】选项，打开合并计算对话框，如图5-114所示。在该对话框中进行如下设置：

在【函数】下拉列表中，选择用来对数据进行合并计算的汇总函数，这里选择【求和】函数；在【引用位置】选择要进行合并计算的数据区域，选择完成后，鼠标左键单击【添加】按钮即可把该区域添加到【所有引用位置】列表中。如果要进行合并计算的数据区域与存放合并计算结果的数据区域位于不同的工作簿，可以通过【浏览】找到该工作簿，然后再查找对应的工作表和数据区域进行添加。对于添加错误或者不需要的引用位置，可以选中后鼠标左键单击【删除】按钮即可删除。

最后选择标签位置，如果选中【首行】则合并计算结果有列标签数据，选中【最左列】则合并计算结果有行标签数据，否则不显示。如果选中【创建指向源数据的链接】复选框，则合并计算后源数据区域的数据如果发生改变，合并后的数据区域的数据也会自动更新（注意合并后的数据区域的数据更新不会影响源数据区域的数据，同时，存放合并计算结果的数据区域如果与合并前的数据区域在同一工作表，该项功能不可用）。这里选中三个标签复选框，如图5-114所示，设置完成后，鼠标左键单击【确定】按钮，即完成合并计算，结果如图5-115所示，合并计算结果与分类汇总结果类似，也可以通过行号左边的折叠展开按钮查看汇总数据或明细数据。

图5-114 【合并计算】对话框

图5-115 合并计算后的结果

注意：【例5-17】采用的是按照类别进行合并计算。对于图5-113中的数据，由于数据列标题和行标题位置不完全一致，不能采用按照位置合并计算。按照位置合并计算前，数据列表中数据行列标题必须完全一致，然后在【合并计算】对话框中不选中【首行】和【最左列】复选框，其他操作与按照类别进行合并类似。

Excel 2016中还可以使用公式或数据透视表对数据进行合并计算。

使用公式对数据进行合并计算步骤如下：首先选择存放结果的工作表，复制或输入要用于合并数据的列或行标签；单击用来存放合并计算结果的单元格，键入对应的计算公式；再按照公式复制的方法，对其他存放结果的单元格输入公式。

注意：如果需要引用的工作表中的数据改变时，会自动更新通过公式进行的合并计算结果，则需将工作簿设置为自动计算公式。

5.7 其他功能

5.7.1 页面设置和打印

Excel 2016中可以对工作表进行页面设置，如设置打印方向、页边距、页眉、页脚、打印区域等，打印前可以预览打印的效果，这样可以使打印的工作表数据更加便于用户查看。

（1）页面设置

在【页面布局】选项卡→【页面设置】组中，可以对页边距、纸张方向、纸张大小、打印区域、分隔符、背景、打印标题等进行设置。也可以单击【页面设置】组右下角的【页面设置】对话框启动器，打开【页面设置】对话框进行设置，该对话框中包含有【页面】选项卡（图5-116）、【页边距】选项卡（图5-117）、【页眉/页脚】选项卡（图5-118）和【工作表】选项卡（图5-119）4个选项卡。

图5-116 【页面】选项卡

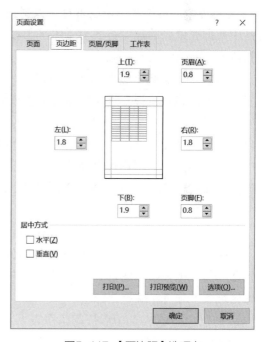

图5-117 【页边距】选项卡

【页面】选项卡可以进行如下设置：

◆【方向】：包括【纵向】和【横向】，与Word相似。

◆【缩放】：用于放大或者缩小打印工作表，其中【缩放比例】的范围是10%~400%，【调整为】表示把工作表拆分为多页进行打印，如调整为3页宽，2页高表示水平方向分为3部分，垂直方向分为2部分，共6页打印。

◆【纸张大小】：在下拉列表框选择纸张大小，如"A3""A4"等。

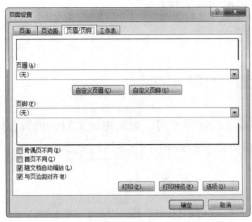

图5-118 【页眉/页脚】选项卡　　　　　图5-119 【工作表】选项卡

◆【打印质量】：表示每英寸打印多少点，每英寸打印的点数越大，打印质量越好。

◆【起始页码】：输入打印范围的首页页码，默认为【自动】，表示从第一页或者接上一页开始打印。

【页边距】选项卡用来设置打印数据在所选纸张的上、下、左、右留出的空白尺寸，打印数据在纸张的居中方式有【水平】和【垂直】两种，默认为靠上靠左对齐，与Word相似。

在【页眉/页脚】选项卡中，【页眉】和【页脚】下拉列表框提供了许多预定义的页眉、页脚格式，鼠标左键单击【页眉】或者【页脚】下拉列表框的选项，对应的文本框中就可以显示格式。还可以根据需求，使用"自定义页眉"或者"自定义页脚"功能来自行定义。【自定义页眉】或者【自定义页脚】时，将页眉区域或者页脚区域分成了左、中、右三个部分，用户可以在这三个部分分别输入信息，还可以对输入的信息进行格式设置，如图5-120所示为【页眉】对话框，【页脚】对话框与【页眉】对话框类似。

在【工作表】选项卡中可以进行如下设置：

◆【打印区域】：选择当前工作表中需要打印的区域。

◆【打印标题】：设置需要重复打印的内容，实现每一页中都有相同的行或者列作为标题，其中【顶端标题行】设置打印区域各个分页上端的行标题，【左端标题列】设置打印区域各个分页左端的列标题。

◆【网格线】：选中后打印工作表时带表格线，否则，只打印工作表数据，不打印表格线。

◆【单色打印】：将彩色格式打印机设置为黑白打印时，选择此复选框选项可以减少打印时间。

◆【草稿品质】：选中该选项复选框，可以加快打印速度，但是会降低打印质量。

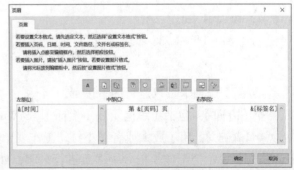

图5-120 【页眉】对话框

◆【行号列标】：选中此项后打印输出时会显示行号列标，默认不输出。

◆【批注】：用来设置是否打印注释及打印的位置。

◆【错误单元格打印为】：用于选择错误单元格的打印效果。

◆【打印顺序】：用于设置将工作表分成多页打印时的打印顺序。

（2）分页

Excel 2016分页包括自动分页和人工分页。打印区域较大时，Excel 2016会自动进行分页，也可以根据需要，通过手动插入分页符的方法来实现人工分页。

手动分页通过插入分页符的方法来实现，包括水平分页、垂直分页和水平垂直分页。

如果要插入水平分页符，则选择要在其上方插入分页符的那一行；如果要插入垂直分页符，则选择要在其左侧插入分页符的那一列；如果要插入水平垂直分页符，则选择要在其上面和左边插入分页符的单元格（图5-121中的E7单元格），然后选择【页面布局】选项卡→【页面设置】组→【分隔符】下拉列表→【插入分页符】选项，就可以插入水平垂直分页符，如图5-121所示，将数据表分成了4页。

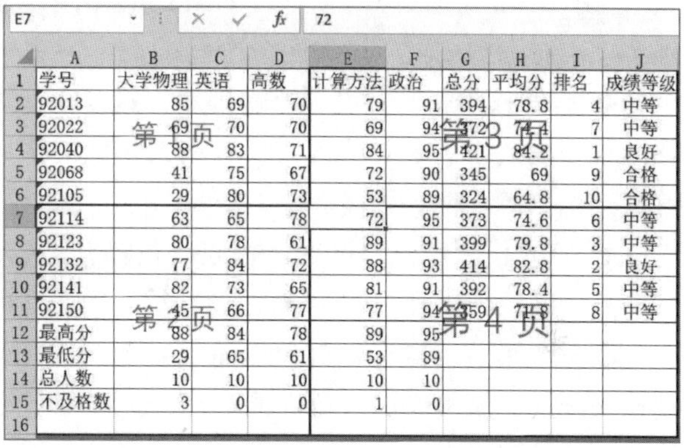

	A	B	C	D	E	F	G	H	I	J
1	学号	大学物理	英语	高数	计算方法	政治	总分	平均分	排名	成绩等级
2	92013	85	69	70	79	91	394	78.8	4	中等
3	92022	69	70	70	69	94	372	74.4	7	中等
4	92040	88	83	71	84	95	421	84.2	1	良好
5	92068	41	75	67	72	90	345	69	9	合格
6	92105	29	80	73	53	89	324	64.8	10	合格
7	92114	63	65	78	72	95	373	74.6	6	中等
8	92123	80	78	61	89	91	399	79.8	3	中等
9	92132	77	84	72	88	93	414	82.8	2	良好
10	92141	82	73	65	81	91	392	78.4	5	中等
11	92150	45	66	77	77	94	359	71.8	8	中等
12	最高分	88	84	78	89	95				
13	最低分	29	65	61	53	89				
14	总人数	10	10	10	10	10				
15	不及格数	3	0	0	1	0				
16										

图5-121　垂直水平分页符

工作表插入分页符后，可以将鼠标移动到分页符上面，在鼠标变为水平方向（或者垂直方向）双向箭头时，按住鼠标左键将分页符移动到指定的位置释放即可实现分页符移动。

注意：如果工作簿是“普通”视图，是不能预览分页效果的，必须切换到“分页预览”视图。选择【视图】选项卡→【工作簿视图】组→【分页预览】选项，即可切换到“分页预览”视图。

如果要删除手动插入的分页符，先选择要修改的工作表，如果要删除垂直分页符则选中该分页符右侧的那一列；如果要删除水平分页符则选中该分页符下方的那一行；若要删除水平垂直分页符则选中该分页符右下侧的单元格，再选择【页面布局】选项卡→【页面设置】组→【分隔符】下拉列表→【删除分页符】选项即可删除对应的分页符。也可以通过选择【页面布局】选项卡→【页面设置】组→【分隔符】下拉列表→【重设所有分页符】选项，删除所有分页符。

（3）预览和打印

选择【文件】选项卡→【打印】选项，可以设置打印份数、选择打印机、设置打印范围等，在右侧可以预览页面打印效果，如果满足需求，鼠标左键单击【打印】按钮即可。

5.7.2　保护数据

为了保护数据不被其他人访问或者非法修改，Excel 2016可以对工作簿、工作表和单元格进行保护。

（1）保护工作簿

工作簿的保护包括两个方面：保护工作簿不被非法访问和保护工作簿中的结构和窗口。

保护工作簿不被非法访问主要通过设置打开和修改权限密码来实现，方法如下：首先打开要保护的工作簿；选择【文件】选项卡→【另存为】命令，在出现的【另存为】对话框中选择【工具】下拉列表→【常规选项】，出现【常规选项】对话框，如图5-122所示。在【常规选项】对话框中可以设置两个密码：

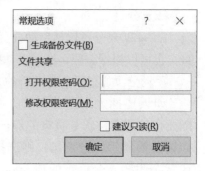

图5-122 【常规选项】对话框

◆ 打开权限密码：设置该密码后，打开工作簿时，会出现【确认密码】对话框，只有输入正确的密码才能够打开工作簿。

◆ 修改权限密码：设置该密码后，打开工作簿时，会出现【确认密码】对话框，只有输入正确的密码后，才能修改工作簿；否则，工作簿以只读方式打开。

输入密码后，鼠标左键单击【确定】按钮出现【确认密码】对话框，需要将密码再次输入一次，用于确认；确认成功后，返回到【另存为】对话框，鼠标左键单击【保存】按钮，完成密码设置。

注意：输入的密码是区分大小写的；如果同时设置了打开和修改权限密码，则再次确认密码时，会出现两次【确认密码】对话框，分别对应打开权限密码和修改权限密码。

保护工作簿中的结构和窗口的操作过程如下：选择【文件】选项卡→【信息】选项→【保护工作簿】下拉列表→【保护工作簿结构】；或者执行【审阅】选项卡→【保护】组→【保护工作簿】选项，弹出如图5-123所示的【保护结构和窗口】对话框。该对话框中包括一个文本框和两个复选项：

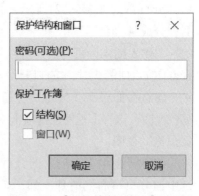

图5-123 【保护结构和窗口】对话框

◆ 密码（可选）：设置保护窗口和结构密码。

◆ 结构：选中该项，工作簿中的工作表不能进行插入、删除、移动等操作。

◆ 窗口：选中该项，工作簿窗口不能进行缩放、移动、隐藏等操作。

按照要求设定完成后，鼠标左键单击【确定】按钮即可完成对结构或窗口的保护。

在保护工作簿操作过程中，密码是可选的，如果设定了密码，一定要妥善保存好密码，因为执行【撤销工作簿保护】命令时需要输入密码确认。

（2）保护工作表

保护工作表指对工作簿中的某张工作表进行保护，操作过程如下：先选中要保护的工作表，选择【开始】选项卡→【单元格】组→【格式】下拉列表→【保护工作表】选项；或选择【文件】选项卡→【信息】选项→【保护工作簿】下拉列表→【保护当前工作表】

选项；或选择【审阅】选项卡→【保护】组→【保护工作表】
选项，出现【保护工作表】对话框，如图5-124所示。

图5-124 【保护工作表】对话框

在【保护工作表】对话框中选中【保护工作表及锁定
的单元格内容】复选框后，该对话框下面的【确定】按钮
变为可用状态。此时，用户可以设置【取消工作表保护时
使用的密码】和选择【允许此工作表的所有用户进行】的
操作。设置完成后，鼠标左键单击【确定】按钮，就可以
完成对工作表的保护。工作表被保护后，在【保护工作表】
对话框中没有选中的功能就会被禁用。

工作表进行保护设置后，选择【开始】选项卡→【单
元格】组→【格式】下拉列表→【撤销工作表保护】选项；
或执行【文件】选项卡→【信息】选项→【保护工作簿】
下拉列表→【保护当前工作表】选项；或执行【审阅】选项卡→【保护】组的【撤销工
作表保护】选项，弹出【撤销工作表保护】对话框（图5-125），输入之前设置的密码就
可以撤销对工作表的保护。

图5-125 【撤销工作表保护】对话框

课后练习

选择题

1. Excel 2016是一种主要用于（　　　）的工具。

A. 画图　　　　　　　B. 上网　　　　　　　　C. 放幻灯片　　　　　　　D. 绘制表格

2. "工作表"用行和列组成的表格，分别用什么区别（　　　）。

A. 数字和数字　　　B. 数字和字母　　　　　C. 字母和字母　　　　　D. 字母和数字

3. Excel 2016中，录入身份证号，数字分类应选择（　　　）格式。

A. 常规　　　　　　B. 数字（值）　　　　　C. 科学计数　　　　　　D. 文本

4. 为了区别"数字"和"数字字符串"数据，Excel 2016中要求在输入前添加（　　　）
符号来区别。

A. #　　　　　　　　B. @　　　　　　　　C. "　　　　　　　　　D. '

5. 设A1单元格中由公式=SUM（B2：D5）在C3单元格中插入一列后再删除一行，则
A1单元格公式变为（　　　）。

A. SUM（B2：E4）　　　　　　　　　　　B. SUM（B2：E5）

C. SUM（B2：D3）   D. SUM（B2：E3）

6. 在Excel 2016中，数据库的表现形式是（   ）。

A. 工作簿   B. 工作表   C. 数据清单   D. 工作组

7. 下列Excel 2016的表示中，属于绝对地址引用的是（   ）。

A. $A2   B. C$1   C. E8   D. $G$9

8. Excel 2016中，计算参数中所有数值的平均值的函数为（   ）。

A. SUM（）   B. AVERAGE（）   C. COUNT（）   D. TEXT（）

9. 在A2单元格内输入2，在A3单元格内输入4，然后选中A2：A3后，拖动填充柄，得到的数字序列是（   ）。

A. 等差序列   B. 等比序列   C. 没有规律   D. 日期序列

10. 在Excel 2016中，当前录入的内容是存放在（   ）内的。

A. 单元格   B. 活动单元格   C. 编辑栏   D. 状态栏

第6章

演示文稿编辑软件PowerPoint 2016

本章学习目标

　　PowerPoint软件可以用来制作演示文稿，辅助在项目答辩、方案介绍、课堂讲授、毕业答辩等环节上。本章的学习目标是了解PowerPoint的窗口界面组成、演示文稿的创建与编辑，重点掌握演示文稿的多媒体制作以及动画设置等方法，初步掌握使用PowerPoint制作演示文稿。

本章思维导图

6.1 PowerPoint 2016概述

　　PowerPoint 2016可以将文字、图片、音频、视频集成一体，做成一个图文并兼的演示文稿文件。根据演讲者的讲说，自动或手动进行演示文稿放映，将演讲者所表达的内容通过视觉效果展现出来。演示文稿常用于方案介绍、各类项目答辩、课堂讲授等多种需要展示的场合。

6.1.1　PowerPoint 2016部分变化内容

（1）Office 主题

PowerPoint 2016 的 Office 主题可以选择彩色、深灰色和白色3种。这些主题的修改方式为打开【文件】选项卡，单击【账户】选项，然后单击Office 主题旁边的下拉菜单，如图6-1所示。

（2）图表类型

PowerPoint 2016的插入图表增加了6种，使得数据可视化选择性更大，如图6-2所示。

图6-1　Office主题下拉菜单

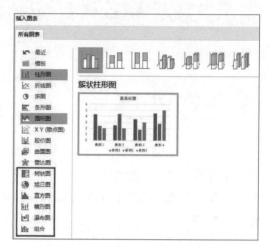

图6-2　新增6种图表类型

（3）操作说明搜索框

在 PowerPoint 2016 功能区上现在有一个搜索框内容为"告诉我您想要做什么…"，这是一个文本字段，可以在其中输入想要执行的功能或操作，对于使用者特别是入门者来说是一个非常实用的功能，如图6-3所示。

（4）墨迹公式

PowerPoint 2016的墨迹公式，可以使用鼠标输入复杂的公式。如果接入触摸设备，则可以使用手指或触摸笔手动写入数学公式，PowerPoint 2016会将它转换为文本。用户还可以在进行过程中擦除、选择以及更正所写入的内容。打开【插入】选项卡，在【符号】组【公式】选项下拉列表中选择【墨迹公式】选项，如图6-4所示。

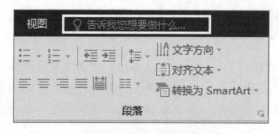

图6-3　操作说明搜索框

图6-4　墨迹公式

（5）屏幕录制

使用PowerPoint 2016的屏幕录制，可以对电脑屏幕的全部或部分进行录制，并将录制的文件插入到演示文稿中。打开【插入】选项卡，在【媒体】组中单击【屏幕录制】选项，如图6-5所示。

图6-5　屏幕录制

6.1.2　名词解释

（1）演示文稿

由PowerPoint创建，里面包含文字、图形、图像、声音、视频等多媒体元素的文件称为演示文稿。演示文稿是一个文件，由PowerPoint 2016创建的演示文稿文件扩展名为".pptx"。

（2）幻灯片

演示文稿中的每一页称为幻灯片，同一演示文稿中幻灯片之间既相互独立，又相互联系。一个演示文稿中可以包含若干张幻灯片。

（3）主题

PowerPoint中幻灯片版式、格式、背景、颜色等外观设计效果的集合称为"主题"，使用主题可以快速地为演示文稿定义外观效果。

（4）模板

PowerPoint中"主题"和内容的集合可以定义为"模板"，在PowerPoint 2016中，模板的扩展名为".potx"。使用模板可以快速地创建一个具有内容和外观效果的演示文稿。

（5）幻灯片版式

幻灯片中内容的位置布局称为幻灯片的版式，一般默认的主题中有"标题幻灯片""标题和内容""节标题"等12个默认可选版式。

（6）幻灯片切换方式

幻灯片放映时幻灯片之间的过渡效果。

6.1.3　启动与退出

6.1.3.1　PowerPoint 2016启动

PowerPoint 2016的启动有以下几种方法。

（1）桌面的快捷方式启动

在操作系统的桌面找到【PowerPoint 2016】快捷方式图标，双击快捷方式图标打开。

（2）【Windows开始】菜单启动

选择【Windows开始】菜单的【所有程序】，找到【PowerPoint 2016】快捷方式，并单击打开。

（3）打开演示文稿文件启动

如现有演示文稿文件，在【资源管理器】的窗口中双击扩展名为".pptx"（PowerPoint

2003前的版本扩展名为 ".ppt"）的文件，即可启动PowerPoint 2016。

6.1.3.2　PowerPoint 2016退出

选择窗口管理工具栏的【关闭】选项，关闭PowerPoint 2016；或者使用快捷键【ALT】+【F4】，关闭PowerPoint 2016。

6.1.4　窗口界面

通过多种方式启动PowerPoint 2016组件，PowerPoint 2016窗口的风格与Office其他组件如Word 2016、Excel 2016窗口的风格一致。PowerPoint 2016工作界面如图6-6所示。

图6-6　PowerPoint 2016 窗口界面

PowerPoint 2016的工作窗口界面分为以下几个部分：

标题栏：在窗口顶端中间位置，显示当前打开的演示文稿文件的文件名。

快速访问工具栏：在窗口顶端左侧位置，集合了部分最常用的选项，默认有【保存】【撤销】【恢复】【从头开始】选项。

窗口管理工具栏：在窗口顶端右侧位置，集合了【最小化】【最大化】【还原】【关闭】【功能区显示选项】选项。

功能区：在标题栏下方位置，由多个选项卡组成，每个选项卡由多个功能组组成，每个功能组由多个选项组成。

工作区：PowerPoint 2016提供了"普通视图""大纲视图""幻灯片浏览""备注页""阅读视图"共5种演示文稿视图供用户选择。每种视图以不同的方式展示幻灯片，其中"普通视图"多用来进行幻灯片内容的编辑，由大纲窗格、幻灯片窗格、备注窗格三种窗格组成。左侧的大纲窗格，显示演示文稿全部的幻灯片的编号和缩略图；右侧的幻灯片窗格，是幻灯片进行编辑的核心区域，在其中可以插入文本、图像、音频、视频和设置动画效果等；备注窗格在幻灯片窗格下方，可供幻灯片制作者查阅该幻灯片的信息，也可供演讲者在播放演示文稿时添加说明注释。

状态栏：在窗口最底端位置，用于显示演示文稿中所选的当前幻灯片页码和幻灯片总页数、视图切换按钮、页面显示比例以及滑动调整显示比例按钮。另外，可以将鼠标定位于状态栏，单击鼠标右键，通过快捷菜单可自定义状态栏的内容。

6.2　演示文稿的创建与编辑

6.2.1　演示文稿的创建

演示文稿的创建可创建空白演示文稿、根据样本模板创建演示文稿、使用联机搜索Office.com上的模板创建演示文稿。

（1）创建空白演示文稿

启动 PowerPoint 2016 后，在 Backstage视图中显示最近使用的文档和程序自带的模板缩略图，单击【空白演示文稿】，如图 6-7 所示。

或者在已经打开的演示文稿基础上，选择【文件】选项卡，打开Backstage视图，单击【新建】选项，在右侧窗口中单击【空白演示文稿】，如图6-8所示。

（2）根据样本模板创建演示文稿

PowerPoint 2016中提供了多种模板，允许用户根据已经设计好的模板来新建演示文稿。具体步骤为：在打开的演示文稿中，单击【文件】选项卡，在左侧列表窗格单击【新建】选项，在该子选项卡中单击需要的演示文稿模板。

（3）使用联机搜索Office.com上的模板创建演示文稿

如果PowerPoint 2016的模板不能满足用户的使用需求，可以使用搜索联机模板和主题来创建演示文稿。具体步骤为：单击【文件】选项卡，选择【新建】选项，在右侧

创建空白
演示文稿

根据样本模板
创建演示文稿

使用联机搜索模
板创建演示文稿

图6-7　PowerPoint 2016启动后界面

图6-8　Backstage视图界面

窗口的【搜索联机模板和主题】文本框中输入模板的关键字，单击【搜索】选项 🔍 后，右侧窗口会出现与关键字相关的模板，选择需要的模板，单击【创建】选项，模板下载完成后，创建带模板的演示文稿。

6.2.2　演示文稿的保存与保护

在演示文稿的编辑过程中需要及时保存，避免因各种原因导致演示文稿的数据丢失。另外，可以通过设置密码对演示文稿的内容进行保护。

（1）演示文稿的保存

演示文稿的保存有多种方法：

①选择【文件】选项卡，单击【保存】选项。如果保存的演示文稿是新创建的演示文稿，需要指定存放位置，选择【浏览】选项，选择存放的位置，并对演示文稿命名后进行保存。

②选择快速访问工具栏的【保存】选项，完成对演示文稿的保存。

③快捷键【Ctrl】+【S】，完成对演示文稿的保存。

（2）保护演示文稿

对于一些包含机密内容的演示文稿，可以选择【文件】选项卡，单击【另存为】选项，在右侧界面中选择【浏览】选项，在弹出【另存为】对话框中选择【工具】下拉列表，在下拉列表中选择【常规选项】选项，在【常规选项】对话框中设置打开权限密码和修改权限密码。

（3）关闭演示文稿

完成演示文稿的编辑并保存后，用户需要关闭当前演示文稿，可以通过以下方式进行关闭：

①选择【文件】选项卡，单击【关闭】选项。

②快捷键【Ctrl】+【W】。

③选择窗口管理工具栏的【关闭】选项，关闭所有的演示文稿并关闭PowerPoint 2016。

④快捷键【ALT】+【F4】，关闭所有的演示文稿并关闭PowerPoint 2016。

6.2.3　幻灯片的基本操作

（1）选择幻灯片

在对幻灯片进行基本操作前，需要先选择幻灯片，选择幻灯片的方式有以下几种：

①选择单张幻灯片。在左侧的大纲/幻灯片窗格中单击需要选择的幻灯片。

选择幻灯片

②选择多张幻灯片。使用快捷键【Ctrl】可以选择多张幻灯片。

③选择全部幻灯片。使用快捷键【Ctrl】+【A】可以选择演示文稿的全部幻灯片。

（2）插入幻灯片

新建的演示文稿包含少量的幻灯片，如需增加幻灯片，则必须向演示

插入幻灯片

文稿插入新的幻灯片。插入幻灯片有以下几种方式：

①【幻灯片】组插入幻灯片。选择【开始】选项卡，在【幻灯片】组中选择【新建幻灯片】，根据需要选择合适版式的幻灯片。

②使用【右键快捷菜单】插入幻灯片。在左侧的大纲/幻灯片窗格空白处右击，选择【右键快捷菜单】的【新建幻灯片】选项。

③使用快捷键【Enter】插入幻灯片。在左侧的大纲/幻灯片窗格空白处，或者幻灯片缩略图之间的位置，按快捷键【Enter】插入一张空白的幻灯片。

④使用快捷键【Crtl】+【M】插入幻灯片。与快捷键【Enter】插入幻灯片操作相同。

（3）幻灯片移动、复制、隐藏和删除

在普通视图下，在左侧的大纲/幻灯片窗格中，按住鼠标左键选中要移动的幻灯片，拖动到相应位置即可完成移动操作；幻灯片的复制、隐藏、删除都可以借助快捷菜单实现，在普通视图下，选中要操作的幻灯片，右击，在弹出的快捷菜单中，选择相应的命令选项【复制幻灯片】【删除幻灯片】【隐藏幻灯片】即可。

移动复制隐藏
删除幻灯片

幻灯片版式
的设置

（4）幻灯片版式的设置

为了方便使用者，PowerPoint 2016的主题自带了包含不同内容占位符的版式设计，默认情况下使用【Office 主题】。如果要更改幻灯片的版式，先选中要更改的幻灯片，然后选择【开始】选项卡的【幻灯片组】中的版式选项，如图6-9所示，就会弹出可选的主题版式。

（5）使用【节】管理幻灯片

PowerPoint 2016中【节】管理幻灯片功能可以为幻灯片分节，若干张幻灯片组成一节，通过节对包含多张幻灯片的演示文稿管理更加灵活，可以给节设置标题，通过折叠或展开来查看节包含的幻灯片，可以删除节和节中的幻灯片，还可以通过移动节的位置来快速移动若干张幻灯片。选中要添加节的第一张幻灯片，在【开始】选项【幻灯片】组中单击【节】下拉列表

图6-9 幻灯片版式设置

中的【新增节】选项就可以实现节的添加。添加节后，选中节右击，在弹出的快捷菜单中可以设置节的属性。

6.2.4 演示文稿的编辑

编辑演示文稿是对幻灯片及其内容进行增加、移动、删除、修改、格式化等操作。

6.2.4.1 主题设置

使用主题可以简化演示文稿的创建过程。不仅可以在PowerPoint中使用主题颜色、字体和效果，还可以在Word、Excel中使用主题，这样用户的演示文稿、文档、工作表和电子邮件就可以具有统一的风格。默认情况下，新创建的空白演示文稿使用普通Office主题，可以通过选择不同的主题快速将演示文稿变得更加美观。

主题设置

（1）选择主题

选择主题的步骤如下：

步骤1：首先选择【设计】选项卡，在【主题】组中浏览主题库中的主题。

步骤2：将鼠标移动到主题的缩略图上，可显示主题的名称，同时可以预览幻灯片应用该主题的效果，如图6-10所示，演示文稿使用"环保"主题的预览效果。

步骤3：若想查看更多的主题或使用文件系统中存储的主题，单击【主题】组中主题库右下角的【更多】选项，如图6-11所示。

图6-10　选择主题

（2）主题颜色

PowerPoint 2016中定义了若干套主题颜色。通过设置幻灯片的主题颜色可以统一调整所有幻灯片中同一类对象的颜色，如标题、文本、超链接、已访问的超链接等对象的颜色，其中幻灯片中某些对象的颜色，例如超链接和已访问的超链接的颜色，必须通过主题颜色来修改和设定。

图6-11　查看更多主题

修改主题颜色的步骤如下：

步骤1：首先选择【设计】选项卡，在【变体】组中单击【其他】按钮并在下拉列表中单击【颜色】选项可以打开如图6-12所示菜单。

步骤2：在该菜单中可以查看系统内置的或自定义的一些主题颜色，把鼠标悬停在主题颜色上可以在幻灯片上看到应用颜色的预览效

图6-12　主题【颜色】选项

果，单击某个主题颜色，例如"灰度"，则把该主题颜色应用到所有幻灯片中。

除了系统提供的一些已经定义好的主题颜色，用户还可以自行编辑主题颜色。具体操作步骤如下：

步骤1：如图6-12所示的菜单中单击【自定义颜色】按钮，可以打开如图6-13所示的【新建主题颜色】对话框。

步骤2：在该对话框中可以对幻灯片中的各种对象设置统一颜色，其中"超链接"和"已访问的超链接"可以对超链接的文本和访问过的超链接文本设置颜色。修改颜色后，单击【保存】按钮，则修改后的颜色将应用到所有幻灯片中，并且该主题颜色出现在如图6-12所示【自定义】主题颜色列表中。

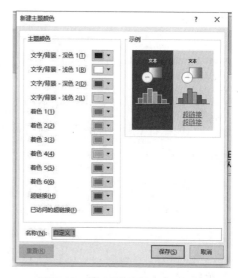

图6-13　【新建主题颜色】对话框

（3）主题字体

主题字体是应用于文件中的主要字体和次要字体的集合。对整个文档使用一种字体始终是一种美观且安全的设计选择，但当需要营造对比效果时，使用两种字体将是更好的选择。在PowerPoint 2016中每个Office主题均定义了两种字体：一种用于标题；另一种用于正文文本。二者可以是相同字体，也可以是不同字体。PowerPoint 2016使用这些字体构造自动文本样式。更改主题字体将对演示文稿中的所有标题和项目符号文本进行更新。

在【设计】选项卡的【变体】组中，单击【其他】按钮并在下拉列表中单击【字体】

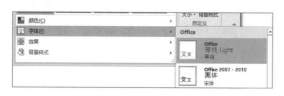

图6-14　主题【字体】选项

选项，弹出如图6-14所示的菜单，菜单的滚动列表中显示了系统内置的主题字体图标，每个图标旁边列出了该主题字体的名称、标题的字体和正文文本的字体。单击某个字体图标将修改所有幻灯片中的标题的字体和正文文本的字体。

此外还可以新建自己的主题字体，单击【字体】菜单中的【自定义字体】选项，弹出如图6-15所示的对话框，在该对话框中可以定义主题字体的名称，标题的中、西字体，正文的中、西字体等。

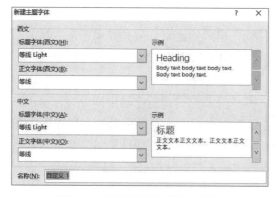

图6-15　【新建主题字体】对话框

（4）主题效果

主题效果是应用于文件中元素的视觉属性的集合。通过使用主题效果库，可以替换不同的效果以快速更改图标、SmartArt图形、形状、图片、表格、艺术字和文本等对象的外观。

在【设计】选项卡的【变体】组中，单击【其他】按钮并在下拉列表中单击【效果】选项，弹出如图6-16所示的菜单列表。列表中显示了系统内置的主题效果图标。单击某个主题效果图标，则将该效果应用到所有幻灯片对象上。

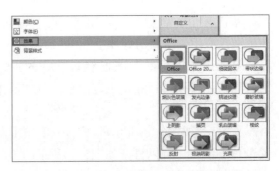

图6-16 主题【效果】选项

6.2.4.2 背景设置

PowerPoint 2016中每套主题都提供了浅色和深色共12种背景样式，通过【设计】选项卡的【自定义组】的【设置背景格式】选项可以打开菜单，该菜单中有12种背景样式可以选择，单击某个样式将为所有幻灯片设置背景。

背景设置

除了使用主题的背景外，用户还可以自行设置背景填充图案，背景填充的可以是颜色，也可以是填充效果；可以给单张幻灯片设置背景，也可以给所有幻灯片设置相同的背景。

在【设计】选项卡的【变体】组中，单击【其他】按钮并在下拉列表中单击【背景样式】选项，弹出菜单列表。单击【设置背景格式】选项，右侧弹出设置背景格式窗格。根据需求设置完成后即完成对当前页幻灯片的背景设置，单击【全部应用】则把背景应用到所有幻灯片，单击【重置背景】则删除当前正在设置的背景。

在【设置背景格式】窗格中，【填充】下拉菜单中选中【纯色填充】单选按钮，可以设置背景颜色，并可以设置"透明度"。

在【填充】下拉菜单中选中【渐变填充】单选按钮，可以设置渐变的背景颜色及效果。

在【填充】下拉菜单中选中【图片或纹理填充】单选按钮，可以设置背景为纹理或图片。

在【填充】下拉菜单中选中【图案填充】单选按钮，可以设置背景为图案，同时可以设置图案的前景色和背景色属性。

6.2.4.3 母版设置

PowerPoint 2016中提供了幻灯片母版、备注母版、讲义母版来实现对这三种视图格式的统一设置，其中使用最多的是幻灯片母版。

PowerPoint 2016中的主题已经给出了幻灯片统一格式的定义，但是如果要在主题的基础上进行某个版式中对象细节格式的修改，则需要编辑幻灯片母版。演示文稿中幻灯片使用的每一个主题对应一套幻灯片母版。

打开【视图】选项卡，在【母版版式】组中单击【幻灯片母版】选项即可打开演示文稿的幻灯片母版，同时功能区切换到【幻灯片母版】选项卡。把鼠标悬停在工作区左侧的母版缩略图上，可以看到模板的名称和使用该母版的幻灯片的编号范围。在【幻灯片母版】选项卡，可以对母版进行各种编辑，例如"插入幻灯片母版""插入版式"，设置"主题""背景"等。

　　选中工作区左侧的母版缩略图，在右侧的工作区，可以对母版各个占位符及其中的内容进行格式设置。选中"标题和内容"母版中的一级项目符号所在的位置，通过快捷菜单设置项目符号，则所有使用该主题的"标题和内容"版式的幻灯片中文本的一级项目符号都会发生改变。在母版中可以修改占位符中文字的字体、大小、颜色、填充、项目符号等。格式的修改一般通过【开始】选项卡的【字体】和【段落】组来实现，基本操作步骤是先选中要修改的内容，再去选择要执行的命令。对母版占位符中内容的格式修改会影响所有使用该母版的幻灯片。

　　此外用户还可以在母版中添加个性化的内容。例如，在幻灯片母版的右上角插入一个形状，并输入内容为"计算机应用基础"，则关闭母版后，使用该母版的所有幻灯片都会出现该形状。

6.3　演示文稿的多媒体制作

　　本节将学习PowerPoint 2016演示文稿的多媒体制作，掌握在演示文稿中通过【插入】选项卡插入文本、图像、插图、表格、图表、艺术字、声音和影片的方法。

6.3.1　插入文本

　　文本是幻灯片中重要的内容。PowerPoint中文本的输入与Word中文本的输入操作基本相同。

　　（1）插入文本框

　　在幻灯片中可以插入文本框。文本框类型分为文字横排和竖排两种。通过设置文本框位置信息或者使用鼠标拖动，可以把文本框移动到幻灯片内的任意位置。插入文本框的步骤如下：

插入文本框

　　步骤1：单击【插入】选项卡→【文本】组→【文本框】下拉列表。

　　步骤2：在【文本框】下拉列表中选择【横排文本框】或【竖排文本框】选项。

　　步骤3：把光标移动到幻灯片需要添加文字的位置，单击左键并拖动画出一个用于输入文字的方框，再松开左键则成功添加一个横排或竖排文本框。

　　步骤4：完成文本框插入后，光标会在文本框里面。通过键盘输入或者其他方式输入，将文本内容输入到文本框。

　　步骤5：完成文本内容的输入后，可以对文本框的具体格式进行设置。把鼠标移动到文本框的四周边框附近，当光标变成一个带箭头的十字时，单击左键拖动鼠标，可以把文本框移动到幻灯片的任意一个位置；把鼠标移动到文本框左右边界的空心圆圈时，光标会变成一个横向空心箭头，此时单击鼠标左键拖动，可以改变文本框的宽度，同样的方法，单击上下边框的空心圆圈拖动可调整文本框的高度；单击文本框四个角的空心圆圈拖动可同时修改文本框的宽度和高度。单击文本框上方的圆形空心箭头◎拖动可以对文本框进行顺时针方向或者逆时针方向的旋转。

（2）插入艺术字

与在Word中插入艺术字的操作相类似，在幻灯片中也可以添加艺术字。插入艺术字的步骤如下：

步骤1：单击【插入】选项卡→【文本】组→【艺术字】下拉列表。

插入艺术字

步骤2：在【艺术字】下拉列表中显示各种艺术字样式，把光标移动到艺术字样式上，会出现该艺术字样式的名称，选中某种艺术字样式。

步骤3：选中某种艺术字样式后，自动在幻灯片插入一个占位符，占位符为上述选择的艺术字样式占位符，单击该占位符则可以输入文本内容。

（3）插入页眉和页脚、日期和时间、幻灯片编号

幻灯片中可以插入页眉和页脚、日期和时间以及幻灯片编号。此三项的添加在幻灯片里面都是通过同一个对话框进行设置，具体步骤如下：

步骤1：单击【插入】选项卡→【文本】组中的【页眉和页脚】或者【日期和时间】或者【幻灯片编号】选项，弹出【页眉和页脚】对话框。

步骤2：在【页眉和页脚】对话框中可以对幻灯片的日期和时间、页眉和页脚以及幻灯片编号进行编辑设置。

（4）插入对象

通过单击【插入】选项卡【文本】组的【对象】选项，可调出【插入对象】对话框，在列表中选择所需要的文件类型，单击确定就会插入一个"新建"的所选文件；如果想把一些原有的文件内容作为对象插入到当前的演示文稿中，可以单击对话框中的【由文件创建】选项，选择一个已有的文件如Word文档、演示文稿等进行添加。

【例6-1】在PowerPoint 2016中完成以下操作：（1）为当前空白演示文稿第一张幻灯片左上方插入"横排文本框"。（2）"横排文本框"中输入"计算机应用基础"，设置字体"宋体"，字号"24"。（3）插入"填充-蓝色，着色1，阴影"艺术字，艺术字内容为"Office 2016"。（4）文件以"插入文本.pptx"命名保存到"文档"文件夹。

具体操作可分解为以下步骤：

步骤1：启动PowerPoint 2016。选择【Windows开始】菜单→【所有程序】→【PowerPoint 2016】→【空白演示文稿】。

步骤2：打开【横排文本框】选项。单击【插入】选项卡→【文本】组→【文本框】下拉列表→【横排文本框】选项，如图6-17所示。

图6-17　插入【横排文本框】选项

步骤3：指定横排文本框位置。把光标移动到幻灯片左上方位置，单击左键并拖动，画出一个用于输入文字的方框并松开左键，如图6-18所示。

步骤4：设置横排文本框占位符的文本内容及格式。单击横排文本框占位，键盘输入

"计算机应用基础"。单击横排文本框占位符，单击【开始】选项卡→【字体】组→【字体】下拉列表中选择"宋体"，【字号】下拉列表中选择"24"，如图6-19所示。

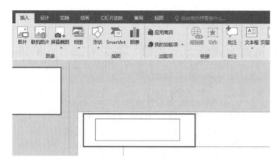
图6-18　使用鼠标左键拖动画出文本框

图6-19　横排文本框输入文本和字体格式设置

步骤5：插入艺术字占位符。单击【插入】选项卡→【文本】组→【艺术字】下拉列表中选择"填充-蓝色，着色1，阴影"，单击幻灯片新的艺术字占位符，输入"Office 2016"，如图6-20所示。

步骤6：保存演示文稿。单击【文件】选项卡→【保存】选项→【浏览】选项，在【另存为】对话框选择存放的位置"文档"，【文件名】文本框输入"插入文本.pptx"，单击【保存】按钮，如图6-21所示。

图6-20　插入艺术字

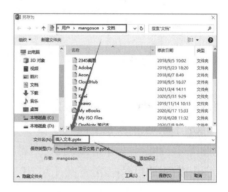
图6-21　保存演示文稿文件

6.3.2　插入图像

在演示文稿中，可以将图像插入到幻灯片中。插入图像包括插入图片、联机图片、屏幕截图、相册等。

（1）插入图片

与Word中插入图片的操作相似，可以将计算机的本地图片插入到幻灯片中，具体步骤如下：

步骤1：单击【插入】选项卡→【图像】组→【图片】选项，弹出【插入图片】对话框。

步骤2：通过【插入图片】对话框找到需要插入的一张或者多张图片后，单击【插入】按钮就可以在幻灯片插入图片。

插入图片

步骤3：图片插入后，功能区中会出现【图片工具】选项卡，单击【图片工具】选项卡中的【格式】选项卡，可以设置图片的背景、颜色饱和度、色调、着色、艺术效果、边框和大小等。

（2）插入联机图片

与插入图片的操作相类似，可以通过联机搜索网络上与关键字相关的图片。具体步骤如下：单击【插入】选项卡→【图像】组→【图片】选项下拉菜单→【联机图片】选项，则会弹出【插入联机图片】对话框，如图6-22所示。在【搜索】文本框输入要搜索的关键字，然后单击【搜索】按钮 🔍，则会从网络上搜索与关键字相关的图片，选中一张或多张图片后，单击【插入】选项则可以完成联机图片插入，如图6-23所示。

图6-22　插入联机图片

图6-23　联机搜索结果

（3）插入屏幕截图

屏幕截图是指截取计算机屏幕显示的全部或部分区域图像，并插入到幻灯片中。具体方法是：单击【插入】选项卡→【图像】分组→【屏幕截图】下拉列表，【屏幕截图】下拉列表的【可用视窗】中显示可用的视窗的缩略图标，正在打开的窗口越多，显示可用的视窗缩略图标就越多，如图6-24所示。单击

图6-24　插入屏幕截图

可用的视窗缩略图标，直接在幻灯片中插入对应视窗的截图。如自定义截图的区域，则单击【屏幕剪辑】可以对屏幕进行截图并插入图片。

（4）相册

通过单击【插入】选项卡【图像】组的【相册】选项，在下拉菜单单击【新建相册】则弹出【相册】对话框，单击对话框中的【文件/磁盘】按钮，在弹出的【插入新图片】对话框中选择制作相册需要的图片单击【插入】按钮，此时在【相册】对话框中间的"相册中的图片"区域可以看到插入的图片。通过勾选图片可以调整顺序或者删除；在"预览"区域中可以看到图片的预览，下方的按钮可以对图片进行旋转和亮度设置。单击【新建文本框】可以在相册中创建文本框并输入文字。"相册版式"区域可以通过【图片版式】的下拉菜单选择适当的图片版式以及设置相框的形状和相册主题。当所有选项设置完毕

之后，单击【相册】对话框下方的【创建】按钮，便会创建一个新的演示文稿，演示文稿的幻灯片内容则为刚才插入的图片和文本框，此时单击【插入】选项卡【图像】组的【相册】选项，下拉菜单的【编辑相册】选项可以对之前设置的相册进行编辑修改。

【例6-2】在PowerPoint 2016中完成以下操作：（1）为当前空白演示文稿第一张幻灯片中间位置插入图片"风景.jpeg"。（2）设置图片大小："高度18厘米，宽度28.8厘米"，图片位置："水平位置：左上角，2.5厘米，垂直位置：左上角，0.5厘米"。（3）文件以"插入图片.pptx"命名保存到"文档"文件夹。

具体操作可分解为以下步骤。

步骤1：启动PowerPoint 2016。选择【Windows开始】菜单→【所有程序】→【PowerPoint 2016】→【空白演示文稿】。

步骤2：打开【图片】选项。单击【插入】选项卡→【图像】组→【图片】选项，如图6-25所示，弹出【插入图片】对话框。

图6-25　选择【图片】选项

步骤3：选择图片"风景.jpeg"。在【插入图片】对话框选择图片"风景.jpeg"，单击【插入】按钮，如图6-26所示。

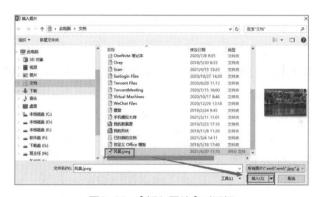

图6-26　【插入图片】对话框

步骤4：设置图片大小。选择幻灯片中的图片，单击图片工具的【格式】选项卡→【大小】组→【高度】选项输入"18 厘米"，【宽度】选项输入"28.8厘米"，如图6-27所示。

步骤5：设置图片位置。选择幻灯片中的图片，单击图片工具的【格式】选项卡→【大小】组对话框启动器，弹出【设置图片格式】对话框，单击【大小与属性】下拉列表 🔲 →【位置】选项，【水平位置】文本框输入"2.5厘米"，【从】下拉列表选择"左上角"，【垂直位置】文本框输入"0.5 厘米"，【从】下拉列表选择"左上角"，如图6-28所示。

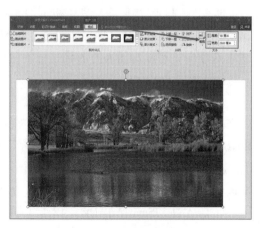

图6-27　设置图片大小

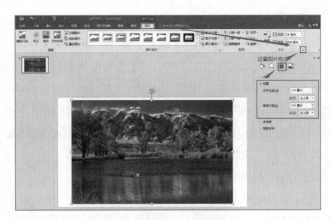

图6-28　设置图片位置

步骤6：保存演示文稿。单击【文件】选项卡→【保存】选项→【浏览】选项，在【另存为】对话框选择存放的位置"文档"，【文件名】文本框输入"插入图片.pptx"，单击【保存】按钮。

6.3.3　插入插图

插入插图由插入形状、插入SmartArt图形和插入图表组成。

（1）插入形状

在PowerPoint 2016中，需要用到各种类型的形状，可以通过【形状】下拉列表选择合适的形状，具体操作如下：

步骤1：单击【插入】选项卡→【插图】组→【形状】下拉列表，【形状】下拉列表显示各种分类的形状，如图6-29所示。

步骤2：单击需要插入的形状，光标会变成一个十字的符号，此时在要插入形状的位置单击左键，然后拖动鼠标可以大致确定插入形状的高度和宽度，此时松开左键即完成形状插入操作。

步骤3：与上文中插入图片相类似，单击插入的形状，功能区会出现【绘图工具】选项卡，单击【绘图工具】选项卡下的【格式】选项卡，可以对插入的形状进行各项格式的详细设置。

（2）插入SmartArt

在幻灯片中，有时候需要通过列表图、流程图或层次结构图等各类图文结合的形式来展示我们的内容，SmartArt是PowerPoint 2016提供的一些图文结合的模版图，在适当的场合使用可以简化幻灯片的制作过程。插入SmartArt图形有两种方式：插入新的SmartArt图形和将原有内容转换成SmartArt图形。

①插入新的SmartArt图形。单击【插入】选项卡→【插图】组的【SmartArt】选项，弹出【选择SmartArt图形】对话框，对话

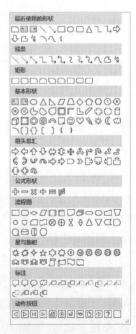

图6-29　各种分类的形状

框左边有SmartArt图形的分类，中间【列表】区域可以看到各种属于该分类的SmartArt图形，把鼠标移动到图形的上方可查看名称，如图6-30所示，选定后再单击【确定】按钮即可插入SmartArt图形。

②原有的内容直接转换成SmartArt图形。只需选中想要转换的内容然后单击右键，在【右键快捷菜单】中选择【转换为SmartArt】子菜单，在子菜单中可以直接选择适合的SmartArt图形，如图6-31所示；或者单击子菜单下方的【其他SmartArt图形】按钮，调出【选择SmartArt图形】对话框进行选择。

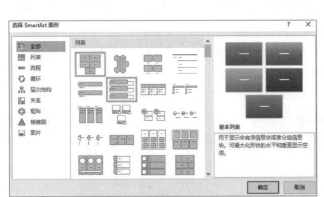

图6-30　【选择SmartArt图形】对话框

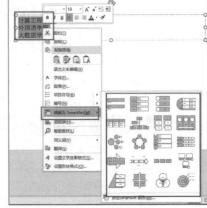

图6-31　原有内容转换成SmartArt图形

SmartArt图形插入后，可以根据不同的图形添加文字内容，在绘图工具的【格式】选项卡，可以对SmartArt图形进行各种格式的详细设置。

（3）插入图表

幻灯片中也可以插入图表。单击【插入】选项卡【插图】组中的【图表】选项，调出【插入图表】对话框进行图表插入操作。【插入图表】对话框左边【所有图表】区域是图表的分类，单击其中的选项即可在对话框右边区域查看所选图表子分类和预览图，单击【确定】按钮，即和Word中插入图表一样，会自动弹出一个Excel表格，需要在表格中选取或者编辑图表的数据源，设置完成后即完成图表的创建，如图6-32所示。

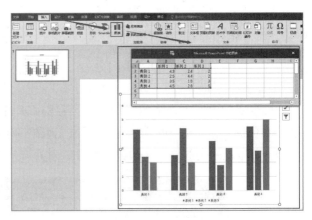

图6-32　插入图表

与Excel中一样，单击图表，功能区会出现【图表工具】选项卡，【图表工具】选项卡下的【设计】选项卡和【格式】选项卡可以对图表的【布局】【图表样式】【数据】【类型】和【大小】等进行详细的格式设置。

6.3.4　插入表格

与在Word中插入表格的操作一样，在幻灯片中有四种方法插入表格，具体的方法如下：

方法1：单击【插入】选项卡→【表格】组→【表格】下拉列表，移动到【快速插入表格】选项的格子，如图6-33所示，通过选择格子的方式插入表格。

方法2：单击【插入】选项卡→【表格】组→【表格】下拉列表→【插入表格】选项，在【插入表格】对话框中输入对应的行数、列数也可以创建表格，如图6-34选项所示。

方法3：单击【插入】选项卡→【表格】组→【表格】下拉列表→【绘制表格】选项，光标会变成一支笔，此时可以通过手动绘制表格来完成插入表格操作。

方法4：单击【插入】选项卡→【表格】组→【表格】下拉列表→【Excel电子表格】选项，则会插入一个Excel表格，如图6-35所示。

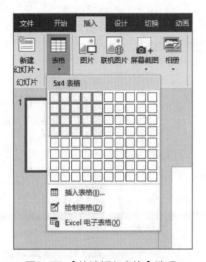

图6-33　【快速插入表格】选项

图6-34　【插入表格】选项

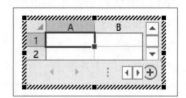

图6-35　【Excel电子表格】选项

与在Word中插入表格的操作一样，在幻灯片中单击插入的表格，功能区会出现【表格工具】选项卡，如图6-36所示。通过【表格工具】选项卡下的【设计】和【布局】选项卡，可以对表格的样式、边框、尺寸、对齐方式等各项格式进行详细的设置。

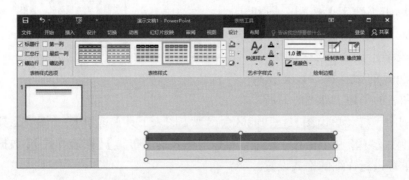

图6-36　表格工具【设计】和【布局】选项卡

6.3.5　插入媒体

幻灯片可以插入音频文件或者视频文件，增强作品的表现力。PowerPoint 2003和PowerPoint 2007制作的演示文稿如含有外部媒体，为保障其他机器可以播放媒体文件，需将外部媒体文件一并打包发送。从PowerPoint 2010开始，可选择将外部媒体文件作为内容添加到幻灯片里面，不必传递外部媒体文件。如外部媒体文件太大，可以选择通过链接的方式把演示文稿外的媒体文件链接到幻灯片中。

（1）插入视频

在幻灯片中插入视频文件分为插入计算机本地的视频文件和联机视频文件。两种插入视频方法如下：

方法1：联机视频文件。单击【插入】选项卡→【媒体】组→【视频】下拉列表→【联机视频】选项，在弹出【插入联机视频】对话框的第一个文本框栏输入搜索关键字，选择搜索的联机视频，或在第二个文本框粘贴网站中的视频代码便可以插入联机视频，如图6-37所示。

方法2：本地视频文件。单击【插入】选项卡→【媒体】组→【视频】下拉列表→【PC上的视频】，弹出【插入视频文件】对话框，选择导入的视频文件，并单击【插入】按钮，即可把所选的视频嵌入到当前的幻灯片中；若单击【插入】按钮旁边的三角，在下拉列表单击【链接到文件】，则相

图6-37　插入联机视频

当于通过链接插入视频，视频文件本身没有嵌入到当前幻灯片。

完成插入视频后，可以对视频的亮度、颜色、预览图片、形状边框、对齐方式、旋转角度、大小和位置等进行设置，这些设置在视频工具【格式】选项卡中，其中包括【预览】【调整】【视频样式】【排列】和【大小】组。

视频工具【格式】选项卡的【播放】选项卡可以对视频进行播放相关的设置。常用的视频播放设置：

①调整视频音量。通过【播放】选项卡→【视频选项】组→【音量】下拉列表，选择【高】【中】【低】和【静音】选项，控制视频播放时的音量大小。

②视频开始播放方式。视频开始播放方式有单击鼠标时和自动播放。通过【播放】选项卡→【视频选项】组→【开始】下拉列表选择。

③全屏播放。勾选【全屏播放】选项，视频播放时占满整个屏幕。

④循环播放，直至停止。勾选【循环播放，直至停止】选项，视频播放后，循环播放，直到幻灯片切换才结束。

⑤播完返回开头。勾选【播完返回开头】选项，视频播放结束后，返回到视频开始界面。

⑥剪裁视频。单击【播放】选项卡→【编辑】组里的【剪裁视频】选项，弹出【剪裁视频】对话框，【剪裁视频】对话框的上方区域显示视频的预览效果，通过对话框可以对

图6-38 剪裁视频

图6-39 录制声音

插入的视频进行剪辑，对话框中间进度条左边绿色滑块和右边红色滑块之间的区域为视频保留的内容，如图6-38所示，设置好滑块的位置之后单击下方的【确定】按钮即可完成视频的裁剪。

（2）插入音频

幻灯片中除了可以插入视频文件外，还能插入音频文件，包括系统中的音频文件和录制的音频文件。具体操作方法：

方法1：插入本地音频。单击【插入】选项卡→【媒体】组→【音频】下拉列表→【PC上的音频】，弹出【插入音频】对话框，通过对话框找到想要添加的音频文件并单击【插入】按钮，即可把所选的音频文件嵌入到当前的幻灯片中，若单击【插入】按钮旁边的三角，在下拉列表单击【链接到文件】，则相当于通过链接方式插入音频。

方法2：录制音频。单击【插入】选项卡→【媒体】组→【音频】下拉列表→【录制】音频。若计算机已经连接好录音设备，则会弹出【录制声音】对话框，如图6-39所示，在对话框中可以设置录制的音频文件的名称，单击红色圆形按钮开始录制，单击方形按钮停止录制，单击三角按钮可以播放刚才录制的音频，单击【确定】按钮则完成录制音频文件的插入操作。此时通过鼠标右键单击插入的录音文件，在【右键快捷菜单】中选择【将媒体另存为】选项，可以对录制的音频文件进行保存。

与视频文件的格式设置相类似，单击插入的音频文件，功能区会出现【音频工具】选项卡，通过【音频工具】选项卡下的【格式】和【播放】选项卡里面的选项，可以对音频文件进行格式和播放相关的设置。

（3）插入屏幕录制

幻灯片中还能插入屏幕录制的媒体文件，通过单击【插入】选项卡【媒体】组中的【屏幕录制】选项，会弹出如图6-40所示的对话框并进入屏幕录制状态，选择好需要录制的程序窗口后，通过对话框可以选择录制的区域，是否捕获指针等选项，单击红色圆形按钮则开始录制选取的内容，此时录制对话框会隐藏在屏幕的上方，只需要把鼠标移动到屏幕上方即可再次调出录制对话框，单击蓝色方形的停止按钮便会自动在幻灯片中插入录制的视频。和插入视频操作一样，单击插入的屏幕录制视频，也可以对视频进行各种格式和播放相关的设置。与插入录音文件相似，右键单击录制的文件可以对文件进行保存。

图6-40 录制屏幕

6.3.6　插入符号

（1）插入公式

幻灯片中插入公式，具体操作如下：单击【插入】选项卡→【符号】组→【公式】下拉列表，在【公式】下拉列表中选择公式进行插入，也可通过单击下拉菜单中的【插入新公式】选项，此时功能区会出现【公式工具】选项卡，单击【设计】选项卡可以对公式进行编辑设置；若单击【墨迹公式】，则弹出【墨迹公式】对话框，如图6-41所示，在对话框中间区域可以通过鼠标书写公式进行公式插入。此处插入的公式均为数学公式的表现形式，并不会进行计算。单击插入的公式，功能区会出现【公式工具】，通过【设计】选项卡可以对插入的公式进行编辑。

（2）插入符号

幻灯片中也能插入特殊的符号，具体操作如下：单击【插入】选项卡→【符号】组→【符号】选项，在【符号】对话框中设置不同的【字体】和【子集】可以选择不同的符号库，如图6-42所示。

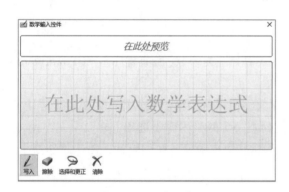

图6-41　墨迹公式

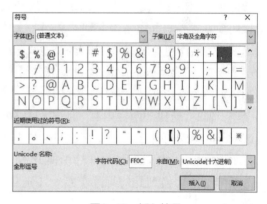

图6-42　插入符号

6.4　演示文稿的动画设置

本节将学习PowerPoint 2016演示文稿的动画设置，包括幻灯片切换时的效果设置、幻灯片播放时幻灯片内容的动画效果设置以及通过超链接进行幻灯片的跳转设置等。具体的设置方式均通过演示文稿中【切换】和【动画】选项卡下各选项的功能选项来实现。

6.4.1　设置幻灯片的切换方式

幻灯片在放映的时候，可以设置从当前的幻灯片切换到下一张幻灯片过程中的动态过渡效果，此效果可以是视觉效果或者音效。

（1）设置切换方式和效果

给幻灯片设置切换方式，目的为了两张幻灯片切换时自然过渡。在设

设置幻灯片的
切换方式

置幻灯片切换时，可以对其中一张幻灯片设置，也可以对全部幻灯片设置。

设置切换方式和效果，具体步骤如下：

步骤1：选中需要设置切换方式的幻灯片。

步骤2：单击【切换】选项卡→【切换到此幻灯片】组→【其他】下拉列表☑。

步骤3：单击要设置的切换效果。

步骤4：单击【效果选项】下拉列表，选择切换方式的效果选项（不同的切换效果，其【效果选项】的内容不同）。

（2）计时

通过【切换】选项卡【计时】组能对幻灯片的切换方式进行音效和持续时间相关的设置，单击【计时】组的【声音】选项旁边的下拉列表，可以给切换效果添加音效，【持续时间】可以设置切换效果的持续时间，如果把【设置自动换片时间】复选框勾上，在旁边输入时间，即幻灯片会按设定好的时间自动切换。

【例6-3】在PowerPoint 2016中完成以下操作：（1）新建空白演示文稿。（2）在第一张幻灯片后插入"两栏内容"版式幻灯片。（3）设置第一张幻灯片的切换方式是"随机线条，水平"。（4）设置第二张幻灯片的切换方式是"棋盘，自顶部"。（5）文件以"幻灯片切换方式.pptx"命名保存到"文档"文件夹。

具体操作可分解为以下步骤：

步骤1：启动PowerPoint 2016。选择【Windows开始】菜单→【所有程序】→【PowerPoint 2016】→【空白演示文稿】。

步骤2：新建"两栏内容"版式幻灯片。在大纲窗格选中第一张幻灯片，单击【开始】选项卡→【幻灯片】组→【新建幻灯片】下拉列表→【两栏内容】选项。

步骤3：设置第一张幻灯片切换方式。在大纲窗格选中第一张幻灯片，单击【切换】选项卡→【切换到此幻灯片】组→【随机线条】选项，并在【效果选项】下拉列表中选择【水平】选项，如图6-43所示。

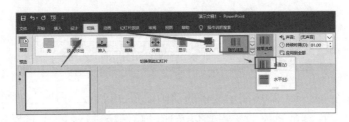

图6-43 【随机线条】切换效果

步骤4：设置第二张幻灯片切换方式。在大纲窗格选中第二张幻灯片，单击【切换】选项卡→【切换到此幻灯片】组→【其他】下拉列表☑→棋盘，如图6-44所示，并在【效果选项】下拉列表中选择【自顶部】选项。

步骤5：保存演示文稿。单击【文件】选项卡→【保存】选项→【浏览】选项，在【另存为】对话框选择存放的位置"文档"，【文件名】文本框输入"幻灯片切换方式.pptx"，单击【保存】按钮。

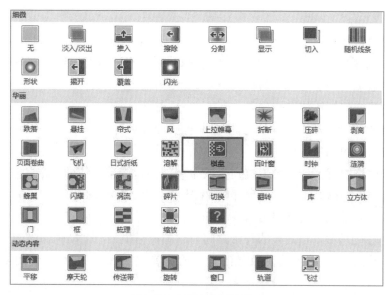

图6-44　【棋盘】切换效果

6.4.2　设置幻灯片动画

设置动画是指对幻灯片中的文本、图片、形状、图形等对象添加视觉或声音效果。PowerPoint 2016提供4种不同类型的动画效果，可以使用一种或多种动画效果。

进入效果：对象进入画面时的效果，是指文本、图形图片、声音、视频等对象从无到出现的动态过程。

设置幻灯片动画

退出效果：对象退出画面时的效果，与进入效果相对应的动画效果，是幻灯片中的对象从有到无逐渐消失的动态过程。

强调效果：使对象成为画面的焦点。

动作路径效果：对象按指定的路径运动，可以上下、左右或以各种形状移动。

（1）添加动画

给幻灯片的内容设置动画，要先选定对象，对象可以是幻灯片中的标题、文本、图片等，选定对象之后，单击【动画】选项卡【动画】组动画效果库中PowerPoint 2016预先设定好的动画效果即可添加动画，单击动画效果库右边的上下换行按钮可以进行翻页选择不同的动画效果，单击效果库右下角【其他】按钮可以打开下拉列表，列表中根据"进入""强调""退出"和"动作路径"分类列出了系统预先设定好的部分动画效果，如果想要选择更多的动画效果，则需要根据分类单击下方的【更多进入效果】【更多强调效果】【更多退出效果】或【其他动作路径】选项进行选择。

将动画应用于对象后，动画标记显示在对象旁边。与幻灯片的切换方式一样，幻灯片的动画效果也可以通过【动画】组中的【效果选项】进一步设置效果，根据不同的动画效果，可选的设置项会略有区别，如果设置动画效果的对象含有文本，可以通过此对话框【动画文本】右边的下拉菜单选择文本的出现方式"按整批发送""按字/词"还是"按字母"。

（2）查看动画列表

对象添加动画后，可以查看当前幻灯片的动画列表。打开动画窗格的操作方法是：单击【动画】选项卡→【高级动画】组→【动画窗格】选项，弹出【动画窗格】对话框，对话框中显示当前幻灯片的动画列表。

动画窗格中的每个动画都有编号，这些编号表示动画效果播放的顺序，其编号与幻灯片上对象左上方的编号一致。

单击动画窗格中每个动画的下拉列表按钮▼，可以显示相应的菜单，其中有动画的3种计时方式：【单击开始】【从上一项开始】【从上一项之后开始】。

【单击开始】：动画效果在单击鼠标时开始。

【从上一项开始】：动画效果的开始时间与动画窗格中上一个动画的时间同步进行。

【从上一项之后开始】：动画效果的开始时间在动画窗格中上一个动画效果结束后开始。

【例6-4】在PowerPoint 2016中完成以下操作：（1）新建空白演示文稿。（2）在第一张幻灯片左上角插入"渐变填充；蓝色，主题色5；影像"艺术字，艺术字内容为"操作系统"。（3）设置第一张幻灯片的标题内容为"Windows 10"。（4）为第一张幻灯片艺术字添加进入动画效果"淡化"，标题添加进入动画效果"百叶窗"，并调整动画顺序是先标题，再艺术字。（5）文件以"自定义动画.pptx"命名保存到"文档"文件夹。

具体操作可分解为以下步骤：

步骤1：启动PowerPoint 2016。选择【Windows开始】菜单→【所有程序】→【PowerPoint 2016】→【空白演示文稿】。

步骤2：插入艺术字。单击【插入】选项卡→【文本】组→【艺术字】下拉列表→【渐变填充；蓝色，主题色5；影像】选项。输入艺术字内容"操作系统"，使用鼠标拖动艺术字至幻灯片左上角。

步骤3：设置标题。单击标题，输入文字"Windows 10"。

步骤4：艺术字添加动画效果。选中艺术字，单击【动画】选项卡→【动画】组→【淡化】选项，如图6-45所示。

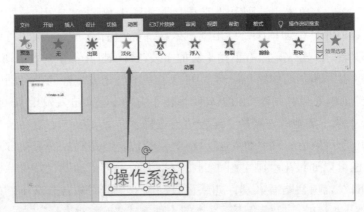

图6-45 添加"淡化"动画效果

步骤5：标题添加动画效果。选中标题，单击【动画】选项卡→【动画】组→【其他】下拉列表☑→【更多进入效果】选项，在【更多进入效果】对话框中选择【百叶窗】，如图6-46所示。

步骤6：调整动画顺序。单击【动画】选项卡→【高级动画】组→【动画窗格】，在弹出的【动画窗格】对话框中，选择第一个动画，单击【向下】选项，如图6-47所示。

步骤7：保存演示文稿。单击【文件】选项卡→【保存】选项→【浏览】选项，在【另存为】对话框选择存放的位置"文档"，【文件名】文本框输入"自定义动画.pptx"，单击【保存】按钮。

图6-46 添加"百叶窗"动画效果

图6-47 调整动画顺序

6.4.3 设置幻灯片放映

演示文稿完成制作后，要对放映进行设置，所有关于幻灯片放映的相关设置都在【幻灯片放映】选项卡中进行。

（1）自定义放映

自定义放映是设置放映幻灯片的范围，类似于将幻灯片的范围定义为演示文稿的幻灯片的子集。具体操作步骤：

步骤1：单击【幻灯片放映】选项卡→【开始放映幻灯片】组→【自定义幻灯片放映】下拉列表→【自定义列表】选项，弹出【自定义放映】对话框。

步骤2：在【自定义放映】对话框单击【新建】选项，弹出【自定义放映】对话框，如图6-48所示。

步骤3：在【幻灯片放映名称】文本框输入此自定义放映的名称。

步骤4：在左侧【演示文稿的幻灯片】列表中勾选幻灯片并单击【添加】选项，让已选的幻灯片移动至右侧【自定义放映中的幻灯片】，单击【确定】按钮完成自

图6-48 【自定义放映】对话框

定义放映的设置，如图6-49所示。

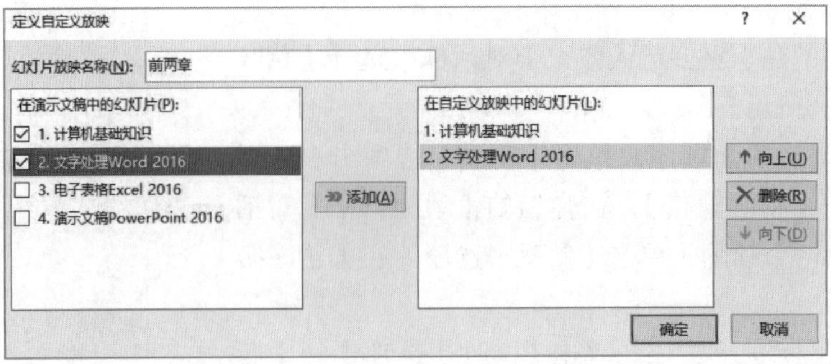

图6-49 【定义自定义放映】对话框

（2）设置幻灯片放映

制作完成演示文稿后，有的是由演讲者播放，有的是让观众自行播放，这可以通过设置幻灯片放映进行控制。操作方法是：【幻灯片放映】选项卡→【设置】组→【设置幻灯片放映】，在弹出的【设置放映方式】对话框中进行设置，如图6-50所示。

图6-50 【设置放映方式】对话框

课后练习

操作题

1. 打开演示文稿6-1. pptx，按照下列要求完成对此文稿的修饰并保存。

（1）设置幻灯片的大小为"全屏显示（16：9）"，为整个演示文稿应用"丝状"主题，背景样式为"样式6"。

（2）在第一张幻灯片前面插入一张新幻灯片，版式为"空白"，设置第1张幻灯片的背景为"水滴"的纹理填充；插入样式为"填充-白色，轮廓-着色2，清晰阴影-着色2"的艺术字，文字为"海参"，文字大小为96磅，并设置为"水平居中"和"垂直居中"。

（3）将第2张幻灯片的版式改为"两栏内容"，将图片文件6-1. jpg插入到右侧栏中，图片样式为"圆形对角，白色"，图片动画设置为"进入/浮入"，左侧文本框内的文字动画设置为"进入/飞入"。

（4）在第4张幻灯片前面插入一张新幻灯片，版式为"标题和内容"，在标题处输入文字"常见食用海参"，在文本框中按顺序输入第5到第8张幻灯片的标题，并且添加相应幻灯片的超链接。

（5）将第8张幻灯片的版式改为"两栏内容"，将图片文件6-2.png插入到右侧栏中，图片样式为"棱台形椭圆，黑色"，图片动画设置为"进入/浮入"，左侧文本框内的文字动画设置为"进入/飞入"。

（6）设置全体幻灯片切换方式为"百叶窗"，并且每张幻灯片的切换时间是5秒，放映方式设置为"观众自行浏览（窗口）"。

2. 打开演示文稿6-2.pptx，按照下列要求完成对此文稿的修饰并保存。

（1）设置幻灯片的大小为"全屏显示（16：9）"，为整个演示文稿应用"平面"主题，背景样式为"样式6"。

（2）在第一张幻灯片前面插入一张新幻灯片，版式为"空白"，设置第1张幻灯片的背景为"顶部聚光灯-个性色3"的预设渐变；插入样式为"填充-白色，轮廓-着色1，阴影"的艺术字，文字为"湖南湘莲"，文字大小为66磅，并设置为"水平居中"和"垂直居中"。

（3）将第2张幻灯片的版式改为"标题和内容"，将图片文件6-3.jpg插入到下侧栏中，图片样式为"圆形对角，白色"，图片效果为"发光/橙色，11PT发光，个性色4"，图片动画设置为"进入/淡出"。

（4）将第5张幻灯片左侧文本框中的文字字体设置为"仿宋"，动画设置为"进入/飞入"。将图片文件6-4. jpg插入到右侧栏中，图片样式为"圆形对角，白色"，图片效果为"阴影/外部/居中偏移"，图片动画设置为"进入/淡出"。

（5）在幻灯片的最后插入一张版式为"标题和内容"的幻灯片，在标题处输入文字"专注健康食材"。

（6）设置全体幻灯片切换方式为"随机线条"，并且每张幻灯片的切换时间是5秒；放映方式设置为"观众自行浏览（窗口）"。

3. 打开演示文稿"6-3.pptx"，按照下列要求完成对此文稿的修饰并保存。

（1）为整个演示文稿应用"平面"主题，设置幻灯片的大小为"宽屏（16：9）"，放映方式为"观众自行浏览"。

（2）第一张幻灯片版式改为"空白"，插入样式为"填充-白色，轮廓-着色1，阴影"的艺术字，文字为"热门城市房价地图"，文字大小为66磅，并设置为"水平居中"和"垂直居中"；第一张幻灯片的背景设置为"渐变填充"的"中等渐变-个性色2"预设渐变，类型为"路径"，透明度为"10%"。

（3）第二张幻灯片版式改为"两栏内容"，将图片文件6-5.jpg插入到第二张幻灯片右侧的内容区，图片样式为"棱台形椭圆，黑色"，图片效果为"棱台"的"斜面"。图片设置"强调"动画的"放大/缩小"，效果选项为"数量/巨大"。左侧文字设置动画"进入/缩放"。动画顺序是先文字后图片。

（4）第三张幻灯片版式改为"标题和内容"，标题为"热门城市新房与房价对比表

（2016年11月版）"，内容区插入11行3列表格，表格样式为"深色样式2"，第1行第1、2、3列内容依次为"城市""新房房价（元/m²）"和"二手房房价（元/m²）"，参考文本文件"6-1（10个城市的房屋均价）.txt"的内容，按二手房房价从高到低的顺序将适当内容填入表格其余10行，表格文字全部设置为21磅字，文字居中，数字右对齐。

（5）第四张幻灯片版式改为"竖排标题与文本"，将文本内容的字体设置为"宋体"，字体大小设置为"36磅"。

（6）全体幻灯片切换方式为"碎片"，效果选项为"粒子输入"。

4. 打开演示文稿6-4.pptx，按照下列要求完成对此文稿的修饰并保存。

（1）在演示文稿的开始处插入一张幻灯片，版式为"标题幻灯片"，作为文稿的第一张幻灯片，标题输入文字"产品策划书"，副标题中输入文字"晶泰来水晶吊坠"，并设置副标题的字体为：楷体、加粗、34，为副标题设置"飞入"的动画效果，效果选项为"自右侧"。

（2）为演示文稿应用设计模板"环保"；在第1张幻灯片中插入一张图片，图片为素材文件6-6.jpg，设置图片尺寸高度7厘米、"锁定纵横比"，图片位置设置为水平0.2厘米、垂直2厘米，均为从"左上角"，并为图片设置"淡出"的动画效果，开始条件为"上一动画之后"。

（3）将第2张幻灯片文本框中的文字，字体设置为"微软雅黑"，字体样式为"加粗"、字体大小为28磅字，文字颜色设置成深蓝色（RGB颜色模式：红色0，绿色20，蓝色60），行距设置为1.5倍，幻灯片背景设置为"羊皮纸"纹理。

（4）移动第5张幻灯片使它成为第3张幻灯片，并将该幻灯片的背景设置为"粉色面巾纸"纹理。

（5）将第4张幻灯片的版式改为"两栏内容"，在右侧栏中插入一张图片，图片为素材文件6-7.jpg，设置图片尺寸高度8厘米、"锁定纵横比"，图片位置设置为水平13厘米、垂直6厘米，均为从"左上角"，并为图片设置动画效果"浮入"，效果选项为"下浮"。

（6）将第5张幻灯片的文本框中的文字转换为"垂直项目符号列表"的SmartArt图形，并设置其动画效果为"飞入"，效果选项的方向为"自左侧"，序列为"逐个"。

（7）为所有的幻灯片设置幻灯片切换效果为"揭开"，效果选项为"右下部"。

第7章

多媒体技术基础

本章学习目标

　　本章以理论为基础，实践为方法，更多地与日常生活中遇到的多媒体技术常识结合起来，带领大家走进多媒体技术的世界，同时夯实多媒体技术基础。通过系统学习多媒体技术的相关概念、理论等，从中窥探多媒体技术的未来趋势，加深对多媒体技术中涉及的图像、音频、视频和动画等概念的进一步了解，从而改变读者观察世界的方式。

本章思维导图

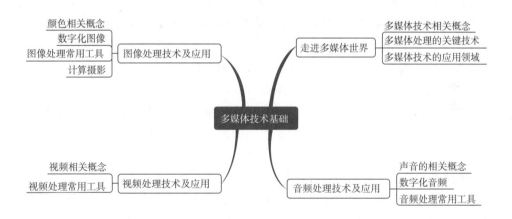

◆ 7.1　走进多媒体世界

　　随着20世纪40年代第一台计算机在美国宾夕法尼亚大学诞生，60年代互联网开始连接地球各个角落，其所带来的科技革命引领着世界浪潮至今，也许你会认为自己离高科技还那么遥远，但身处这个时代，无论是思想还是行为都时刻被时代的浪潮所改变着。特别对于新时代的数字原住民来讲，日常中接触最多的就是多媒体。如今的多媒体技术突飞猛进，广泛应用在各行各业，深刻地影响着我们的工作、生活、娱乐与学习等各个领域，多媒体与计算机的完美结合，正在成为数字时代的普通工具甚至我们的生活必需品。那到底什么是多媒体或者多媒体技术呢？关于这些概念，通过本章的学习即可掌握。

7.1.1 多媒体技术相关概念

数字化时代，存储和传递信息的载体称为"媒体（Media）"。大众经常接触到的媒体有不同类型，其中包括：

①文本。最基本的素材，包含字母、数字、字词等基本元素。

②图形图像。有矢量图和位图之分。矢量图也称为向量图，通过运算表达式计算得到，最大特点是可以无限放大而不失真。位图是由称为像素的单个点构成的，单个像素点有着单一的颜色，最大特点是对其进行放大或者缩小会产生失真。

③音频。声音是由振动产生的，我们生活中接触到的声音更多地可分为模拟音频和数字音频。

④视频。一系列连续画面的集合，每一个画面就是一帧，由于人眼的视觉暂留特性，快速连续播放的画面会给人以视觉上的动态效应，这样就形成了视频。

⑤动画。其实也是一种视频，是一种具有特殊效果的视频，可以分为二维动画和三维动画。

多媒体（Multimedia），从字面上理解，是非单一的，同时涉及两种或者两种以上不同类型的媒体。集成后的多媒体在计算机的综合处理下，以数字通信为基础，可以极大提高效率，实现人机交互的有机结合，这样的新兴技术就称为多媒体技术。

目前，多媒体技术被广泛地用于教育、通信、军事、医疗和娱乐等诸多行业，与我们息息相关。可以想象这样的场景，等车的时候用手机播放一首悦耳的歌曲，同时拍摄下沿途美景并发布到朋友圈，到家后，参加一场几个星期前就通过网站预约好的线上直播教学活动，晚饭后，与远在他国的朋友实时视频聊天，一同探讨某个热点话题，一同欣赏当下热播的影视节目，然后在智能机器人的提示下，结束一天的活动，返回卧室进入梦乡。

多媒体技术的特性主要包括以下几个方面：

多样性：这是由多媒体的类型多样性所决定的，除了闻不到、吃不到外，现在的多媒体技术提供了多种多样的表达方式，能更充分、更形象地表达和传递信息，使我们可以看得清、听得明、触得到。

集成性：包括硬件设备方面的集成与软件方面的集成，两者互为糅合，更强调的是一个集成的有机整体。

交互性：信息的传递不仅仅是单向的和被动的，而是具有双向性，用户可以主动利用多媒体技术提供的渠道去跟计算机或者某个AI智能系统进行交流，获取所需。

实时性：指整个集成化的系统，能够对于人们的指令在限定的时间内做出应答，交互通信快就是实时性的具体体现。

7.1.2　多媒体处理的关键技术

得益于计算机技术的超速发展，多媒体技术也随之蓬勃发展，下面介绍两项关键技术。

（1）数据压缩

数据压缩的好处是节省存储空间和减少对网络带宽的占用。数字化时代把模拟信号数字化后，所有的多媒体存储都是以0、1的形式进行的，这导致了数据的量特别庞大，对媒介的存储容量、信道的传输速率以及计算机的速度都造成了很大的压力。如果不对多媒体进行压缩就进行存储和传输，会导致电脑和网络不堪重负。

数据压缩分为无损压缩和有损压缩。无损压缩是利用数据的冗余特性进行压缩，压缩过程丢弃的是数据中的冗余部分，在解压缩恢复原始数据时不会引起失真，但存在压缩比不高的缺点；有损压缩则利用了人类的眼睛或者耳朵的局限性进行压缩，压缩过程丢弃的是人类对图像或者声音中不敏感的部分，在解压缩恢复原始数据时虽然会引起失真，但是这部分失真是可以忽略不计的。有损压缩压缩比高，常用于压缩图像、视频以及音频。

（2）数据通信

根据传输媒介不同，数据通信可以分为有线通信和无线通信两种，用于同时传输文本、音频、视频和图形图像，从而实现对数字信息的接收、处理等，为人们提供更加便捷的沟通途径，是当今在线教育、视频会议能顺利实现的前提与基础，是整个现代数字世界发展的关键，是用户对多媒体技术最直接的体验。

7.1.3　多媒体技术的应用领域

随着5G甚至是6G技术的日渐成熟，借助日益普及的高速、低延迟网络，在AI技术的大力支持下，多媒体技术带来的新感受和新体验在以往任何时候都是不可想象的，而且更加智能化。目前已实现了全球信息的无缝链接与资源共享，我们可以随时随地记录下来身边发生的一切并与他人分享，如今的互动直播、在线教育、视频会议更加完善并且更加接近实景，多媒体技术的发展为我们的生活、工作和学习带来了极大的便利。多媒体技术的应用领域很广泛，主要体现在以下几个方面：

虚拟现实（Virtual Reality，缩写为VR）领域。通过综合应用计算机图形学、仿真学、多媒体技术、传感器等技术与设备，给用户提供一个沉浸式的由三维图像模拟的交互式仿真世界，无论从视觉、听觉，还是从触觉上，都与真实世界无异。

教育培训领域。传统教学注重的是文字方面的教学，学习和阅读方式比较单一，互动性较弱。随着日新月异的计算机网络、通信技术与全球教育信息化发展，主要是互联网的普及、Web3.0技术对用户需求的主动收集分析和应答、大数据的兴起、音视频技术的成熟等，多媒体技术的应用改变了传统的教学方式与模式，使得学习、传授者与课程设计等渠道能更加紧密结合，构成一个有机的不可分离的整体。

数据可视化领域。区别于旧式的数据表格，主要借助于计算机图形、图表等可视化元素，更直观和形象地传达数据中的主题思想。在数据大爆炸与信息快餐化的今天，人们不仅仅满足于数据本身，而且需要对数据进行挖掘、分析，从而得到数据中的规律，了解数据接下来的发展趋势，洞察数据发展的异常，化抽象为具体，化烦琐为直接。数据可视化的工具和软件非常多，我们平常接触最多的就是Excel，柱形图、折线图、饼图、条形图、面积图等图形组合通常能给我们的课题汇报带来亮点。除此之外，为了方便同学们在学习过程中能对每章的知识脉络有更直观清晰的认识，本教材做出了另外一项数据可视化操作——思维导图。思维导图善于把发散的数据图形化，简单而又高效地把各级数据的相互关系用层级图表示，更符合人类大脑的自然思考方式。最后，近几年兴起的一门计算机编程语言——Python，它简洁、易读以及可扩展，不仅提供了高效的高级数据结构，而且还能简单有效地面向对象编程，无论是在文件管理、界面设计，还是网络通信等方面，Python在数据可视化方面都占据了一席之地，相比Excel而言，Python功能更加强大，更加方便快捷，可以说在数据可视化方面Python是Excel的高级版本。

7.2　音频处理技术及应用

声音是一种物理现象，由振动产生，在介质中以声波的形式传播。振动产生的声波通过介质——空气的传播，引起人耳的耳膜共振，从而被听觉神经所感知，这样人们就能听到声音了。频率在20Hz~20kHz的声音是可以被人耳所识别的。声音的传播需要介质，所以在真空中不能传声。下面，我们一起来学习声音的有关概念，加深对音频的理解。

7.2.1　声音的相关概念

通常根据音调、响度、音色来区分声音。

音调，指声音的高低，它由频率所决定，频率越高代表声音变化得越快，或者说每秒钟声音变化的次数越多，声音的音调就越高，用赫兹（Hz）来表示。声音可以按照频率进行分类：次声波（频率低于20Hz）、可听声波（频率在20Hz和20kHz之间）、超声波（频率在20kHz和1GHz之间）。人们的周边世界里，可听声波分为噪声和乐声两种，噪声是由不规则的振动引起的，通常比较刺耳，乐声是由规则的振动引起的，具有特定波形。音乐术语中的高音、中音和低音，就是从音调方面去说的。

响度，又称为声音的音量、音强，有大小、强弱之分，这是人耳最直观的感觉。振幅越大，离声源越近，响度越大，耳朵感觉到的声音也越大，用分贝（dB）来表示声音的响度。

音色，指声音的特性，它是由声源物体本身的材料、结构等决定的。人们可以由音色分辨出是哪个人在说话，听到不同乐器的声音，就能马上知道是钢琴、小提琴、长笛，抑或是其他乐器在演奏。

音乐术语中还有一个重要的概念：声道，指的是声音在录制分开采集后，以相互独立的扬声器播放，从而达到不同的声音定位效果。我们去电影院看电影，有时会觉得后方有脚步声，而另一个人的说话声同时在前方传入耳朵，这就是多声道的魔力。最简单的单声道，到后面的立体声，再到5.1声道，甚至7.1声道，使我们的声音世界更加丰富多彩，广泛用于家庭影院等场合。

生活中，我们常见的音频接口有TRS接口，RCA接口和XLR接口（俗称卡农头）。TRS接口还可以根据大小细分为3.5mm和6.3mm，其中3.5mm的音频接口常见于我们的手机和电脑，用来听音乐用。6.3mm接口更多用于专业的调音台等其他设备传输声音。RCA接口，广泛用于录音棚、舞台音响、视频影音系统，因为连接头部像莲花，故俗称"莲花头"，通常有红、白两色之分，连接时很简单，只需要按颜色接线即可。XLR接口，专为高端话筒服务。与RCA接口和3.5mmTRS接口一样，XLR接口也是一种音频接口，行业人士通常按公头和母头两种去分类。

7.2.2　数字化音频

认识数字音频前，我们先了解一下什么是模拟音频。上面我们提到声音是一种物理现象，是由振动产生的，在模拟状态下对音频信号连续进行传输、记录或播放就是模拟音频（图7-1）。我们生活中听到的各种声音就是典型的模拟音频，比如磁带和唱片，它们通过物理的形式去记录模拟音频信号。模拟音频在时间上是不间断的，很容易受到外界的影响而产生失真和噪声，而且通过物理手段是无法长久保存模

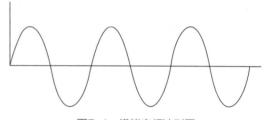

图7-1　模拟音频波形图

拟音频的，磁带有可能会消磁老化，唱片会受到人为的磨损。

目前，音频数字化是上面难题的最好解决方法，数字音频是一个二进制0、1的数据序列，在时间上是断续的、离散的。那么，如何将模拟音频转换为数字音频呢？首先通过采样和量化，把模拟音频信号转换成数字音频信号，接下来就是编码以便存储在计算机中。这样经过采样、量化和编码三个步骤后，计算机中的所有音频信号就都是数字信号，完成了模数转换的过程。然后借助操作系统的强大功能，把数据可视化做到极致，以文件的形式去展现数字音频并保存在计算机的存储设备中，我们才有可能更方便快捷地去存储、记录和播放数字音频。

（1）采样

采样是指对时间上连续的模拟量进行有规律的离散抽取，得到一个模拟振幅序列，如图7-2所示。每秒钟采样的次数就是采样频率，学术上用f来表示。常见的采样频率有44.1kHz（CD标准，每秒钟采样44100次）和48kHz（DVD标准，每秒钟采样48000次）。为什么是这两个数字呢？我们知道，采样时，取样的频率越高，越能接近模拟原声，音质越高。上面提到我们人的耳朵能够听到的声音频率范围是 20Hz~20kHz，根据奈奎斯特 - 香农采样定理，为保证声音在数字化处理后质量不会过度采样而加大负担，我们按人耳

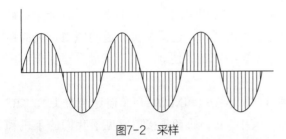

图7-2 采样

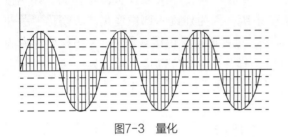

图7-3 量化

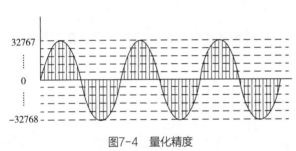

图7-4 量化精度

能听到的最大频率的2倍去进行采样。

（2）量化

采样是对音频在横坐标（时间轴）上进行分割离散化，但采样后对应的纵坐标（幅度轴）的值依然是模拟音频本身的电压值，不适合处理。这时我们就需要引入量化来对音频在纵坐标上进行分割离散化，以便获得样本的数字大小。具体是：沿着水平方向将音频进行分割（分割的依据是量化位数），某一幅度范围的电压就用一个数字表示，这样采样后的样本就是数字而不是模拟电压，如图7-3所示。

通过上面内容的学习我们知道，采样的精度是用频率来表示的，常用的有44.1kHz和48kHz，相对应地，量化的精度用量化位数来表示。例如，每个音频样本16位（两个字节），可以这样理解：把纵坐标分为了2^{16}=65536份，也就是从-32768到32767，如图7-4所示。通常的量化精度有8位、16位和32位等，位数越多，反映度量音频波形幅度的精度越高。

（3）编码

由于计算机是二进制的，为了让计算机能处理经过采样和量化的音频数据，需要把此时的音频数据转换成二进制0、1形式，按照计算机的格式去记录以便可以用电缆、微波、通信卫星等数字线路传输，这个过程就称为编码。

模拟音频转换为数字音频整个过程可以这样理解：模拟信号通过采样变成了离散信号，然后经过量化，变成数字信号，最后通过编码，变成了计算机可以处理的音频文件。

举个例子，上面的过程可以用图7-5的表格来表示，这样看更清楚。再如图7-6和图7-7所示，前者是用Adobe Audition软件表示的一小段音频，后者是对这段音频进行放大后的图片，可以看到明显的取样点。

电压范围（V）	量化（十进制）	编码（二进制）
0.5~0.7	2	011
0.3~0.5	3	010
0.1~0.3	1	001

图7-5 编码

在计算机中，我们常见的数字音频的文件格式有很多，其中具有代表性的有下面几种：

①WAV格式：微软开发，44.1kHz，16位，无损音乐，适用于多媒体开发，作为原始素材保存。

②MP3格式：目前最常见的一种

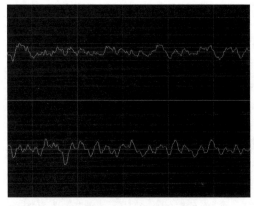

图7-6　波形图

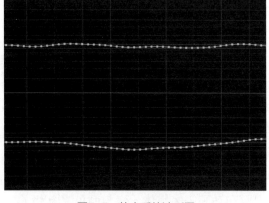

图7-7　放大后的波形图

数字音频格式，压缩比较高，适用于一般的音乐欣赏。

③MIDI格式：乐器数字化接口，广泛用于编曲的音乐标准格式，能够让合成器受到外部键盘信号控制，从而达到记录音乐的目的。与上面提到的数字化音频不同，不是对模拟音频进行采样、量化和编码，是直接将电子乐器键盘的信息记录下来，播放时反向操作，读取MIDI文件中的信息，生成对应的声音波形就可以进行播放了。可以把MIDI理解成一种协议、标准或者技术。

7.2.3　音频处理常用工具

到此，我们已经对声音，无论是模拟的还是数字的，有了一定的了解，也知道了要怎么相互去转换它们以及转换过程中所运用的相关知识。那么，面对如此纷繁多姿的数字音频世界，我们能否更进一步去编辑处理它呢？答案是可以。

Adobe Audition就是其中一款值得推荐与学习的软件。1997年9月5日，美国Syntrillium公司正式发布了一款多轨音频制作软件，名字是Cool Edit Pro。2003年，Adobe公司收购了Syntrillium公司的全部产品，并将Cool Edit重新命名为Adobe Audition，与公司的Premiere、After Effects、Photoshop等构成一个整体。Audition是一款完善的工具集，其中包含用于创建、混合、编辑和复原音频内容的多轨、波形和光谱显示功能。这一强大的音频工作站旨在加快视频制作工作流程和音频修整的速度，并且还提供带有纯净声音的精美混音效果。

软件的界面秉承了常用软件界面的多窗口设计理念，可以分为菜单栏、工具栏、编辑窗口、项目窗口等。Audition常用的一个功能是"声音降噪"。日常生活中因为不规律的振动会产生噪声，影响我们的工作与学习，降低音频的效果。噪声的来源多种多样，比如电流的吱吱声，设备切削时的摩擦声，汽车的轰鸣声等，怎样去除噪声呢？这时就可以用到Audition软件里面的声音降噪功能。

喜欢制作短视频的同学也许会遇到这样的难题：精心挑选的背景音乐，需要与剪辑好的视频长度匹配，可是无论怎样截取，总有各种不合适。Audition软件中"重新混合"功能可以帮到我们。它是通过使用节拍检测、内容分析和频谱源分隔技术来确定音乐中的节奏过渡点，然后进行计算并重新排列节奏来创建合成出符合时间段需要的音频。

7.3 图像处理技术及应用

7.3.1 颜色相关概念

颜色来自于光，是人眼对光的一种主观视觉效应，在多媒体技术领域，图形图像、视频和动画等多媒体元素与颜色息息相关，因此，在接下来的学习中，我们有必要提前了解和掌握颜色的相关概念。

我们知道，光是由粒子构成的，并且以电磁波形式存在，通常称之为光波，因此同样可以用频率、振幅和波长去描述光，不同波长的光波被人眼捕获，刺激到大脑神经系统后感知为不同的颜色。但是，并不是所有的光都是人眼可见的。由于人眼感知能力的差异，可见光的波长范围大概为750~400nm，可见光通过三棱镜可以依次分解为红、橙、黄、绿、青、蓝、紫七种颜色，其中红色光波长最长，紫色最短，历史上这一著名的实验是由牛顿于1665年完成的，如图7-8所示。生活中见到单色光的机会不多，自然光源与人造光源大都是由单色光混合组成的复色光。

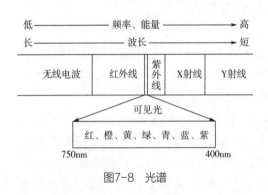

图7-8 光谱

光之所以能呈现出不同的颜色，主要是因为它们的波长不同。日常生活中，我们看到物体有不同的颜色，原因在于这个物体发射的光线进入人眼，或者光线透过了这个透明的物体进入人眼，或者本身这个物体发光后的光线进入人眼，这三种情况下让我们的眼睛感知到了颜色。太阳是自然界中最大的发光体，月亮是自然界中最大的反射物体，灯泡等是最常见的人造发光体。大部分情况下，不同物体对光的反射有着不同的性质，反射光的波长也不一样，因此我们看到的物体颜色是多种多样的。例如，光照射到一个物体上，若看到是白色的，是因为它反射了所有的光，若看到的是黑色的，是因为它吸收了所有的光，若看到的是其他颜色的，是因为它反射了其他颜色的光。

图7-8告诉我们，可见光只占了一小部分，还有比可见光波长更长或者更短的，这些是人眼见不到的。虽然不可见，但是它们的用处却不可小觑，一样在我们的日常工作、生活中发挥着重要的作用。比如波长760nm~1mm的红外线，热作用强，可用于高温杀菌、监控设备、手机的红外接口、宾馆的房门卡、电视机遥控器等，借助一些光学设备，我们可以感受到红外线，"看"到红外线；X射线实际上是一种波长极短、能量很大的电磁波，我们利用它具有穿透性这个特点，将它广泛应用于医学与工业领域。

怎样科学地定量描述和使用颜色呢？

我们可以用明度、饱和度和色相这三个符合人眼视觉感知的属性去描述和使用颜色。其中，明度和饱和度与光波的振幅有关，色相与光波的频率有关。图7-9是华南理工大学的Logo，使用Photoshop CC 2018对其进行分析。大家可以尝试去改变图中的【色相】【饱和度】和【明度】上的值，看看Logo会发生怎样的变化。

图7-9　颜色三属性

①色相。就是物体是什么颜色，如红色、橙色、黄色、绿色、青色、蓝色、紫色等。

②明度。也可以称之为亮度，是人眼对明亮程度的感觉，反映了光的敏感程度，我们可以用灰度测试卡从黑到白去计算明度。黑色为0，白色为10，中间等距分为9个阶段，如图7-10所示。

图7-10　灰度测试卡

③饱和度。简单来说就是颜色的纯度或强度，也就是我们平常所说的颜色的鲜艳程度。纯度越高，颜色越鲜艳，颜色越容易辨认。如图7-11与图7-12所示，分别是饱和度调整为0（更灰）和饱和度调整为100（更蓝）的Logo的变化，也就是说饱和度表示色相中灰色分量所占的比例。

图7-11　饱和度调整为0

④三原色。最早是1809年，由Thomas Young提出人的视网膜上只有三种基本视觉神经纤维，它们分别是感红神经纤维、感绿神经纤维和感蓝神经纤维。在三原色学说发展的过程中，很多科学家都为此做出了贡献。发展到后面人们普遍认为，人眼视网膜上含有三

图7-12　饱和度调整为100

种不同类型的锥体细胞，这三种锥体细胞中分别含有三种不同的视色素，分别称为亲红、亲绿、亲蓝视色素。这就是RGB光学三原色的由来。RGB光学三原色分别代表红色（Red）、绿色（Green）和蓝色（Blue）三种基本颜色，应用于光谱仪等与光线有关的场合。自然界中常见的光都可以由红、绿、蓝三原色按照不同比例叠加而成，颜色＝R（红色百分比）＋G（绿色百分比）＋B（蓝色百分比），RGB几乎可以组合成世界上所有的颜色。

在多媒体技术中，如果用一个字节（8个bit位）来表示其中一个颜色，由于每个位只能是0或者1两种状态，那么8个bit位的表示范围应该是0~255（2的8次方，2^8）。最后如果由三原色进行叠加，应该有256×256×256= 16777216种组合方式，也就是说用RGB三原色去组合成16777216种颜色，足以覆盖人眼可见的世界上所有的颜色了。同理，如果用24个bit位（3个字节）来表示其中一个颜色，那么范围应该是2^{24}，也就是24位色，共有$2^{24}×2^{24}×2^{24}$种颜色组合，可以表示的颜色范围扩大了很多，所以24位颜色通常被称作真彩色。

另外还有色彩三原色，即红色（Red）、黄（Yellow）和蓝色（Blue），应用于美术教学等日常使用中；还有色料三原色，即青（Cyan）、品红（Magenta）和黄（Yellow），应用于印刷等行业。

7.3.2　数字化图像

上面讲过，可以用不同的位数去存储颜色，位数越高，可以表示的颜色越多，同时占用的空间也越大，如8位、24位、32位等。如图7-13所示是显示器相关参数，其中的【位深度】指的就是每个像素点是由一个字节（8位）来表示颜色的。

图7-13　显示器相关参数

这里出现了新的概念"像素"，怎样理解"像素"呢？日常生活中我们经常会混淆"像素"这个概念，而平时接触最多的就是用像素来衡量图像的清晰度、相机的性能好坏、电视机显示器的种类等。

首先，我们要知道，"像素"是有真实物理存在和虚拟数学概念区分的，要理解"像素"这个概念是需要放到特定的环境下的。

我们平时获得数字图像的渠道无非就是手机、相机或者直接计算机制作得到的，所以理解真实物理存在的"像素"时，需要与这些设备结合起来理解。例如佳能EOS 5D Mark IV 单反相机，具有全画幅，约3040万像素，双核CMOS，拍摄4K短片。这里的"像素"有两层含义：一个是指相机的感光元器件CMOS上约有3040个感光单元；另一个是指这个相机能拍摄出多少像素的数码照片。这时候拍出来的数字图像的像素点数量与相机的感光单元数量应该说是一致的。换句话说，这里提到的佳能EOS 5D Mark IV能拍摄出3000多万像素的数字照片来。那进一步细想，每个相机的CMOS的尺寸不一样，相机与手机的CMOS大小也不同，意味着这些设备的"像素"大小也是不同的。

对于手机屏幕或者计算机显示器等硬件设备而言，"像素"是真实存在的，是有尺寸大小之分的。而转换成数字图像后，"像素"却是一个虚拟数学概念，并不是真实可见的。数字图像是由像素组成的。
像素，或者说色块，是组成数字图
像画面中最小的点，用来描述数字
图像的细节。对于数字图像来说，
像素的大小也可以是没有固定值
的，通常我们理解的最常见的单位
像素是1：1的正方形块。如图7-14
所示，我们用Photoshop软件对学校
的Logo进行放大后发现，数字图像
是由许许多多大小相等颜色不同并
且按一定规律排列起来的小方块组
成的。如图7-15所示，我们从数字
图像的【详细信息】选项中可以得
知，该数字图像横向有712个像素
点，纵向有576个像素点，可以理解
成我们数学中的矩阵一样，这张数
字图像一共就是由712×576=410112
个像素点构成的，所以我们常说的
712×576表示的其实是像素的总数
量，而不是长度，并且该数字图像
单位像素点具有单独的颜色，由4个
字节（32位）来表示。这样，许许
多多具有不同颜色的像素点就拼接
成了一个具有颜色的数字图像，放
大看就是一个个像素点，缩小就是
一幅完整的数字图像。

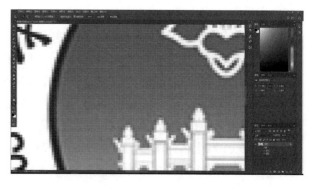

图7-14　放大后的Logo

图7-15　图像的详细信息

　　所以本质上来说，数字图像本身就是一堆0、1二进制数字构成，由计算机操作系统
以文件的形式存储在计算机中，并由看图软件（比如PS、手机相册）解码成一幅幅图片
通过显示器展示在我们面前的。再进一步，我们通过看图软件对数字图像进行放大，如
图7-14所示那样，都是要依托硬件屏幕（无论是计算机显示器，还是手机屏幕）才能显
示。通过看图软件放大或者缩小数字图像时，硬件的"像素"大小没有发生变化，而数
字图像的"像素"大小根据看图软件在不断地放大或者缩小而已。

　　分辨率，又可以称为解析度或解析力，是清晰度的一个标准，可以分为数字图像分
辨率、显示分辨率。第一个指的是数字图像，后面指的是硬件设备。跟"像素"概念一
样，分辨率也是有真实物理存在和虚拟数学概念区分的。

　　对于数字图像来说，分辨率就是数字图像的像素数量，比如1920×1080=2073600，其
决定了图像细节的精细程度。一般来说，图像分辨率越高，包含的像素数量越多，图像
越清晰，更能体现丰富的细节，但也意味着图像容量更大，需要耗用更多的计算机资源。

对于硬件设备来说，显示分辨率指的是屏幕上有多少个像素点，例如1920×1080全高清，3840×2160（4K），指的就是硬件设备上长和宽的像素数量。高的显示分辨率是保证显示器清晰度的重要参数，如图7-13中，计算机显示器相关参数中的【桌面分辨率】就是指显示器的屏幕分辨率，也就是说计算机屏幕水平方向上有1920个像素点，垂直方向上有1080个像素点。每个显示屏都有能显示的最多像素数量，也是显示器分辨率的推荐值，这个最优值是厂家提前设定好的，属于物理层面上固有的，用户不可更改。但是大家会发现，为什么显示器的分辨率还可以修改呢？原因是为了有更广的适用性，是通过算法去改变的。另外，同样是1920×1080的高清分辨率，可以是手机显示屏那么大，也可以是计算机显示屏那么大，它们的像素数量都是1920×1080个，也就是我们上面说的，单个像素点的大小在不同设备上是不相同的。

那么怎样去衡量一个显示器的显示质量呢？需要显示器的屏幕对角尺寸与屏幕像素这两者结合起来考虑。显示分辨率用每英寸的像素个数来表示（PPI，pixels per inch），如图7-16所示。分辨率越大，即每英寸的像素个数越多，数字图像显示越精细。

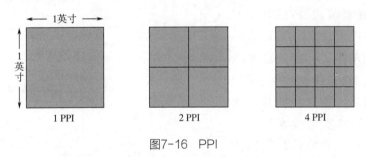

图7-16 PPI

对于不同的显示屏幕来说，同样是1920×1080的24in与27in不同的显示屏，24in的显示屏显示数字图像越精细，因为24in每英寸容纳的像素数量比27in的多，如图7-17所示。

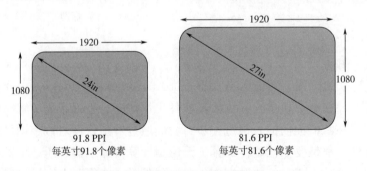

图7-17 24in与27in不同屏幕对比

如图7-18所示，在Photoshop软件中，对图像的大小进行设置时，除了【宽度】（图像横向像素个数）和【高度】（图像纵向像素个数）外，还有一个【分辨率】选项可以修改，这个【分辨率】指的就是图像分辨率，每英寸的像素个数（PPI）。

这里的数字图像的分辨率与显示屏幕的分辨率完全不同，只是和数字图像后期的打印尺寸精细程度有关系。分辨率越大，数字图像打印的尺寸越小，打印出来的质量越好，画面越精细，反之分辨率越小，数字图像打印的尺寸越大，打印出来的质量越差，画面越粗糙。

　　说到显示分辨率，还有一个概念我们需要知道，就是画面比例，也可以称之为长宽比或者纵横比，主流的比例有16：9（常见于电脑显示屏）和4：3（常见于投影）两种。这也是1920×1080（遵循16：9长宽比）、1440×1280（遵循4：3长宽比）存在的另一个佐证。4K也是如此，表示水平方向的像素达到了

图7-18　数字图像分辨率

4096个，也就是2^{12}，同理，2K就是水平方向有$2^{11}=2048$个像素点，这是因为在计算机数学中都是采用二进制运算，这些数字就是这样来的。

　　与音频知识一样，我们也有必要了解图像文件常见的格式。得益于操作系统的帮助，我们可以把图像按照一定的方式存储在计算机中，并用于之后的处理、传播等。代表性的图像文件格式有下面几种：

　　①GIF（Graphics Interchange Format）。是一种位图格式，随着互联网的兴起而得到了广泛应用，最常见的就是GIF动图。我们可以使用Photoshop软件来制作GIF动图。

　　②BMP。位图文件BMP格式是标准Windows图像的格式。

　　③JPG。最常见的一种图像文件格式。这种压缩方式压缩比大，压缩后的图像精度不高。

　　④PNG。与平台无关的图像格式，支持高级别无损耗压缩，支持 Alpha透明通道。

　　⑤PSD。Adobe公司的图形设计软件Photoshop的专用格式，可以保存图层、通道、路径等信息。PSD格式的图像文件很少能为其他软件和工具所支持，因此经常需要转换为其他通用的图像文件格式，如JPG、PNG等，方便继续编辑。

7.3.3　图像处理常用工具

　　现今最为大众熟知的图像处理软件非Adobe公司的图形设计软件Photoshop莫属了，无论是专业或者非专业人士都对Photoshop有所熟知，常简称为"PS"，足见其受欢迎程度，从照片编辑、合成到数字绘画、动画和图形设计，只要是像素构成的数字图像，特别是在平面设计当中，没有Photoshop不能处理的。我们还可以看到摄影爱好者在完成作品后，使用Photoshop对作品进行图像编辑、图像合成、调色或者特效制作等修改处理，以达到自己的创作意图。也可以通过PS任意调整图像的颜色、明度，甚至添加滤镜等。

　　另外一个可以为图像锦上添花的软件是Lightroom（简称"LR"），同样出自Adobe公司之手。与PS可以深入到像素级别的分图层处理不同，LR不能对图像进行分层编辑，但是它可以对图像进行批量处理，一次性处理大量图像，而且LR有大量预设可以下载，同时内置了RAW格式处理功能，非常方便用户使用。

Adobe公司另一款流行的软件是Illustrator，简称AI，是行业标准的矢量图像软件，使用这款软件，可以创作各类内容，从 Web到移动图形，再到徽标、图标、书籍插图、产品包装和广告牌，无所不含。PS软件也能对矢量图片进行编辑处理，但是远远不够AI方便快捷，AI软件更适用于广告、出版等对图像精度有较高要求的行业。

CorelDRAW软件，隶属于加拿大Corel公司，是一款专门用于平面设计的矢量图形制作软件，包括矢量插图、布局、照片编辑等，可以广泛用于矢量动画、网页设计动画。

美图秀秀是模块化的图像处理软件，操作简单便捷，非常适用于没有专业基础，但是对于图像编辑处理又有一定要求的人，方便分享到微博、朋友圈等主流社交媒体，主要功能有图像美化、人像美容、批处理功能、证件照设计等，内置多种多样的滤镜，拖动即可完成对图像的处理。

7.3.4　计算摄影

未来影像正在改变我们观察世界的方式，颠覆图像处理整个行业。

摄影，归根到底，就是综合了软硬件对图像进行处理的技术，是一种用光的技术。随着20世纪40年代第一台计算机诞生，60年代互联网开始连接地球各个角落，特别是过去10年，计算机与人工智能的飞速发展给摄影行业带来了前所未有的发展，把握和了解全球大势和科技趋向，对我们的工作、学习都有非常大的帮助。

现代的所有照相机都遵循着同样的工作方式：光线通过镜头，经过一系列复杂的处理后最终到达摄像机，形成图像记录下来。这也就是我们刚开始学习摄影时经常接触的三个概念：光圈（控制进光量）、快门（控制进光花费的时间）和ISO（感光度，控制对光的敏感度）。

本书作者认为摄影可以分为胶片时代、数码摄影时代和计算摄影时代。不容置疑，胶片时代的代名词是"柯达"；数码摄影时代也是CMOS（即Complementary Metal-Oxide-Semiconductor，互补金属氧化物半导体）时代，这个时代可以说是百花齐放，比较知名的公司有佳能、SONY、松下、徕卡等；计算摄影（Computational Photography），是融合了计算机视觉学、图像处理、物理光学与芯片的一门交叉学科，是将计算机甚至是AI与摄影紧密结合的一门学科，研究的目的是应用更好的算法去呈现多彩的现实世界，是人类对照片质量的不断追求而开辟的一块崭新的摄影领域。

摄影，就是人们为了更高效、更直接、更形象地向其他人传递相关信息而发明的，是否能像人的眼睛一样，记录下来周围的光影演化，进而方便快捷地分享给其他人看，成了发明家或者是科学家们努力的两个方向，关于摄影的最美好的愿景就是：有一天，没有学过什么摄影知识、没有接受过什么摄影培训的任何人，口袋塞着一个便携的、廉价镜头的相机（现在是手机），人眼观察到任何转瞬即逝的美景，随手一按，不用提前花时间去调整复杂的参数，也不需要掌握复杂的照片编辑软件去进行耗时的后期处理，就可以拍出媲美现在专业摄影师的令人惊叹的照片来。事实上，Computational Photography——计算摄影技术正在使得我们手中的镜头能超越限制，让这一切慢慢变成现实。

我们最直观、最深刻体会到计算摄影对图像处理发挥重要作用的领域是手机摄影，由于手机的小巧，决定了其更依赖于算法去提升拍摄的效果，在与计算摄影强势结合后，在HDR（High-Dynamic Range，高动态范围图像）、模拟光圈、先拍照后对焦、防抖功能、低照度环境拍摄方面，智能手机已经重新焕发出新的光彩。

7.4 视频处理技术及应用

7.4.1 视频相关概念

视频是动态的，却是基于静态的图像而存在的，这是利用了人眼的视觉暂留生理现象，通过快速连续播放一系列图像，就能使人眼产生动态的感觉。一张图像是视频中最基本的单元，在视频中我们称之为"帧"。

电影拍摄及播放时，当每秒播放超过24张图片时，人的大脑感觉是平滑、连续、动态的，这样就形成了视频。本书作者认为，"24"是视频里面第一个神奇的数字。24帧怎么来的？是根据经验得到的。在胶片时代，一张胶片代表一张图片，如果超过24帧，意味着胶片使用数量更多，成本更高，这就不划算了。另外，24帧也更容易保留和播放声音，在数学里面，24能被2、3、4、6、8整除，方便剪辑的时候，1/2秒、1/3秒、1/4秒更容易对应12帧、8帧、6帧。

这里的24也是我们平常所说的帧率，帧率即每秒钟播放的帧数。"30"是视频里面第二个神奇的数字。这里的"30"指的是每秒钟播放30帧。这个数字的得出基于电视机的发明，当时美国工程师为了消除电流与电视信号不同频率的相互干扰，设置成了与美国交流电源频率60Hz一致的30帧或者60帧。后面由于色彩信号加入到原本的黑白电视信号中，从商品推广的角度出发，为了让拥有黑白电视机和彩色电视机的人能同时收看到信号，聪明的工程师们又想出了一个新的解决方法，就是对帧率做出了0.1%比例的缩减，避免了两者互相干扰。因此，从30帧每秒、60帧每秒下降到了29.97帧每秒和59.9帧每秒，这也是日本、美国、加拿大、墨西哥等地区电视制式NTSC的由来，所以在这些国家拍摄、播放视频的时候，要把帧率模式调整为NTSC模式，防止出现闪烁的现象。我国同欧洲电源50Hz交流电一致，我们使用了25帧每秒，属于PAL制，这种制式在欧洲许多国家、中东地区以及亚洲许多国家被广泛使用。所以，如果在我们国家拍摄和播放视频，设置成25帧或者25帧的倍数更加合理。

有24帧、25帧、30帧和60帧，那么理论上可以设置更高的，比如120帧每秒，这么高的帧率有什么作用呢？我们知道帧率代表每秒钟播放的图片数量，120帧每秒意味着1秒钟播放图片的数量为120张，这种情况下，高速运动的物体将失去运动模糊，细节更加容易被辨认出，由此，画面将变得更加锐利，让观看者有身临其境的强烈体验。

对于视频文件来说，常见的格式有：avi（图像质量好，但体积过大）、mpg（其中的MPEG-4标准用得比较多，是目前最适合在网络上传播，容量小但是图像质量清晰的格式）、mov（具有较高的压缩比，视频清晰度较高）等。文件格式通常表现为文件在操作系统中存储时的后缀名。后缀名可以随意更改，但是千万不要以为更改了后缀名，视频就会跟着转变，其实并没有改变。

7.4.2 视频处理常用工具

理论上来讲，既然视频是由一幅幅连续的图片构成的，那么上文我们学过的关于图像处理的知识都能应用于视频，只不过这里涉及效率与效果的问题，就像上文提到的LR软件，批量处理连续的一幅幅图片后，就可以形成视频。

常用的视频处理工具有以下几种：

Premiere，简称PR。隶属于Adobe公司，是一款常用的专业视频非线性编辑软件，具有很高的兼容性，能与Adobe公司旗下的其他视频处理软件、图像处理软件相互协作。PR应用十分广泛，功能强大，从素材采集到剪辑，再到调色、音频、字幕、渲染，都能满足创作高质量作品的要求。

After Effects，简称AE。Adobe公司的另一款产品，可以与PR配合使用。AE文件可以直接导入PR中使用，与PR不同的是，AE更偏向于特效方面的制作与合成，包括文字特效、粒子特效、仿真特效、调色等。

Final cut，苹果公司开发的一款专业视频非线性编辑软件，可以说是对标PR而生，由Premiere创始人Randy Ubillos设计，同样具有优异的视频编辑处理能力。

达芬奇，Blackmagic公司开发的一款视频调色软件，是视频后期调色的标杆，同时将剪辑、调色、特效和音频处理融于一身，无论是好莱坞专业人员还是远在他国的新手用户，都对其强大的性能青睐有加，特别是其调色功能，包含大量一级和二级调色工具，能轻松应对调整对比度、饱和度等参数。

会声会影，加拿大Corel公司制作的一款功能强大的视频编辑软件。最大的特点就是操作非常简单，采用视频制作向导模式，功能、特效丰富多样，适合新手或者家庭使用。无论是拍摄、采集，还是编辑、渲染和分享，都提供了一套完整的流程化的视频解决方案。

爱剪辑，深圳市爱剪辑科技有限公司开发的视频编辑软件。用户不需要专业基础，不需要理解"非线性编辑""时间线"和"一级调色""二级调色"等各种专业术语，就可以动手编辑属于自己的视频。模块化特效、调色、转场，以及各种各样的滤镜、字幕，手到擒来，所见即所得。

VUE，北京跃然纸上科技有限公司开发的短视频编辑应用软件，是众多手机视频拍摄处理软件之一。随着智能手机的快速发展，计算摄影的广泛应用，手机摄影应运而生。VUE App能帮助用户拍摄出精美的视频，并能轻松与他人分享，实时滤镜、自拍美颜、贴纸等模块化功能更是给用户非一般的体验。

Camtasia Studio，由TechSmith开发的一款专业的屏幕录制和后期编辑软件，安装后能自动嵌入PPT中，轻松、方便地记录屏幕动作，包括鼠标的运动、菜单的选择，只要是计算机屏幕的操作都能如实记录。利用Camtasia Studio内置的强大视频编辑功能，可以对视频进行剪辑、修改、添加模块化特效等操作，最后输出各种格式的视频。

课后练习

一、多项选择题

1. 多媒体的类型有（　　　）。

A. 文本　　　　　　　B. 图形图像　　　　　C. 音频、视频　　　　D. 动画

2. 多媒体技术的主要特性有（　　　）。

A. 集成性　　　　　　B. 多样性　　　　　　C. 交互性　　　　　　D. 实时性

3. 声音三要素分别是（　　　）。

A. 音调　　　　　　　B. 响度　　　　　　　C. 音色　　　　　　　D. 高低

4. 音频数字化的过程是（　　　）。

A. 采样　　　　　　　B. 量化　　　　　　　C. 编码　　　　　　　D. 频率

5. 光学三原色分别是（　　　）。

A. 红色　　　　　　　B. 绿色　　　　　　　C. 蓝色　　　　　　　D. 黄色

6. 色彩三原色分别是（　　　）。

A. 红色　　　　　　　B. 绿色　　　　　　　C. 蓝色　　　　　　　D. 黄色

二、简答题

1. 简述多媒体的基本概念。

2. 简述多媒体技术有哪些应用领域。

3. 理解光的色相、明度和饱和度。

4. 什么是像素？

5. 常见的图像文件格式有哪些？

6. 简述计算摄影的概念与用途。

7. 简述光的色相、明度和饱和度。

8. 简述帧与帧率的概念。

9. 常见的视频文件格式有哪些？

三、操作题

1. 下载并安装Audition，熟悉其相关功能。

2. 对声音文件进行降噪处理。

参考文献

[1] 王素丽. 计算机应用基础项目驱动式教程（Windows 10+Office 2016）[M]. 成都：四川大学出版社，2020.

[2] 姜永生. 大学计算机基础（Windows 10+ Office 2019）[M]. 北京：高等教育出版社，2020.

[3] 教育部高等学校计算机基础课程教学指导委员会. 大学计算机基础课程教学基本要求[M]. 北京：高等教育出版社，2016.

[4] 教育部高等学校计算机科学与技术教学指导委员会. 高等学校计算机基础核心课程教学实施方案[M]. 北京：高等教育出版社，2011.

[5] 李珊枝，潘雪峰. 大学计算机概论[M]. 上海：同济大学出版社，2018.

[6] 于萍. 大学计算机基础教程[M]. 北京：清华大学出版社，2013.

[7] 吴华，兰星. Office 2010办公软件应用标准教程[M]. 北京：清华大学出版社，2012.

[8] 罗万伯. 现代多媒体技术应用教程[M]. 北京：高等教育出版社，2004.

[9] 马华东. 多媒体技术原理及应用[M]. 北京：清华大学出版社，2002.